茅台酒鉴定大全

何进辉 主编

云南美术出版社

图书在版编目（C I P）数据

茅台酒鉴定大全 / 何进辉主编 . -- 昆明 : 云南美术出版社 , 2024.3

ISBN 978-7-5489-5483-5

Ⅰ . ①茅… Ⅱ . ①何… Ⅲ . ①茅台酒－鉴定 Ⅳ . ① TS262.3

中国国家版本馆 CIP 数据核字 (2023) 第 219209 号

责任编辑： 赵雪妮 何 花 戴 熙

责任校对： 孙小渊 张 娜

装帧设计： 朝夕文化

茅台酒鉴定大全

主　　编： 何进辉

副 主 编： 涂玉林

编　　委： 真酒网 APP 鉴酒师团队

出　　版： 云南美术出版社

地　　址： 昆明市环城西路 609 号

印　　刷： 武汉鑫佳捷印务有限公司

开　　本： 889mm×1194mm 1/16

印　　张： 37.5

字　　数： 500 千

版　　次： 2024 年 3 月第 1 版

印　　次： 2024 年 7 月第 1 次印刷

书　　号： ISBN 978-7-5489-5483-5

定　　价： 1499.00 元

前 言

时下，伴随着市场经济的快速发展，以及造假技术的不断提高，市面上的假酒愈发泛滥，而且造假方法层出不穷，防不胜防。假酒不仅冲击着消费者，对酒类从业者也是不小的挑战。显然，酒类鉴定的技巧也变得愈发重要。

鉴定是什么？鉴定的关键是什么？如何快速准确地鉴定酒的真假？相信这是很多酒类从业者都在思考的问题，而本书撰写的初衷，即是不断诠释这三个问题。

正因有了一沙一石的凝聚，一点一滴的累积，才有前不见头、后不见尾的壮丽波澜。为做好鉴定，真酒网 APP 鉴酒师团队深入实地学习，不仅深入了解酒的包装设计、包装印刷、防伪工艺、模具制造、注塑工艺、酒瓶制造等，还走遍全国各大知名酒厂参观学习，亦考取了国家白酒一级品酒师、黄酒品酒师、WSET 葡萄酒与烈酒品酒师、SSI 国际唎酒师等众多专业资质，同时也是中国检验认证集团深圳有限公司特聘讲师（名酒类）、特聘鉴定师（名酒类）。团队已经帮助上百万消费者远离假酒，并积累了 100 多万份数据，总结出来的鉴定点，都是经过千锤百炼，用足够多的实战数据检验过的。

我们总结得出，“鉴定”不是简单的找不同，而是要对酒的包装设计、生产制造、防伪工艺等都要有足够的认知，还要了解酒厂包装设计上更新换代的规律，甚至对造假方式也要有所了解。然后结合实际情况，去考证是否合理，分析其中的逻辑，总结出来便是“暗记”特征。当然，一些暗记是酒厂刻意设计出来的，另一些暗记是造假生产工艺达不到而产生的。这些总结出来的暗记，需要我们在后期实践中不断验证，在验证中修改，最终才能得出相对实用的鉴定技巧。

本书核心有三点：第一，大量数据。本书总结了真酒网 APP 团队十多年鉴定经验，主要内容是对茅台鉴定技巧的全面性总结，但暗记及特征是需要结合实际情况灵活运用，读者、同行及酒友切勿生搬硬套。第二，本书将从基础的鉴酒常识开始讲述，从底层逻辑分析鉴酒技巧。读者、同行及酒友在阅读本书的过程中，务必要理解底层逻辑原理，再结合暗记特征，做综合判断。只要我们了解制造工艺的底层逻辑，不断地提升认知，便能一一破解市场上的假茅台酒。所谓知己知彼，方能百战不殆！第三，因为在实践过程中，有些鉴定技巧“只可意会，不可言传”，故没有提及。因为茅台酒的包装升级与防伪更新存在一个交替使用的过程，在“交替期”新老版本都会出现，所以本书所记载的“适用时间点”需要读者、同行及酒友灵活运用，做综合判断。

路漫漫其修远兮，吾将上下而求索！如读者、同行及酒友在使用本书的过程中，发现有不好理解、不完善的地方，可以联系我们，给予更正建议，我们将共同努力净化酒类市场，在此感谢广大读者、同行及酒友的信任与支持！

目录

第七章 1985 年—1996 年铁盖茅台鉴定方法

第一节 介绍

第二节 飞天茅台酒标暗记及鉴定方法

第三节 瓶帽暗记及鉴定方法

第四节 撬盖造假鉴定方法

第五节 五星茅台酒标暗记及鉴定方法

第八章 1983 年—1986 年地方国营茅台鉴定方法

第一节 介绍

第二节 酒瓶与酒标的特征及鉴定方法

第三节 棉纸工艺特征及鉴定方法

第十四章 陈年茅台鉴定方法

第一节 介绍

第二节 15年陈年茅台及鉴定方法

第三节 30年陈年茅台及鉴定方法

第四节 50年陈年茅台及鉴定方法

第五节 瓶帽暗记及鉴定方法

第十五章 大容量茅台鉴定方法

第一节 介绍

第二节 鉴定方法详解

第十六章 特殊茅台鉴定方法

第一节 介绍

第一章

茅台发展简史

茅台发展简史

同治元年（1862 年），茅台酒生产再度在废墟上复苏，在之后的发展中主要有三家酿酒作坊，时称为“烧房”。按开设时间依次是“成义烧房——华茅”（1862 年建），创始人是华联辉；其次是“荣和烧房——王茅”（1879 年建），创始人是石荣宵、孙全太、王立夫；最后是“恒兴烧房——赖茅”（1929 年建），创始人是周秉衡。

1953 年

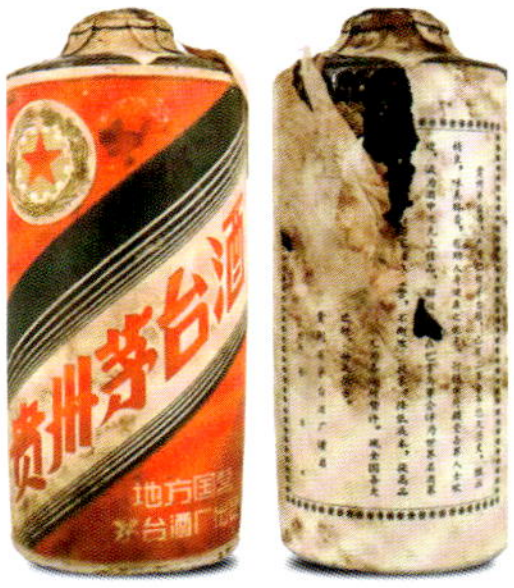

金轮茅台

1953 年“华茅”“王茅”“赖茅”完成合并，茅台酒厂成立。

刚开始，茅台使用的是“金轮商标”，分为内销和外销两个版本，内销正背标为全中文，外销正标右下角为中英文对照。

1957 年

绿美人

1957 年，“绿美人”茅台流入市场，主要出口柬埔寨。背标为中英文对照，上方有两位仙女，整个背标的颜色为绿色，俗称“绿美人”。“绿美人”只在 1957 年这一年出现，而且发行量较少，市面上一瓶难求。

1958 年

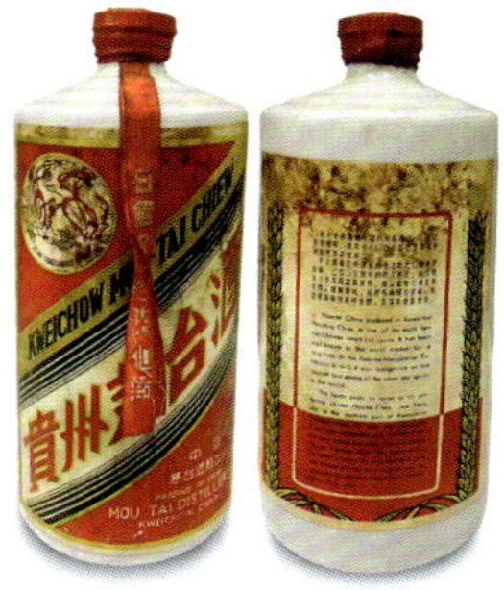

飞天茅台

1958 年，为适应国际市场需要，根据国务院有关领导同志的指示，贵州省外贸厅负责人和厂领导共同商量外销茅台酒包装的改进问题（过去外销商标曾注册为“金轮牌”），最后决定采用敦煌壁画中“飞仙献酒”的图案为茅台酒的外销商标，也就是“飞天商标”的原型。

1966 年

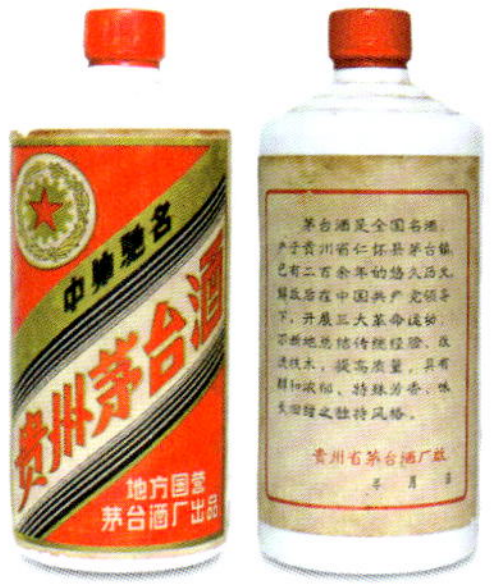

三大革命

1966 年，贵州茅台酒“金轮牌”商标变更了图形和文字部分。

背标有“三大革命运动……”字样，这就是我们所熟知的“三大革命”茅台。

1968 年

葵花茅台

1968 年初，原出口外销的“飞天牌”贵州茅台酒更改为有寓意朵朵葵花向太阳的“葵花牌”贵州茅台酒，“葵花牌”是“文革”时期的特殊注册商标，同时也见证了 20 世纪 60 年代的大变革和全新价值观的变化。

1975 年

飞天茅台

1974 年底，茅台酒厂停用“葵花”商标。1975 年，茅台酒厂将出口茅台酒一律使用重新设计的“飞天”新商标。新的“飞天”商标线条更加流畅，仙女的表情更加自然。

这个时期是塑料盖，规格是 540mL，而从 1984 年 6 月开始，部分外销“飞天牌”贵州茅台酒容量由 0.54L 改为 500mL。

1978 年

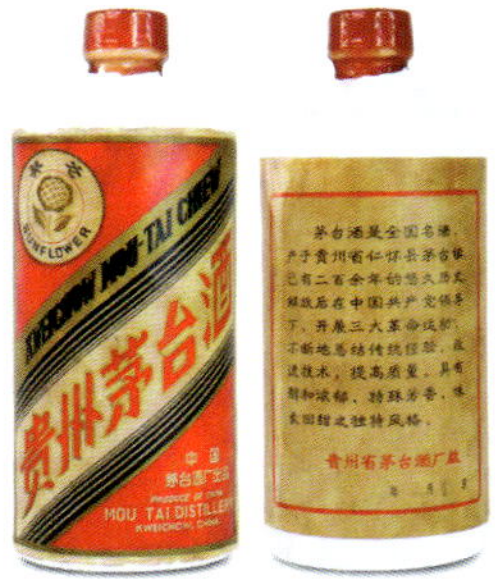

三大葵花

据《茅台酒厂志》载，1978 年工作人员在整理仓库时发现尚有 25.8 万张“葵花牌”商标未使用，由于外销商标“葵花牌”已经恢复为“飞天牌”，因此经有关部门同意将“葵花牌”商标用于内销包装。这期间生产的内销茅台有“葵花牌”和“五星牌”两种，背标均为“三大革命”背标，同属内销酒。

这就是我们所熟知的“三大葵花”茅台。

1983 年

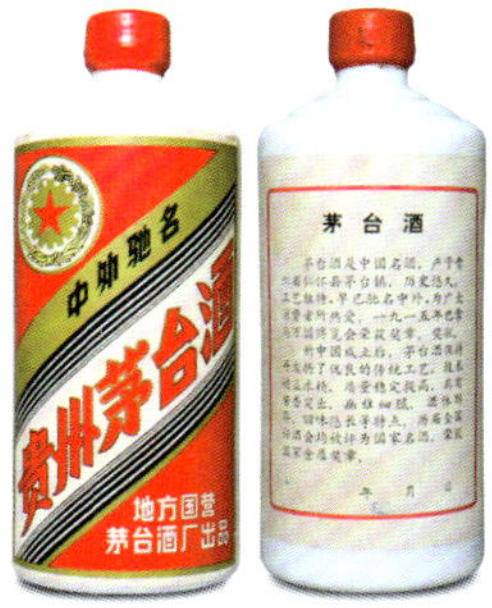

地方国营

1983 年 1 月，“五星牌”茅台酒背标内容有较大改动，并且在背标上方加了“茅台酒”三个黑体字，下方去掉“贵州省茅台酒厂啟”八个字。

背标的内容由“三大革命”改成“一九一五”背标。

1984 年

大飞天

从 1984 年 6 月 1 日开始，为顺应国际市场的容量标准，部分外销版的飞天茅台的容量由 0.54L 改为 500mL。行业内称 0.54L 的飞天茅台为“大飞天”。

1985 年

铁盖茅台（无膜）

1985 年，外销茅台酒率先改为铝制金属防盗式扭断盖。此酒的特点是没有飘带和红色酒精膜，带瓦楞纸内盒，瓶盖上方“贵州茅台酒”字样的颜色有金色和银色。这就是我们所熟知的“铁盖茅台”。

（备注：在 1984 年就有部分试制的铁盖茅台出现。）

1986 年

铁盖茅台（无膜）

1986 年 9 月，茅台酒厂接上级通知，改进内销酒包装，由 540mL 改为 500mL。

1986 年 12 月，瓶帽由塑盖改为铝盖，正标右下角由“地方国营茅台酒厂”更改为“中国贵州茅台酒厂出品”。

1986 年茅台酒厂试制成功 39%vol 茅台酒，在外销包装上有“39%vol”字样，后来改为“38%vol”。

1987 年

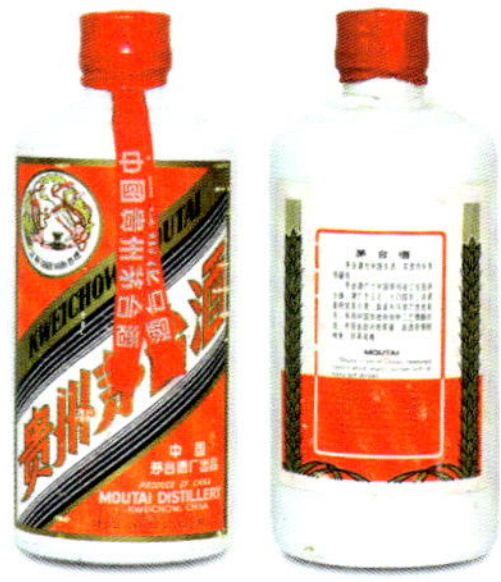

铁盖茅台（有膜）

从 1987 年开始，茅台酒厂给飞天茅台的瓶帽增加了飘带和红色酒精膜，也就是我们所熟知的“红皮铁盖”茅台，两条红飘带上的文字都是“中国贵州茅台酒”。

同年，茅台酒获得“出口产品广告”国际一等奖；贵州省轻纺工业厅通知，从 1987 年起，茅台酒厂升格为大型企业；茅台酒厂被评为国家二级企业；《茅台酒标准》获贵州省优秀标准二等奖。

1991 年

铁盖茅台（有膜）

1991 年，茅台酒厂给五星茅台的瓶帽也增加了飘带和红色酒精膜。

同时“五星牌”茅台酒彩盒及正标、背标全面改版更新，线条图案轮廓更清晰，正标右下角厂家标注第一行为“中国”，第二行为“贵州茅台酒厂出品”，下方增加酒精度及容量信息标注。

红飘带一条内容为“中国名酒世界名酒”，另一条为“中国贵州茅台酒”。

1996 年

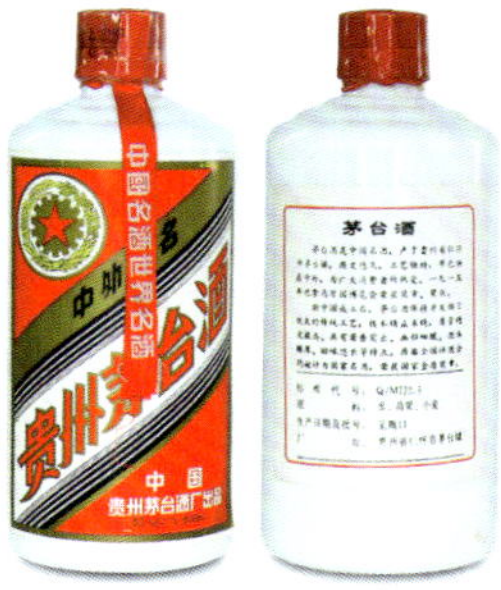

白膜茅台

从 1996 年 8 月开始，茅台酒厂开始采用意大利生产的新型防伪防漏瓶盖，该瓶盖具有防倒灌功能，外面封了一层透明封膜，并喷上了生产日期等信息，也就是“喷码”。这就是我们所熟知的“白皮茅台”。

（备注：1. 从白皮时期开始，“五星牌”和“飞天牌”茅台酒的包装更新基本是同步的；2. 喷码是 1995 年 2 月开始使用的。）

2004 年

飞天茅台（内销）

2004 年左右，“飞天牌”茅台背标有两个版本，一种是纯中文的版本，与“五星牌”茅台酒背标一样，用于内销；另一种是中英文结合的版本，用于外销。

2009 年

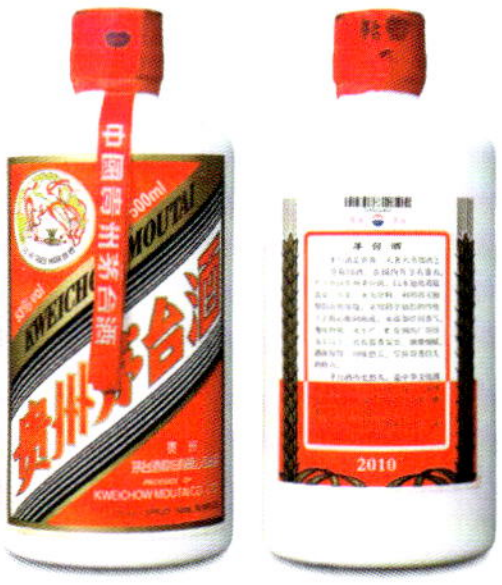

红胶帽茅台

2009 年 2 月下旬，贵州茅台酒启用第四代全新防伪红胶帽，物流码的位置由原来的瓶帽顶部改到了背标上，形状由圆形改为长方形，这也就是我们所熟知的“红胶帽茅台”。而用于出口的“飞天牌”茅台酒直到 2014 年左右才由“白皮”换成“红胶帽”。

2019 年

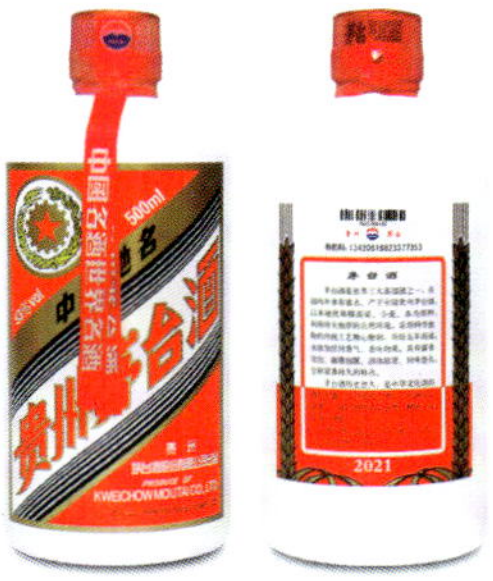

贵州茅台

从 2019 年 8 月份开始，茅台由“国酒茅台”改成“贵州茅台”。瓶帽、瓶身、酒盒等所有含有“国酒茅台”的字样全部改成“贵州茅台”。

2023 年

新红胶帽茅台

2023 年 10 月 16 日茅台正式启用新款红胶帽，在产品外观包装上，新防伪胶帽外观颜色为朱红色，表面光滑。新红胶帽的设计最大程度杜绝了不法分子高仿造假等行为。(新款红胶帽有一个交替使用期)

第二章

鉴酒的基本常识及逻辑

一、鉴酒等于“找不同”？

市面上 90% 左右的酒可以按照“找不同”的思路来鉴定真假。对于初学者而言，这种方式上手比较快，但一定要明白，有些“不同”只是瑕疵，是制造工艺所造成的（如：模具、材料、印刷、油墨、文件等原因），还有些是自然老化造成的。如果完全按照“找不同”的思路来鉴定，有部分特殊情况会容易误判，我们一定要从制造工艺及鉴酒的底层逻辑来分析，综合判断。

二、酒行业所指的“暗记”是什么?

我们所说的“暗记”分为两种，一种是酒厂设计的防伪“暗记”，另一种是由于造假者没有源文件，在造假的过程中会与正品在工艺等方面产生一些差异，这些差异在鉴定时比较实用，我们也把它们归类为“暗记”。

三、酒行业所指的“包浆”是什么?

“包浆”指的是经过长时间的岁月沉淀所形成的老印记，例如酒标老化所产生的霉斑、酒标下面的老印记和瓶帽封膜老化等特征，都可以理解为“包浆”。

四、所谓的“绝招”是什么?

很多人都想学绝招，妄想“一招鲜，吃遍天”，殊不知造假者造假的手段也在不断改进。真正的绝招，是基于有足够扎实的基本功，对制造工艺及鉴酒的底层逻辑都非常了解，所以我们要先从基础学起，然后结合实践不断地练习，才能更好地融会贯通并举一反三。

五、鉴酒一定要有清晰的思维框架

鉴酒的关键点很多，一定要有清晰的思维框架，才能分清主次。例如：一瓶酒会有哪些造假方式？每种造假方式会出现哪些破绽？该如何鉴定？本书中每一章节都有清晰的思维导图，当你思路清晰之后，鉴定起来就比较简单了。

六、鉴酒一定要综合判断

有句行话叫作“一点真不为真，一点假即为假”，有些人只要看到“不同”就直接认定酒是假酒，这是一个误区。这里所说的“假”与“不同”是两回事，一定要学会区分，所以了解酒的制造工艺和鉴酒的底层逻辑是非常重要的。总之，鉴酒一定要综合判断。

备注：本书中用到三种描述用语，①“可直接确定是假的”在实操中看到该点即可确定是假的；②“基本可以确定是假的”在实操中看到该点基本可以确定是假的，但不排除有特殊情况；③“就要注意了”因为有交替期等特殊情况，实操中还需综合判断。

第三章

常见的十二种造假方式

❶ 全套造假（新假酒）

所有的酒标、酒盒、酒瓶、瓶帽、酒体都是假的。

❷ 回收瓶造假

造假者回收真酒瓶与酒盒，再灌装假酒进行销售。

❸ 拔头造假

造假者把真酒的瓶帽拔出来，调换里面的酒，再把瓶帽套回去进行销售。

❹ 做旧造假（假老酒）

造假者通过污水、发霉、氧化、腐蚀等做旧工艺快速生产的假老酒。

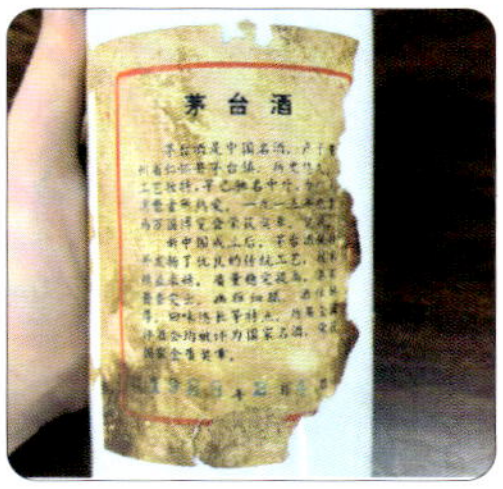

❺ 全套造假（老假酒）

20 年前生产的假酒，一直在市面上流通，这种假酒很有欺骗性。

❻ 臆想造假

酒厂从未生产过，完全通过臆造出来的产品，名称一般都比较浮夸。

❼ 升级造假

造假者通过换标或换头的形式来升级造假（例如：将 43 度茅台换标为 53 度茅台）。

❽ 打孔造假

造假者在瓶身上打一个小孔，把真酒抽出来之后注入假酒，再去销售。

❾ 撬盖造假

造假者将铁盖瓶帽的收口撬开，调换里面的酒，再把瓶帽收口压回去。

❿ 高压造假

高压造假是通过高压把假酒注进去（高压前提是需要空气对流）。

⓫ 吹箱造假

造假者通过热风枪将外箱封条吹开，把假酒混进去，行业俗称“插花售假”。

⓬ 后封箱造假

造假者通过回收真箱子，放入假酒之后，用高仿的封条再封回去。

第四章

2009 年至今红胶帽茅台鉴定方法

第一节
介绍

一、红胶帽茅台（飞天）

年份：2009 年 2 月至 2023 年 10 月（有交替期）
度数：53%vol
容量：500mL

从 2009 年 2 月开始，内销版的飞天茅台和五星茅台取消白色透明膜，开始使用第四代全新防伪红胶套，俗称“红胶帽”；物流码从瓶帽顶部转移到了背标上，圆形换成了长方形。

二、红胶帽茅台（五星）

年份：2009 年 2 月至 2023 年 10 月（有交替期）

度数：53%vol

容量：500mL

从 2004 年开始，五星茅台与内销版的飞天茅台，除了商标不一样，其他地方的工艺特征与鉴定方法都是一样的，在此就不过多讲解，五星标的鉴定方法参照白皮时期的第四款五星标（P229~P231）。

三、主要的造假方式

一、全套造假

二、回收瓶造假

三、拔头造假

四、换标升级

五、打孔造假

红胶帽茅台鉴定流程

- 一、全套造假
  - 1.看飞天标工艺及暗记
  - 2.看飞天标字体及轮廓
  - 3.看正标色泽及油墨
  - 4.看背标物流码及有机码
  - 注：酒标涉及到源文件、油墨、材质等工艺，比较复杂，越复杂的地方造假者越容易出现破绽，所以看飞天标的线条轮廓是非常关键的
- 二、回收瓶造假
  - 1.看瓶帽顶部烫金工艺、轮廓及暗记
  - 2.看瓶帽形状、切口工艺及暗记
  - 3.看喷码工艺及特征
  - 4.看瓶帽海洋标特征
  - 5.防伪识别器
    - 倾斜45°看“MT”暗记
    - 看侧面字体暗记
    - 看瓶帽顶部阴影
  - 注：目前高仿帽是比较泛滥的
- 三、拔头造假
  - 1.看封口胶痕是否规整
  - 2.看封口下面是否有荧光
  - 3.看收口轮廓与飘带形状是否贴合
  - 4.看喷码是否错位
  - 5.看飘带打结处
  - 6.看瓶帽转动空间
  - 7.查询物流码与生产日期是否匹配
- 四、换标升级
  - 1.看酒花或听酒花
  - 2.看酒标是否被动过
  - 3.查询NFC芯片信息
  - 4.看生产日期与批次的关系
  - 注：详情见P118~P123
- 五、打孔造假
  - 1.看酒标是否被动过
  - 2.看酒花或听酒花
  - 3.通过强光灯看瓶身
  - 4.通过紫光灯看瓶身（不同波段的紫光效果是不一样的）
  - 5.特殊情况下可以考虑放味闻香
  - 6.可以通过X光设备检测打孔
  - 注：详情见P124~P136

第二节
飞天茅台酒标暗记及鉴定方法

一、鉴定分析

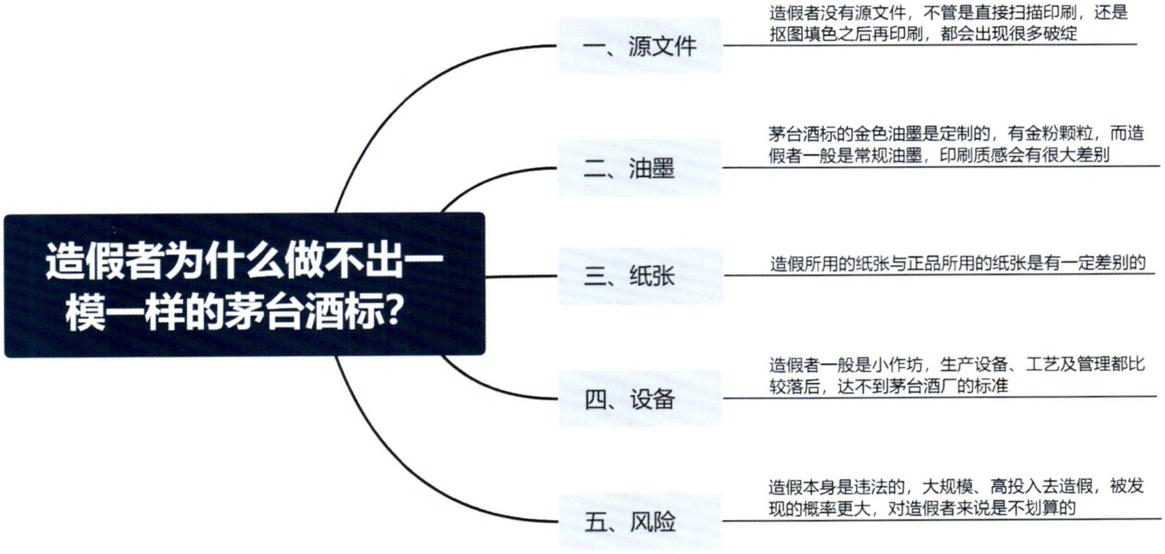

总结：综合以上原因，到目前为止，还没有发现造假者能做出一模一样的茅台酒标。

01 专色印刷与四色印刷的区别

真：专色印刷（源文件印刷）

假：四色印刷（图片印刷）

真：因为茅台的酒标为专色印刷，每个颜色都是专色的（例如红色为专红色、金色为专金色）。

假：造假者没有茅台酒厂的设计源文件，只能通过扫描后再印刷，扫描出来的图片只有一个图层，如果不抠图填色，直接印刷里面会出现很多小色点。

02 正品线条轮廓与抠图之后再印刷的区别

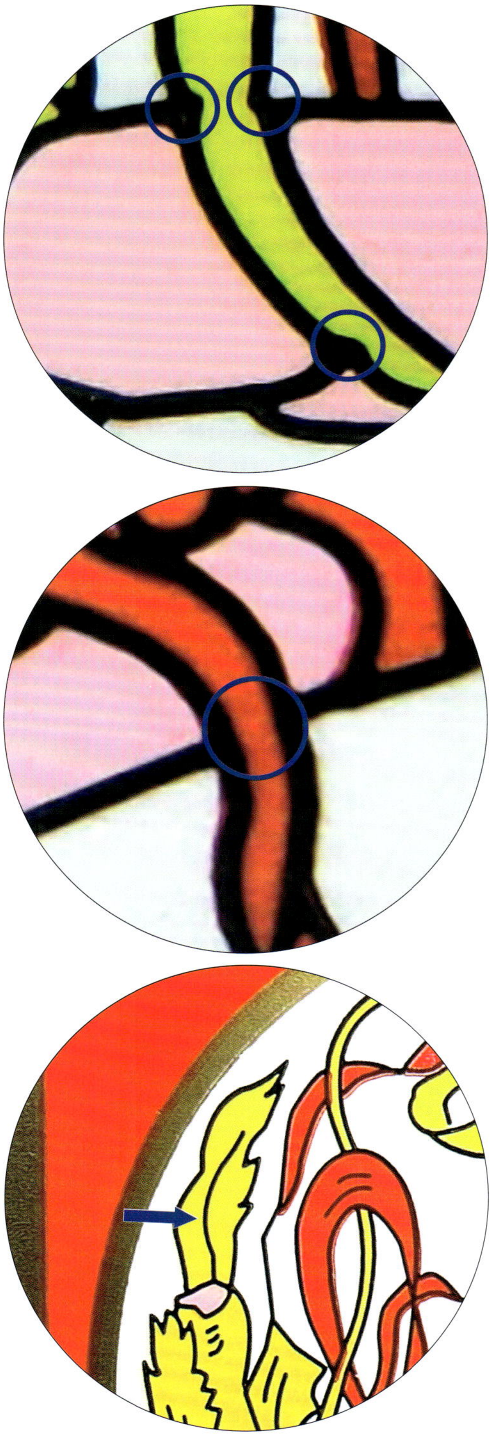

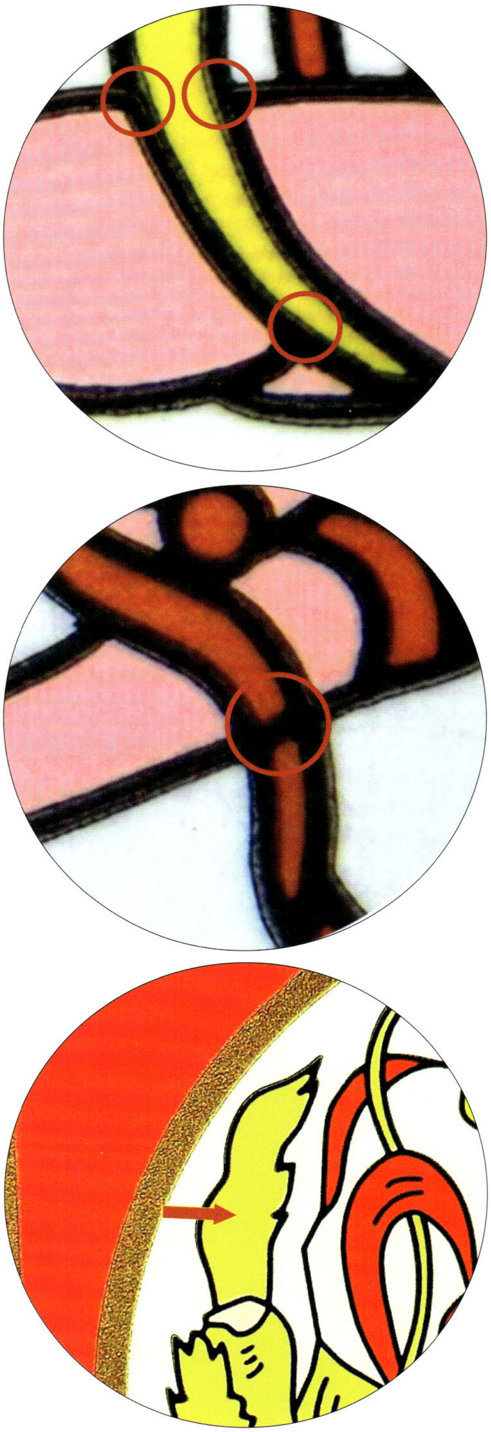

真 真的飞天标图案线条是比较复杂的

假 如果造假者扫描之后再去抠图，很容易出现错误

备注：因为造假者没有茅台酒厂的设计源文件，扫描后直接印刷有很大区别，所以只能扫描之后再抠图填色，这样会导致很多线条轮廓与正品有差异，这些差异可以理解为“暗记”。

03 专金色油墨与普通油墨的区别

真 真的酒标上的专金色呈微微哑光

假 如果酒标是亮光的，就要注意了

04 酒标发白

不发白

发白

真 由于漏酒或老化，时间长了导致专金色的金粉脱落、酒标发白，这是正常现象

备注：真的茅台正标金色为专金色，带有金粉颗粒，呈微微哑光，老化后容易掉色，假的则不会。

二、飞天标暗记及鉴定方法

飞天标的变化

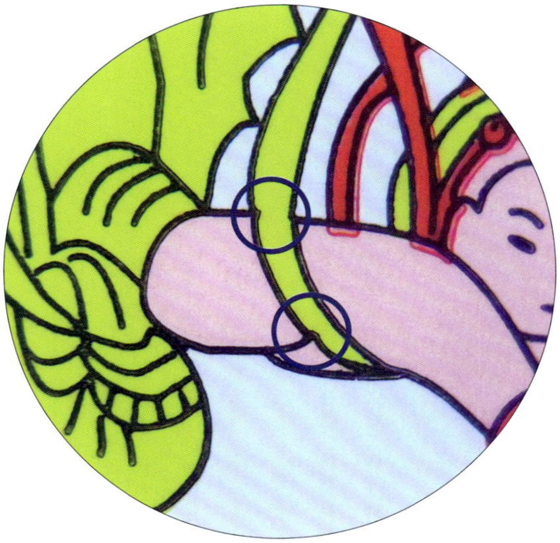

2020 年上半年之前

2020 年上半年之后

从 2020 年下半年开始，普茅飞天标暗记的整体特征基本没变，只是在细节上加强了一些。

飞天标的细节鉴定方法

以上是我们筛选出来非常实用的鉴定要点。

01 裙摆里的黑线

适用时间：2000 年 8 月至今 ★★★★★

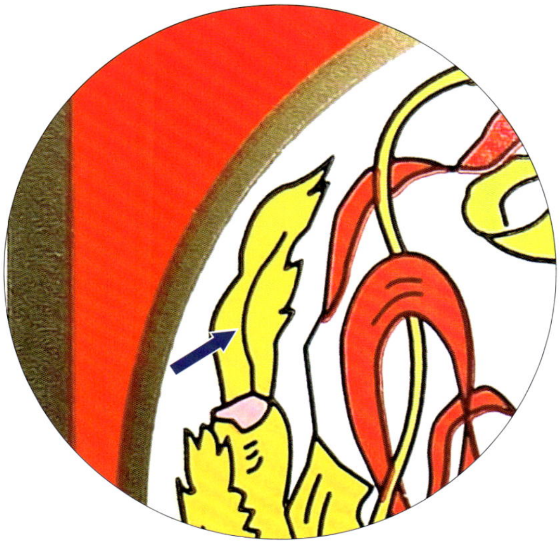

真 真的飞天标里面有一条黑线

假 如果没有，可直接确定是假的

02 小凸点

适用时间：2000 年 8 月至今 ★★★★★

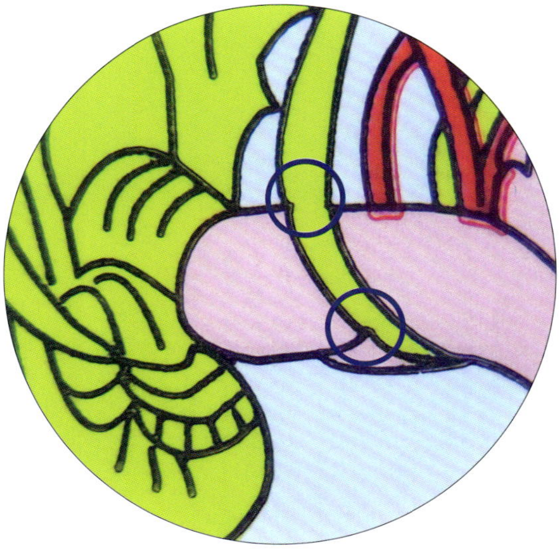

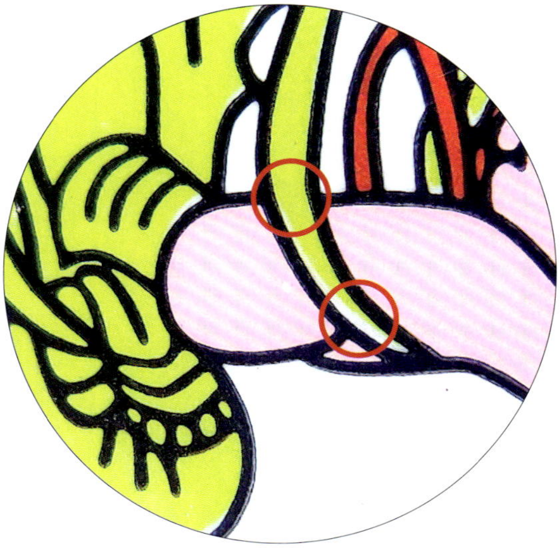

真 真的飞天标有三个小凸点

假 如果没有，基本可以确定是假的

03 仙女表情

适用时间：2000 年 8 月至今 ★★★★★

真 真的飞天标中仙女的表情比较自然

假 如果表情不对，就要注意了

04 头顶的珍珠

适用时间：2000 年 8 月至今 ★★★★★

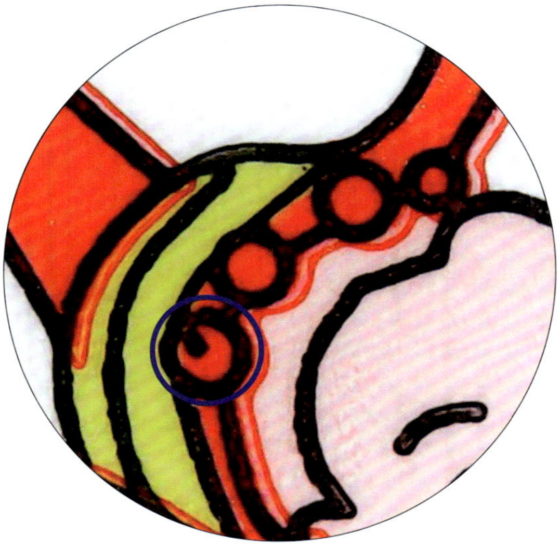

真 真的飞天标的第一颗珍珠有黑色暗记（2009 年之前没那么明显）

假 如果没有，就要注意了

05 小折角

适用时间：2000 年 8 月至今 ★★★★★

真 真的飞天标的红色飘带有个小折角

假 如果没有小折角，就要注意了

06 小黑线

适用时间：2000 年 8 月至今 ★★★★☆

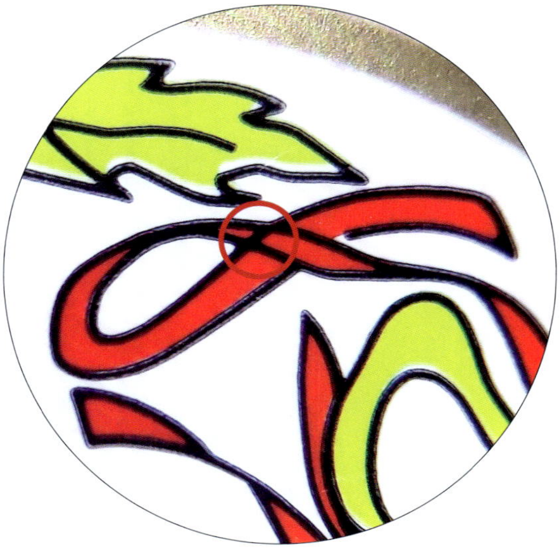

真 真的飞天标的红色飘带是贯通的

假 如果多一条小黑线，基本可以确定是假的

07 小折点

适用时间：2000 年 8 月至今 ★★★★★

真 真的飞天标的黄色飘带有个小折点

假 如果没有，就要注意了

08 仙女脚趾

适用时间：2000 年 8 月至今 ★★★☆☆

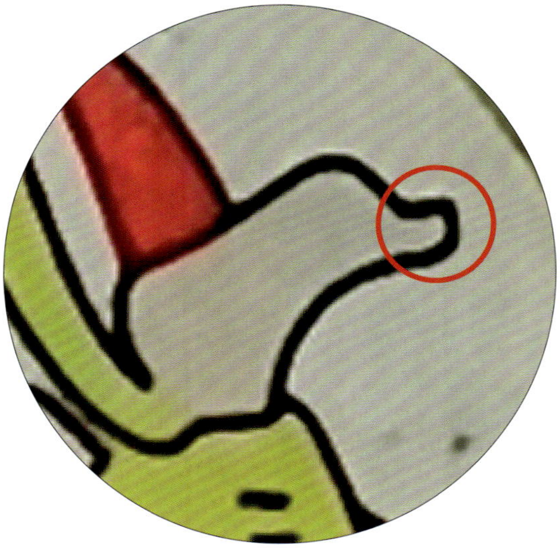

真 真的飞天标中仙女脚趾比较小，比较尖

假 如果是大脚趾，可直接确定是假的

09 飘带对角

适用时间：2000 年 8 月至今 ★★★★★

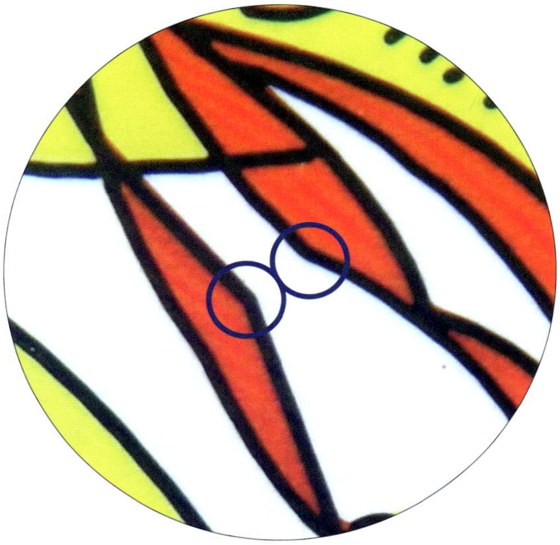

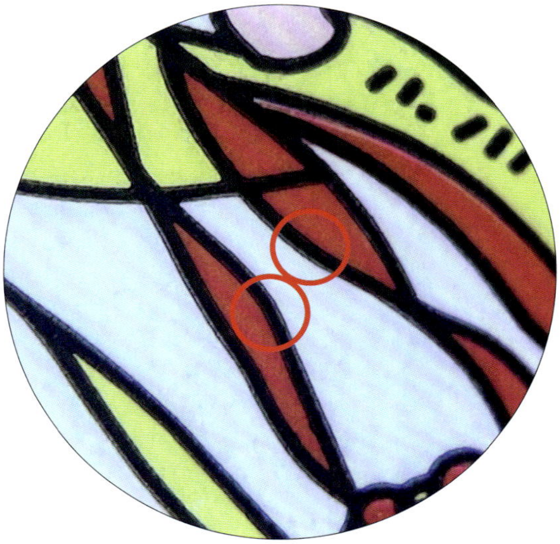

真 真的飞天标的红色飘带有两个折角

假 如果是弧形的，就要注意了

10 左下方小方格

适用时间：2000 年 8 月至今 ★★★☆☆

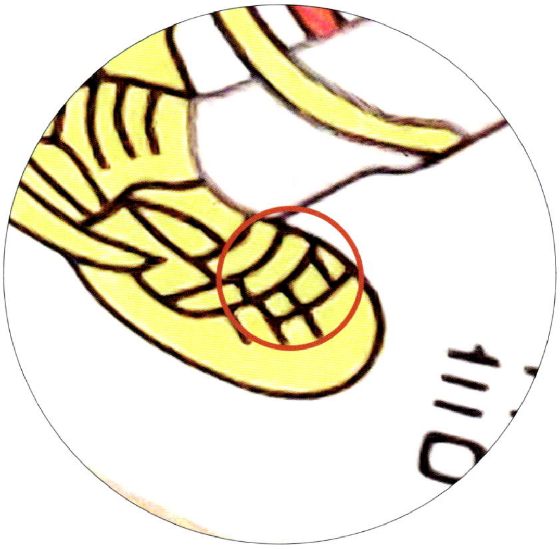

真 真的飞天标的左下方有五个小方格

假 如果不是五个，基本可以确定是假的

11 “注”字

适用时间：2000 年 8 月至今 ★★★★★

真 真的飞天标的“注”字是左右是分开的

假 如果是连在一起的，就要注意了

12 “册”字

适用时间：2000 年 8 月至今 ★★★★★

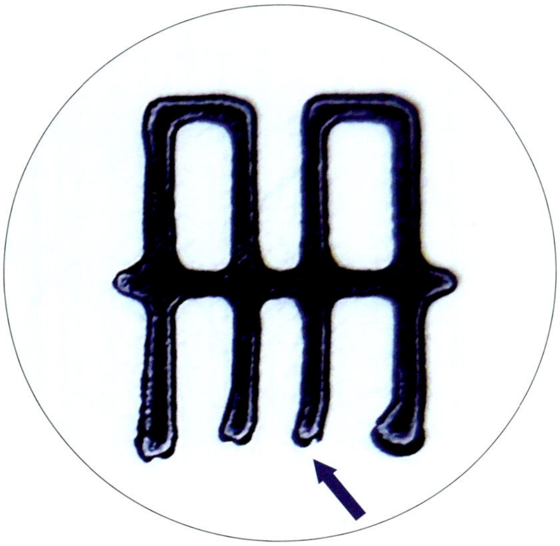

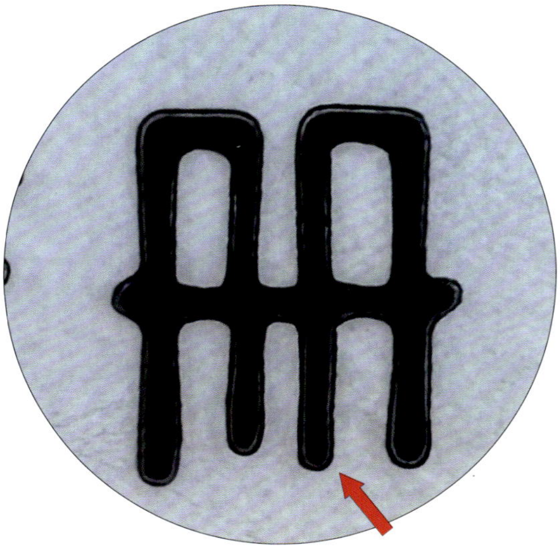

真 真的飞天标的“册”字是带脚的

假 如果不带脚或者脚不对，基本可以确定是假的

13 字母“R”

适用时间：2000 年 8 月至今 ★★★★★

真　真的飞天标的字母“R”左边是带有弧形的

假　如果“R”的左边直的，那就要注意了

14 酒樽

适用时间：2000 年 8 月至今 ★★★★☆

真　真的飞天标的酒樽是断开的

假　如果酒樽是连着的，就要注意了

真

真的酒樽正常情况下是断开的，也有少部分会因为墨浓，导致连在一起（出现这种情况，还需要结合其他点综合判断）

15 “商”字

适用时间：2000 年 8 月至今 ★★★★★

真

真的飞天标的“商”字内部的两笔是呈八字形的

假

如果“商”字内部的两笔是直的，基本可以确定是假的

16 “标”字

适用时间：2000 年 8 月至今 ★★★★★

真 真的飞天标的“标”字是木字旁

假 如果“标”字是“提手旁”，可直接确定是假的

17 飘带折线

适用时间：2000 年 8 月至今 ★★★★★

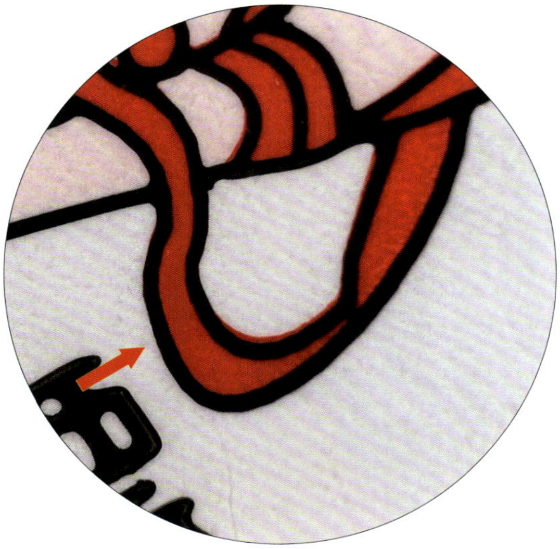

真 真的飞天标的红色飘带有个黑色小节点

假 如果红色飘带上没有黑色小节点，基本可以确定是假的

18 手臂黑线

适用时间：2000 年 8 月至今 ★★★★★

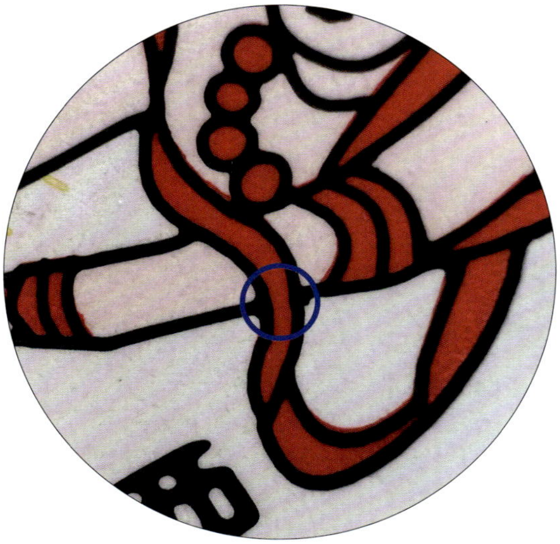

真 真的飞天标中仙女的手臂上的红色是贯通的

假 如果多了一条小黑线，可直接确定是假的

19 肩膀线条

适用时间：2000 年 8 月至今 ★★★☆☆

真 真的飞天标中的仙女肩膀上的线条是弧形的

假 如果是直线，或者形状不对，基本可以确定是假的

三、正标右上角工艺及鉴定方法

鉴定方法：

01 印刷工艺变化

02 白色条纹

01 印刷工艺变化

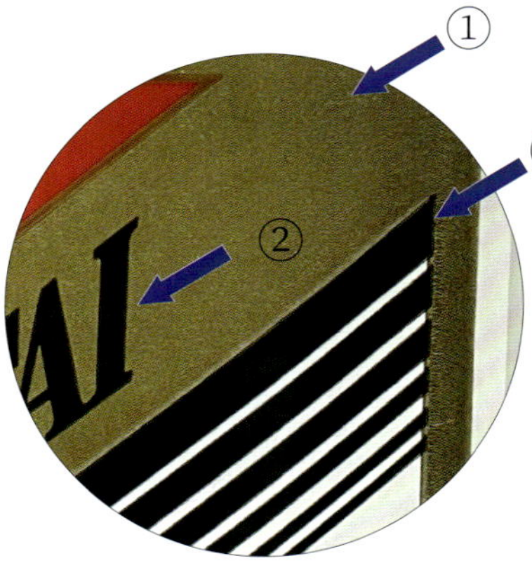

图 1 无金色描边
（2000 年 8 月—2017 年）

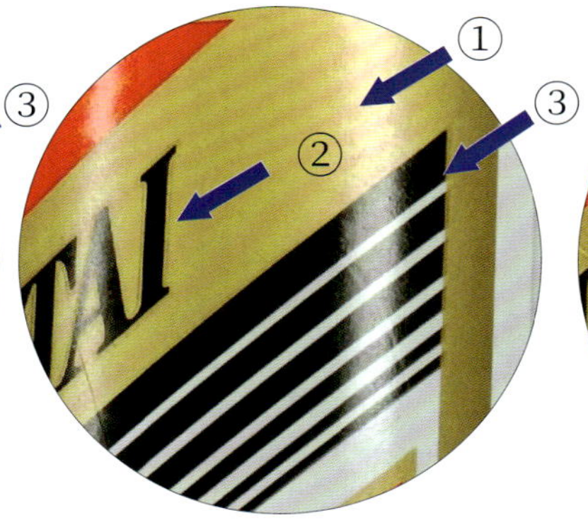

图 2 有金色描边
（2017 年—2021 年 6 月）

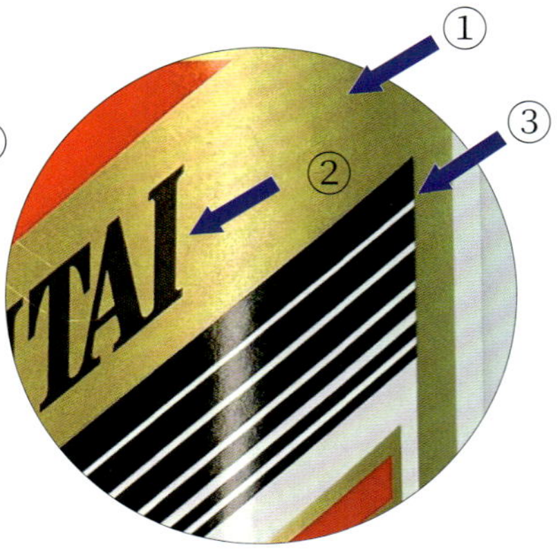

图 3 无金色描边
（2021 年 6 月至今）

图 1 先印刷金色（箭头所指①），再印刷黑色（箭头所指②③），所以黑色是压着金色的，黑色字体没有金色描边；

图 2 先印刷黑色（箭头所指②③），再印刷金色（箭头所指①），所以金色是压着黑色的，导致黑色边缘有一层金色描边；

图 3 先印刷黑色（箭头所指③），再印刷金色（箭头所指①），最后再印刷黑色字体（箭头所指②），所以黑色字体没有金色描边，但黑色条纹有金色描边。

02 白色条纹

适用时间：2000 年 8 月至今 ★★★★☆

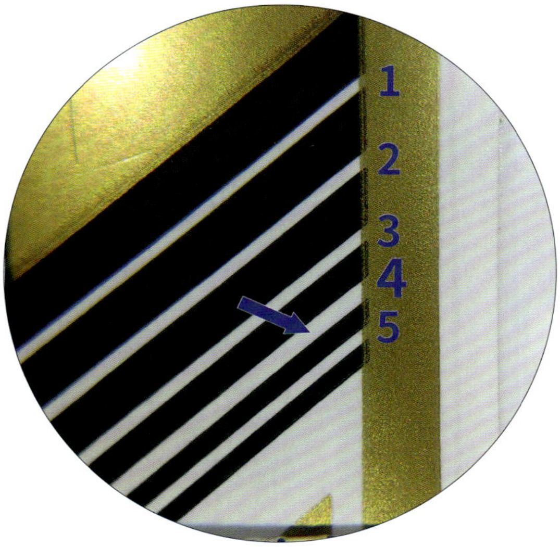

真 真的正标右上角第四条白边最宽

假 如果不是第四条最宽，可直接确定是假的

四、酒标整体工艺特征及鉴定方法

鉴定方法：

01 金色掉色

02 酒标包浆

03 酒标褶皱

04 套色错位

01 金色掉色

正常

掉色

真 真的酒标上的金色是金粉颗粒状的，时间长了被摸得太多会脱落，这是正常现象

02 酒标包浆

真 因为长时间的储存，或湿度偏大，酒标上会产生一些霉斑，老酒比较常见

03 酒标褶皱

常规

有气泡（轻微）

有气泡（严重）

褶皱

从 2004 年开始，普通茅台的酒标是机器贴标的，机器在快速贴标的过程中，空气不能及时排出，就会产生气泡，气泡受到挤压就会产生褶皱，这个是正常的，不能作为判断真假的主要依据（特别是陶瓷瓶，由于瓶身不平整，气泡或褶皱更容易出现，例如精品茅台）。

04 套色错位

套色正常

套色错位

真 因为真的酒标是专色印刷的，颜色是一层一层套上去的，所以在生产过程中容易产生套色错位，这是正常的（老酒比较常见），这一点不能作为判断真假的依据

五、物流码暗记及鉴定方法

鉴定方法：

01 物流码的位置变化

02 第一位数字

03 物流码的防伪

04 物流码的演变

05 镭射光泽

06 颜色

07 数字“7”

08 海洋标暗记

09 海洋标网格

10 “贵”“州”字体暗记

11 “州”字暗记

01 物流码的位置变化

2009 年 2 月之前

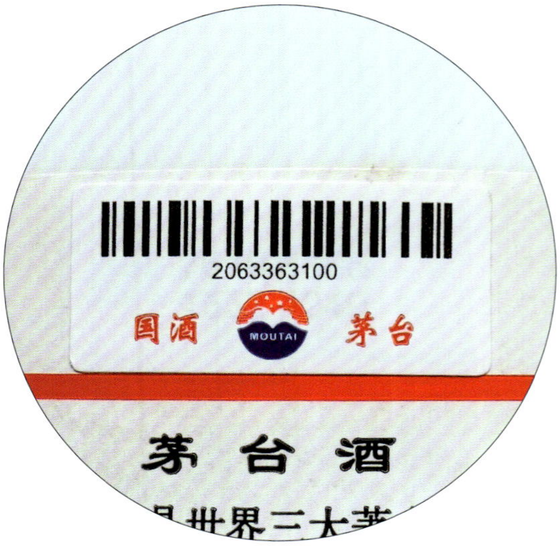

2009 年 2 月之后

真 物流码在 2009 年 2 月之前是在瓶帽顶部，为圆形，到 2009 年 2 月改成红胶帽之后，位置由瓶帽顶部移到背标上面，形状改成了长方形

02 第一位数字

适用时间：2009 年 2 月至 2022 年 1 月 ★★★★★

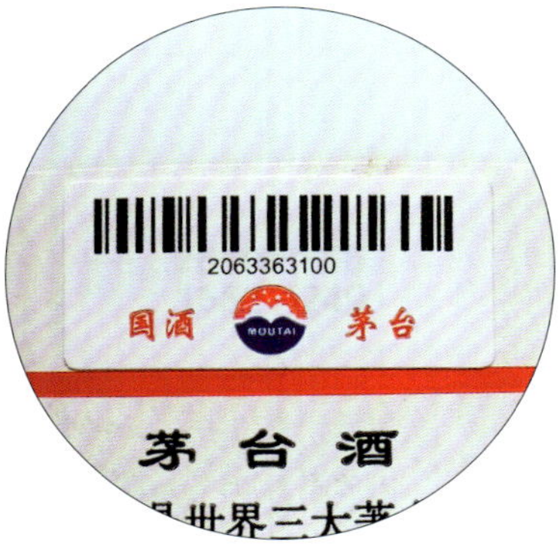

茅台背标上的物流码可用于追溯该瓶酒出厂的物流信息，物流码是以 2、3 开头的，是 12 瓶 / 箱，数字 6、7、8 开头的，是 6 瓶 / 箱。在 2022 年 1 月份之前同一箱酒里面的物流码是一样的，而且与外箱上的物流码也是一致的，但是有些物流码被损坏之后，酒厂会用全部是“0”的物流码代替，一箱里面最多只能有两瓶。

什么是原箱、原开、同码、散支？

原箱： 原厂出来没有拆过箱、封条也没有被吹开过的原箱茅台。

原开： 原箱茅台封条被划开了，但是里面的酒、合格证、外箱都是原配的；酒标上的物流码、生产日期、生产批次与外箱一致（2022 年 1 月之前）。

同码： 6 瓶装的物流码、生产日期、生产批次完全是一样的（2022 年 01 月之前）。

散支： 生产日期及物流码都不一样。

备注：在 2022 年 1 月下旬之后茅台外箱的物流码由 10 位数改成 12 位数，酒瓶背标上的物流码由 10 位数改成 16 位数，而且每一瓶都不一样。

03 物流码的防伪

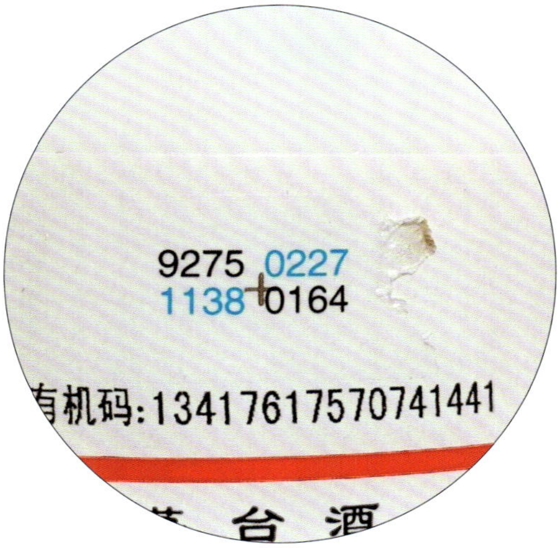

物流码揭开之后里面有 16 位数字，拨打电话 400—815—5888 可以查询真伪，但是方式太烦琐，且不太实用。

04 物流码的演变

1. 国酒茅台（十位数）

2. 贵州茅台（十位数）

3. 贵州茅台（十六位数）

1.2009 年 2 月至 2019 年 8 月，物流码上有“国酒茅台”字样，是 10 位数。

2.2019 年 8 月至 2022 年 1 月，物流码上由“国酒茅台”改成“贵州茅台”，物流码数字还是 10 位数。

3.2022 年 1 月下旬至今，茅台的物流码做了比较大的升级，由原来的 10 位数更新为 16 位数，而且每一瓶的物流码都是唯一的，所以就没有同码的概念了。

05 镭射光泽

适用时间：2009 年 2 月至今 ★★★★★

（有镭射光泽）

（无镭射光泽）

真 真的物流码大部分有镭射光泽，也有少部分没有

06 颜色

适用时间：2009 年 2 月至今 ★★★★★

真 真的物流码是由特殊材料制作的，目前还没有出现整体发黄的情况

假 如果出现整体发黄，可直接确定是假的

07 数字“7”

适用时间：2010 年 6 月至今 ★★★★★

真 真的物流码数字“7”是直的

假 如果是弧形的，就要注意了

备注：物流码上的数字“7”，在 2010 年 6 月之前是弧形的，在 2010 年 6 月之后才改成直的。

08 海洋标暗记

适用时间：2009 年 2 月至 2010 年 6 月 ★★★★★

真 真的海洋标红色部分用紫光灯照会有荧光暗记

假 如果没有荧光，或者不明显就要注意了

09 海洋标网格

适用时间：2010 年 6 月至今 ★★★★★

真 真的海洋标蓝色区域是整齐排列的网点

假 如果没有，基本可以确定是假的

10 “贵”“州”字体暗记

2020 年 3 月至 2022 年 1 月下旬

2022 年 1 月下旬至今

真 从 2020 年 3 月份开始，物流码的“州”字中间一笔是有荧光暗记的，但是“贵”字没有；从 2022 年 1 月下旬开始改成 16 位数之后，“贵”字增加了荧光暗记

11 “州”字暗记

适用时间：2020 年 3 月至今 ★★★★★

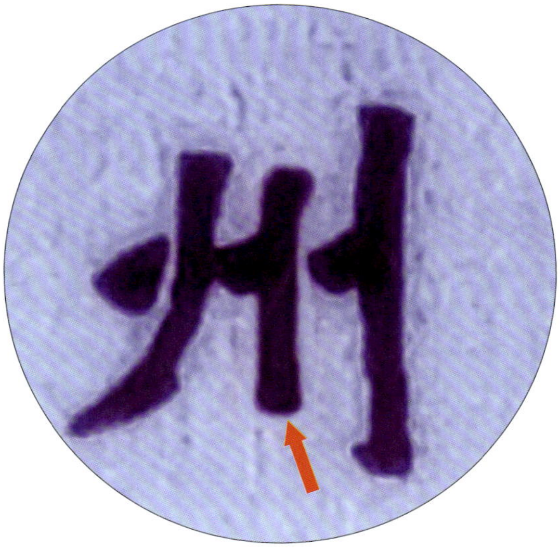

真 真的物流码中的“州”字是有荧光暗记的

假 如果没有，基本可以确定是假的

六、有机码特征及鉴定方法

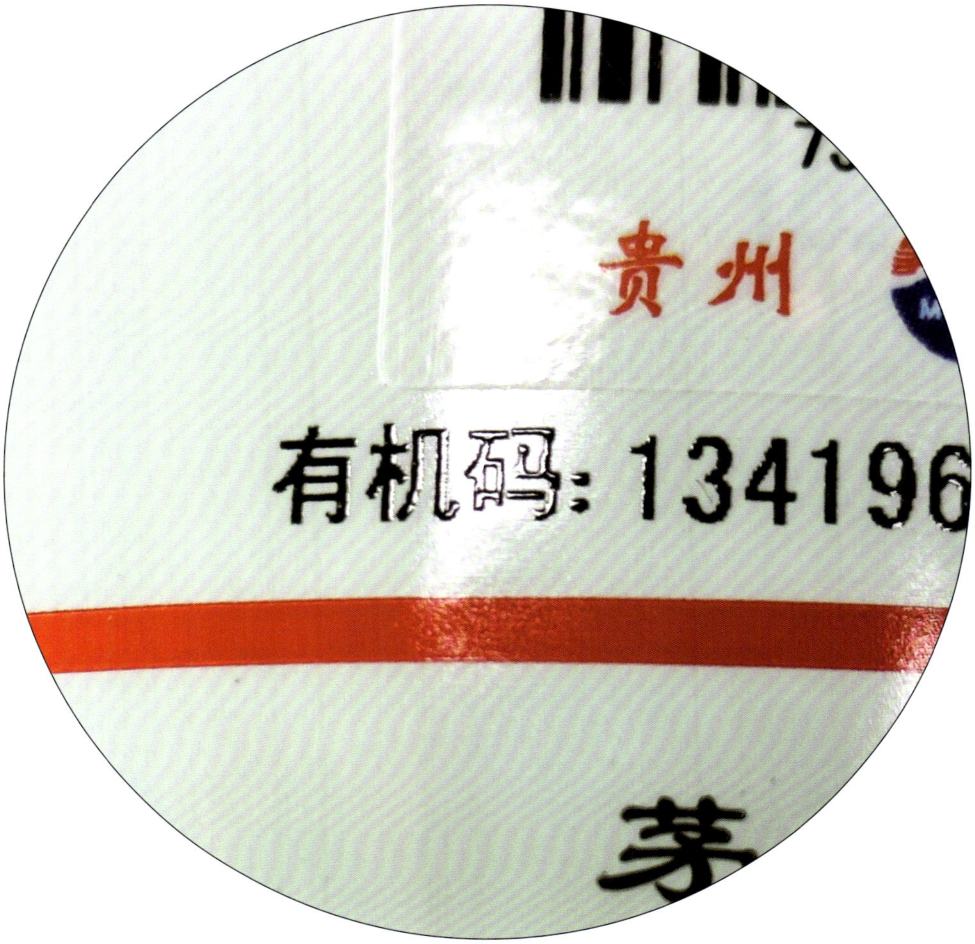

鉴定方法：

01 有机码

02 有机码凹凸感

03 数字“1”

04 数字“7”

01 有机码

适用时间：2012 年 10 月开始 ★★★★☆

初期

后期

真 有机码在 2012 年 10 月开始使用，初期凹凸感比较弱，后期凹凸感比较强

02 有机码凹凸感

适用时间：2012 年 10 月至今 ★★★★★

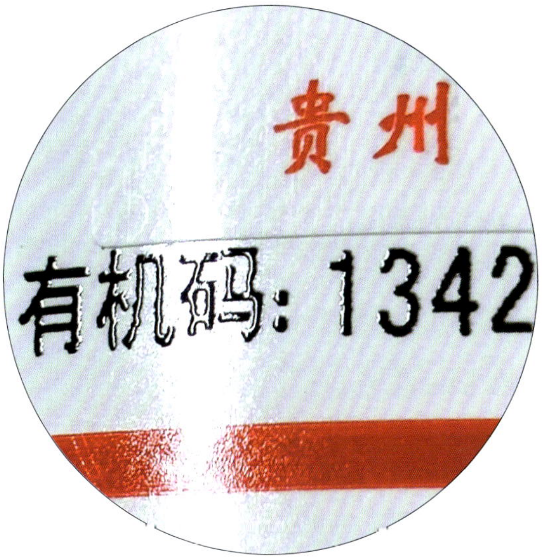

真 真的有机码有明显的凹凸感

假 如果没有，可直接确定是假的

03 数字“1”

适用时间：2012 年 10 月至今 ★★★★★

真 真的有机码中的数字“1”是平头的

假 如果数字“1”是低头的，可直接确定是假的

04 数字“7”

适用时间：2012 年 10 月至今 ★★★★★

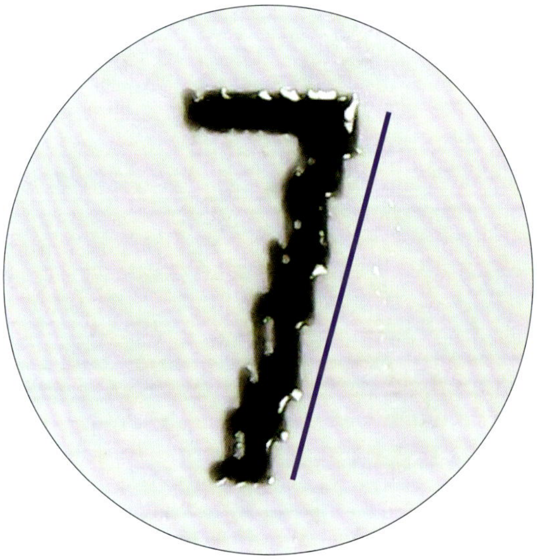

真 真的有机码中的数字“7”是直的

假 如果是弧形的大肚“7”，可直接确定是假的

七、背标字体暗记及鉴定方法

鉴定方法:

01 “酒”字

02 “特”字

不满格且带笔锋

都是满格的

真 真的背标第一排的“酒”字是满格的，第二排是不满格且带“笔锋”，但是在 2013 年至 2015 年，有出现部分两个“酒”字都是满格的情况

假 如果第二排的“酒”字不满格又不带笔锋，可直接确定是假的

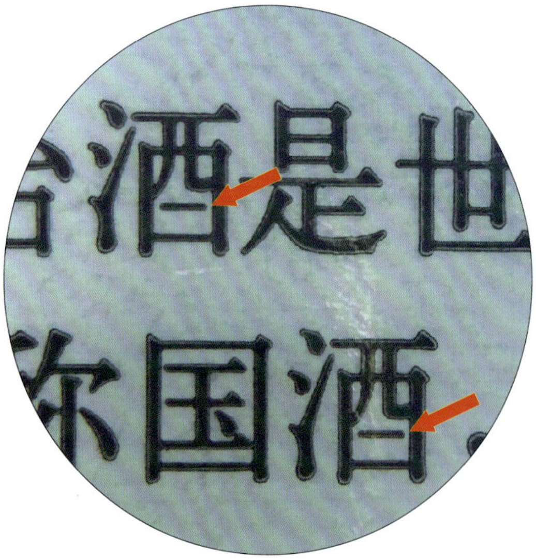

假 如果两排的“酒”字都不满格，可直接确定是假的

02 “特”字

适用时间：2010 年 6 月开始

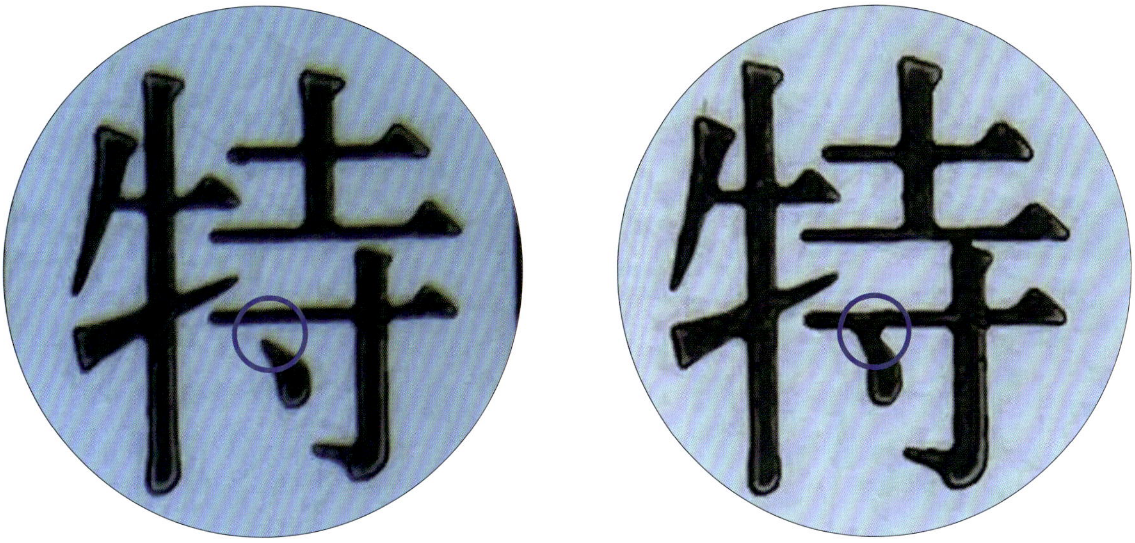

真

2010 年 6 月至 2019 年 8 月，背标上有两个“特”字，上面的“特”是断开的，下面的“特”字是连着的

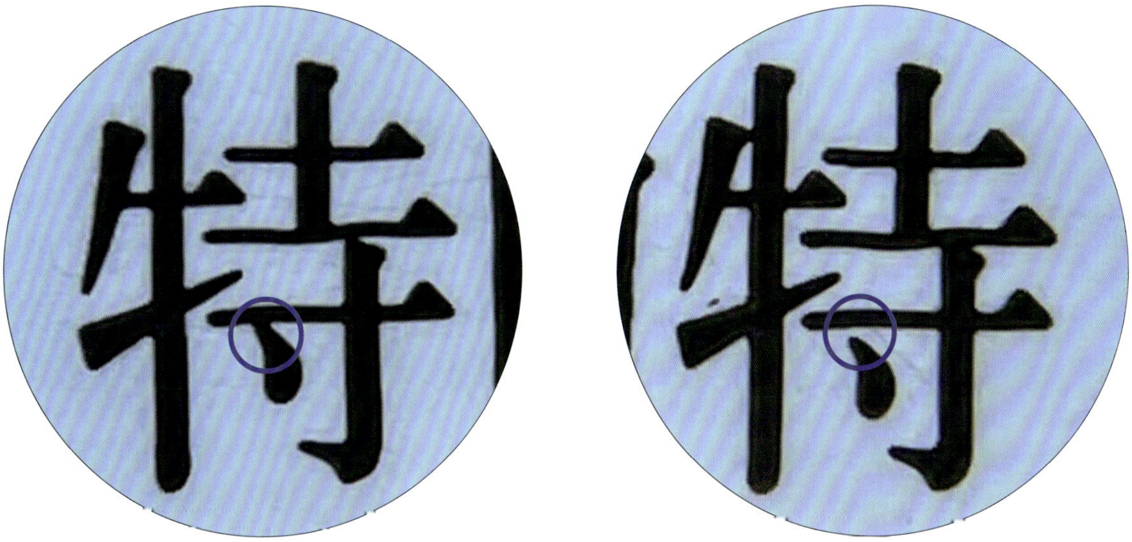

真

2019 年 8 月之后，这个特征就颠倒过来了，上面的“特”字是连着的，下面的“特”字是分开的

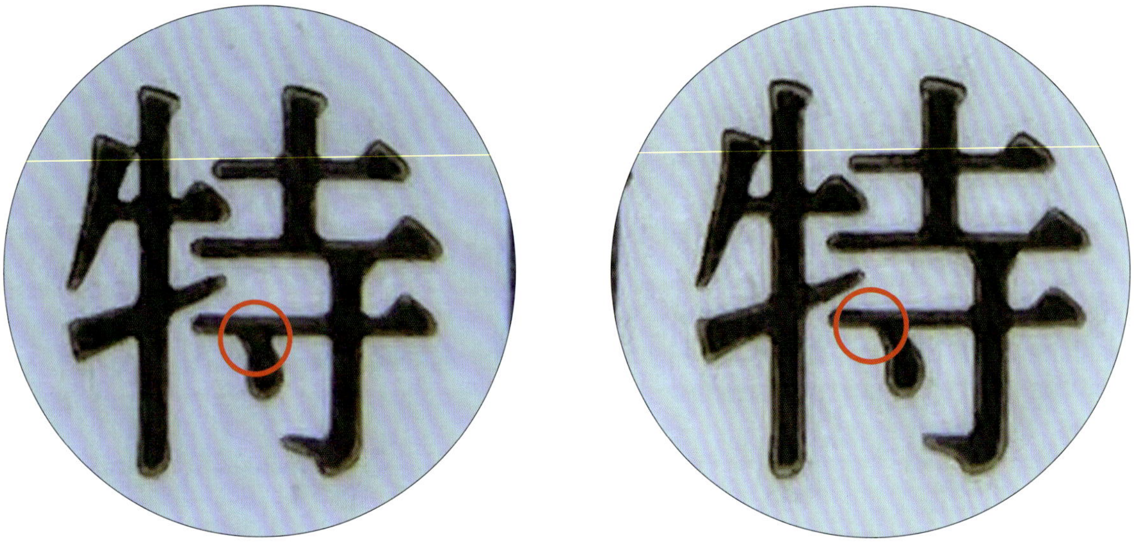

假 如果两个都是连着的，就要注意了

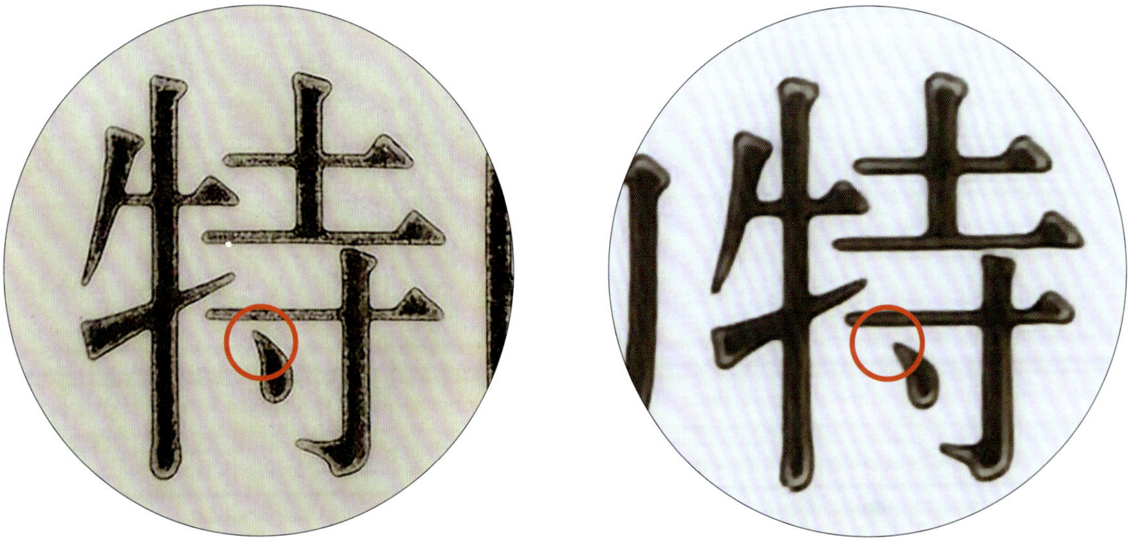

假 如果两个都是分开的，也要注意了

八、背标麦穗工艺及鉴定方法

鉴定方法：

01 麦穗色泽

02 颜色图层

01 麦穗色泽

适用时间：2000 年 8 月至今 ★★★★★

真 真的背标中麦穗的金色相对比较纯正

假 如果麦穗是土黄色的，基本可以确定是假的

02 颜色图层

适用时间：2000 年 8 月至今 ★★★★★

真 真的背标中麦穗是金色的，红色不会透过来

假 如果红色明显透过来了，可直接确定是假的

九、贴标位置特征及鉴定方法

鉴定方法：

01 正标的位置

02 背标的位置

03 相对位置

因为真的普茅从 2004 年之后是机器贴标的，所以贴得相对比较平齐，而造假者基本都是小作坊，手工贴标很容易贴歪，如果出现贴歪的情况，就要注意了。

01 正标的位置

适用时间：2004 年至今 ★★★★★

真 真的正标基本在瓶身中间的位置

假 如果太高或太低，就要注意了

02 背标的位置

适用时间：2004 年至今 ★★★★★

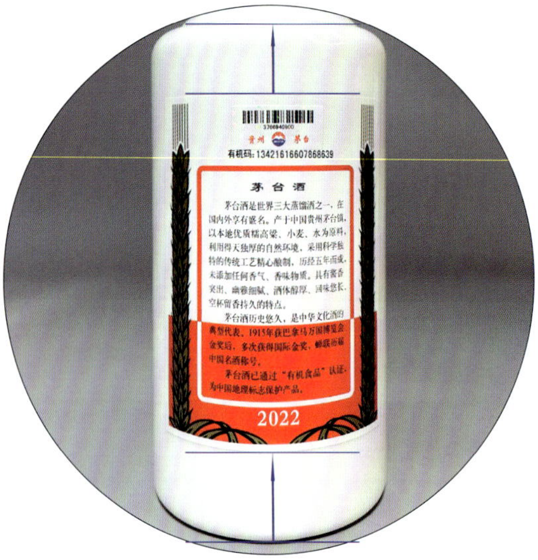

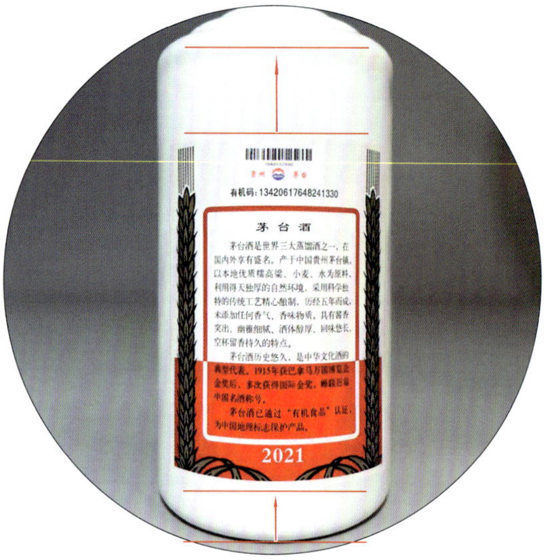

真 真的背标在瓶身中间偏上一点

假 如果背标太高或太低，就要注意了

03 相对位置

适用时间：2004 年至今 ★★★★★

真 真的正标和背标是相对平行的

假 如果不平行，就要注意了

十、瓶底特征

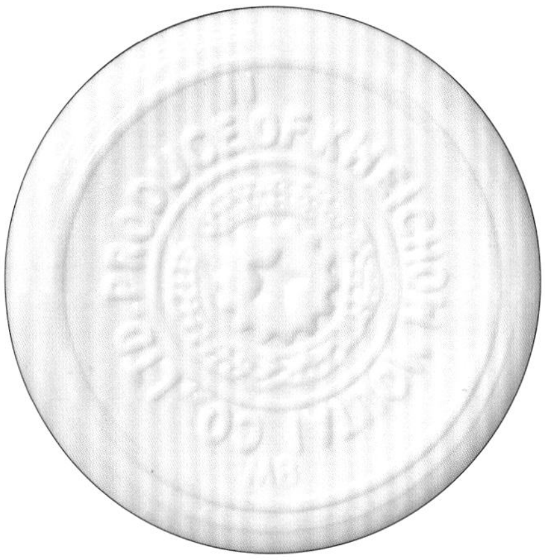

MB（闽玻）

HB（华玻）

CKK（美工）

口（老美工）

YH

MJ

常见的茅台瓶底厂名代号有：“MB”（闽玻）、“HB”（华玻）、“CKK”（美工）、“口”（老美工）、“YH”、“MJ”。近几年“MB”“HB”用得相对比较多，其他四个相对较少。

第三节

瓶帽暗记及鉴定方法

一、瓶帽的演变

白皮茅台（透明膜）

国酒茅台

贵州茅台

新款红胶帽

2009 年 2 月之后，茅台酒厂取消内销版茅台瓶帽的透明膜，改用红胶帽，但出口版飞天茅台直到 2014 年左右才开始使用红胶帽。

从 2019 年 8 月开始，茅台酒厂正式取消“国酒茅台”，全面改成“贵州茅台”，瓶帽字样也改成“贵州茅台”。

2023 年 10 月 16 日正式启用新款红胶帽，设计最大程度杜绝了不法分子高仿制假等行为，新老红胶帽有一个交替使用的时间。

▍鉴定分析：

红胶帽从2009年开始被使用，防伪暗记和整体工艺都在不断提升。根据目前的数据来看，造假者想做出一模一样的红胶帽，基本是不可能的。

鉴定红胶帽我们可以分为几个维度：

1. 肉眼观察红胶帽工艺及暗记。

2. 用茅台识别器观察红胶帽的工艺及暗记。

3. 用特殊光源（紫光、红光、强光）来观察红胶帽的工艺及暗记。

4. 因为防伪升级变化的时候，都会有一些试验品先行投入市场，例如：芯片是在2013年5月左右开始使用的，但是在2012年就有部分茅台带芯片；“MT”暗记是从2014年左右开始有的，但在2012年左右也出现过部分茅台带“MT”暗记。

只要了解这些鉴定方法，基本上可以排除市面上99%以上的高仿红胶帽。

二、顶部齿轮暗记及鉴定方法

鉴定方法：

01 齿轮变化

02 烫金工艺

03 齿轮宽度

04 齿轮形状

01 齿轮变化

14 个齿轮（偏细）

14 个齿轮（偏粗）

13 个齿轮（有内圆半弧）

2009 年 2 月瓶帽改成红胶帽之后，瓶帽顶部是 14 个齿轮，初期的齿轮比较细，到 2010 年左右，齿轮变得粗一些。

2017 年 12 月左右，瓶帽顶部的齿轮由 14 个改成 13 个，并且第 1 号齿轮和第 10 号齿轮增加了弧形暗记，一直沿用至新款红胶帽被设计出来为止。

02 烫金工艺

（烫金轮廓清晰）

（烫金有少许毛边）

真 正常情况下瓶帽的烫金轮廓会比较清晰，但也有少部分会出现少许毛边，这是烫金工艺原因，不能作为判断真假的依据

03 齿轮宽度

适用时间：2017 年 12 月至今 ★★★★★

真 真的瓶帽齿轮宽度比例均匀

假 如果发现齿轮顶部很窄，基本可以确定是假的

04 齿轮形状

适用时间：2017 年 12 月至今 ★★★★★

真 真的瓶帽 1 号齿轮和 10 号齿轮都是有内圆半弧的

假 如果没有内圆半弧，基本可以确定是假的

假 如果内圆半弧形状不对，齿轮及五角星的轮廓不对，基本可以确定是假的

三、瓶帽顶部芯片暗记及鉴定方法

（强光灯观察）

（内部观察）

真　2013 年 5 月左右，茅台开始使用“RFID”芯片，但是在 2012 年 12 月左右，有部分茅台也带芯片，这是因为茅台在防伪升级的过程中，会有一部分试制品先投入市场，遇到这种情况一定要综合判断

01 芯片清晰度

真　初期不借助工具就可以看清顶部的芯片纹理和形状，后期瓶帽升级，需要借助工具才能观察

02 芯片宽度

宽芯片

中芯片

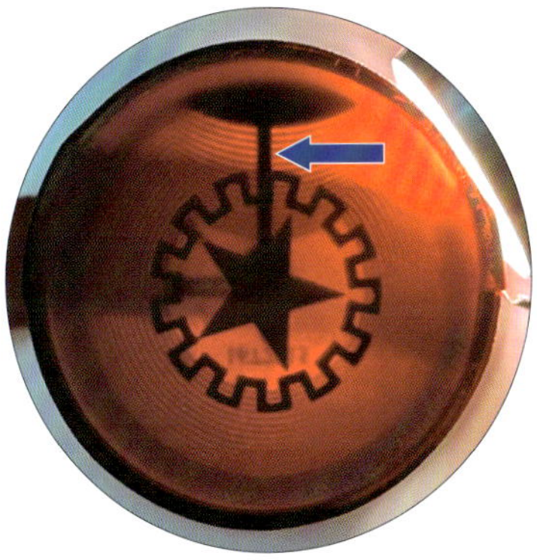

窄芯片

2013 年 5 月 至 2016 年 6 月左右，瓶帽顶部的芯片是比较宽的，俗称“宽芯片”；

2016 年 6 月 至 2018 年 2 月左右，茅台瓶帽的芯片变窄，俗称“中芯片”；

2018 年 2 月至今，茅台瓶帽的芯片再一次升级，变得更窄，俗称“窄芯片”，一直沿用至今。

适用时间：2018 年 2 月至今 ★★★★★

真 真的芯片是比较窄的

假 如果芯片比较宽，就要注意了

03 茅台防伪溯源系统安装

使用手机自带浏览器

搜索贵州茅台官网

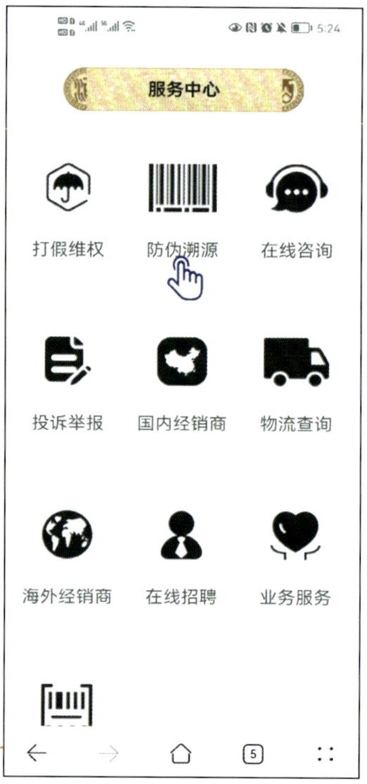

点击防伪溯源

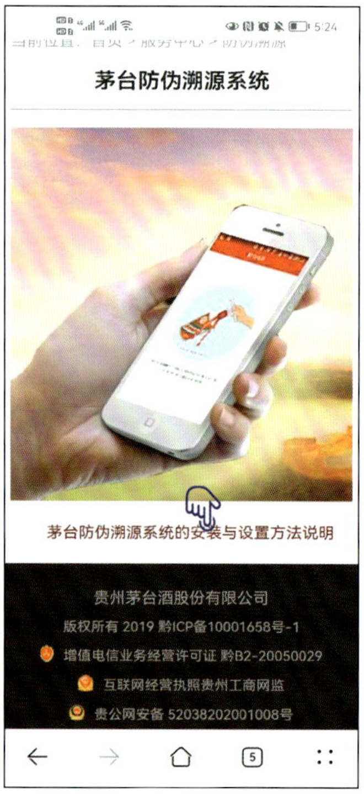

点击方法说明

点击下载网址

官方溯源 APP 启动页

备注：1. 不支持 iOS 系统；2. 需要手机具备 NFC 功能；3. i 茅台也有防伪溯源功能（详情可参考 P97）。

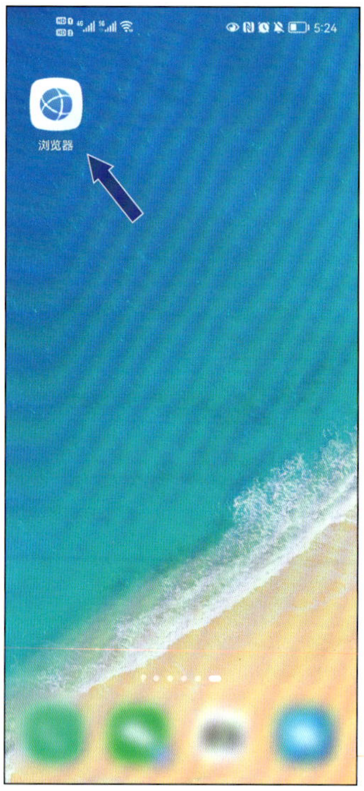

04 芯片信息

适用时间：2013 年 5 月至今 ★★★★★

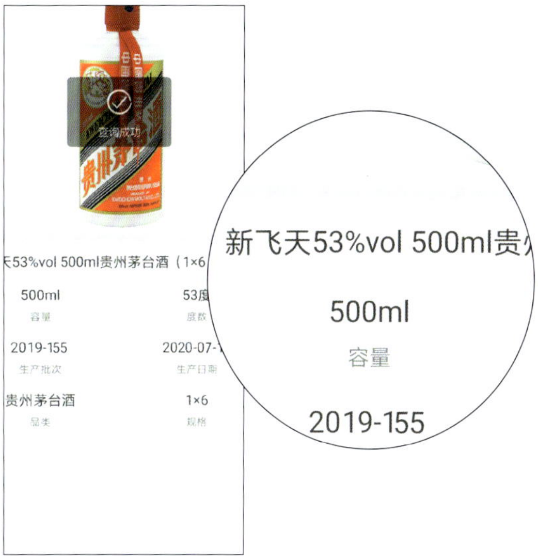

真 真的茅台酒瓶的芯片信息与酒的信息是一一对应的

假 如果显示“非茅台官方标签”，可直接确定是假的；如果芯片扫不出来或数据对应不上，就要注意了

四、瓶帽侧面及鉴定方法

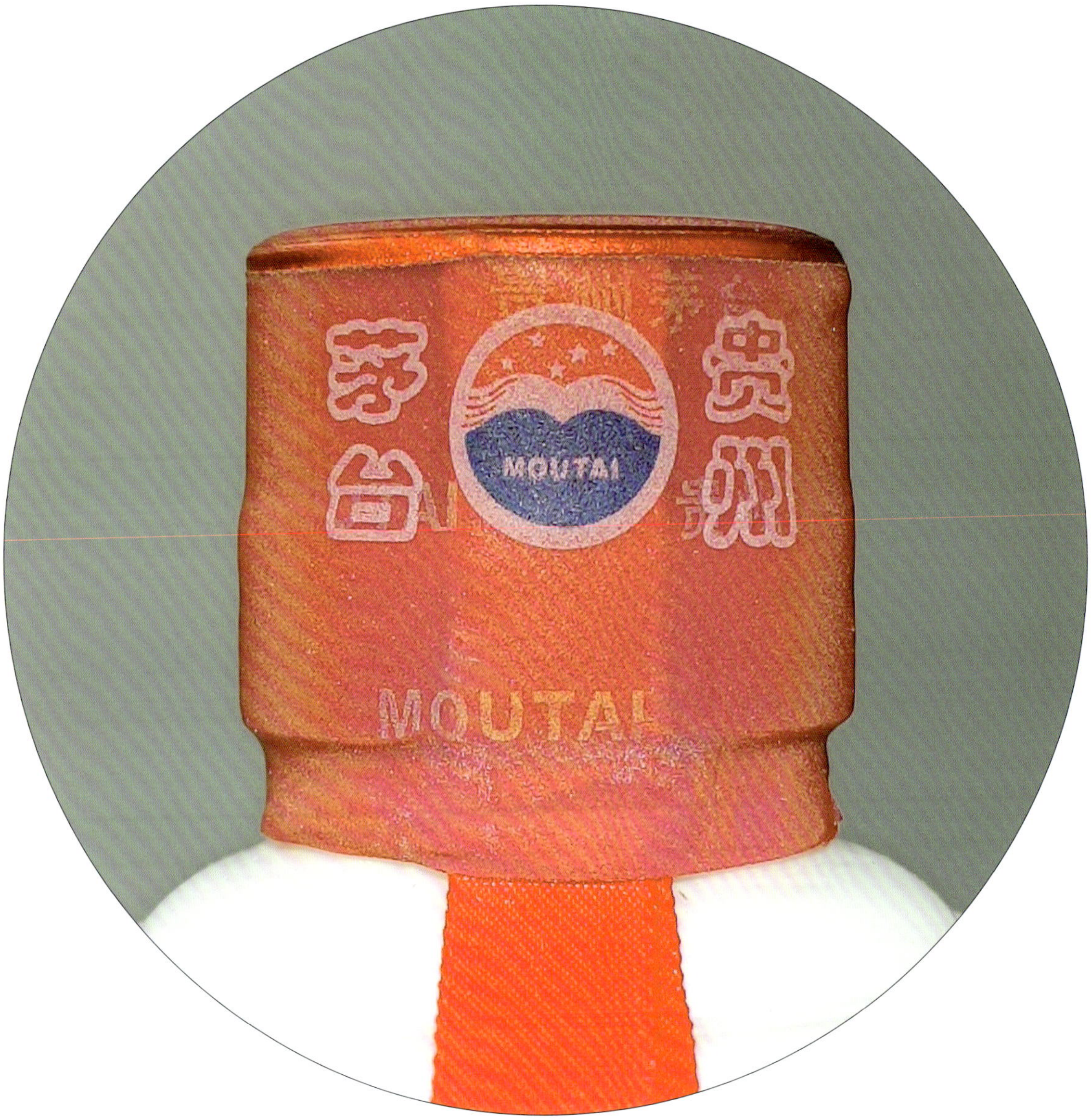

鉴定方法：

01 侧面海洋标

02 “贵”字

03 “茅”字

04 “台”字

05 瓶帽轮廓

06 瓶帽荧光

01 侧面海洋标

适用时间：2017 年 12 月至今 ★★★★★

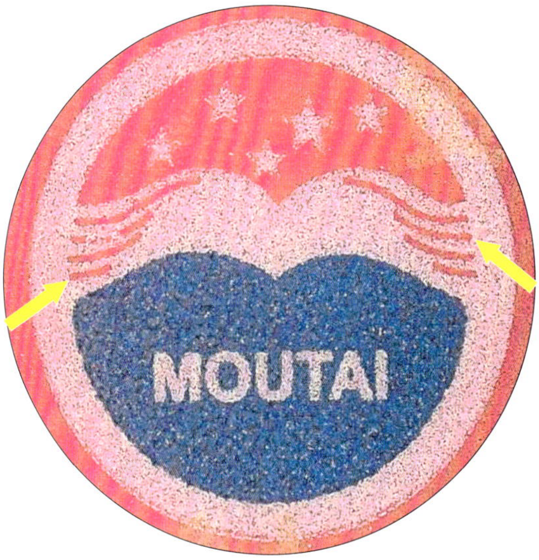

真 真的海洋标左边第 4 条弧线和右边第 2 条弧线是出头的

假 如果都是平齐的，基本可以确定是假的

02 “贵”字

适用时间：2019 年 8 月至今 ★★★★★

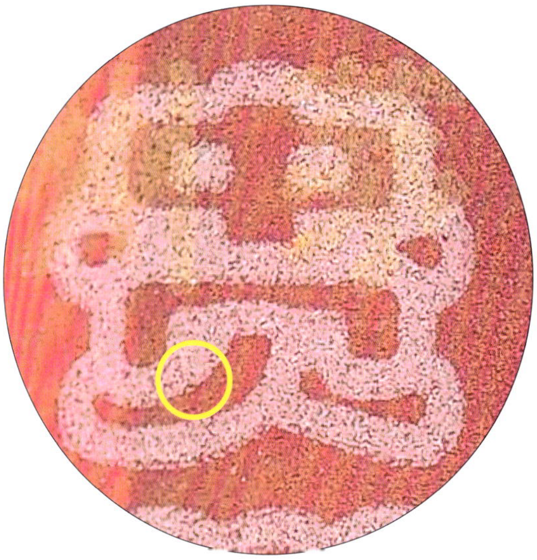

真 真的瓶帽侧面的“贵”字下面一撇会凸出来一点

假 如果没有，就需要注意了

03 “茅”字

适用时间：2014 年 1 月至今 ★★★★★

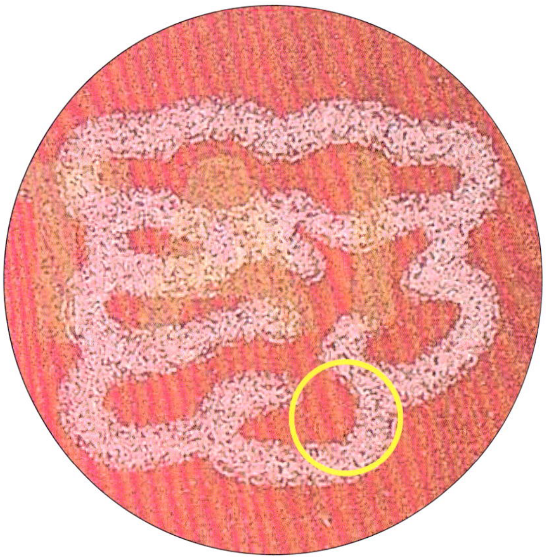

真 真的瓶帽侧面的“茅”字下面是直的

假 如果是带弧度的，就需要注意了

04 “台”字

适用时间：2014 年 1 月至今 ★★★★★

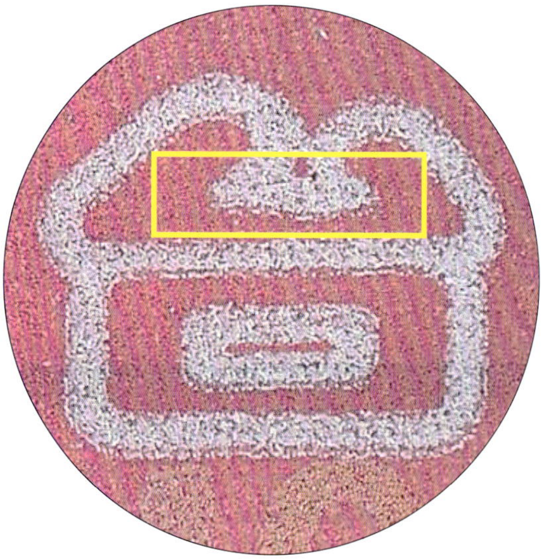

真 真的瓶帽侧面的“台”字这条线是直的

假 如果是弧形的就要注意了

05 瓶帽轮廓

适用时间：2009 年 2 月至今 ★★★★★

真 真的瓶帽侧面轮廓是上窄下宽的

假 如果是上下一样宽的，可直接确定是假的

06 瓶帽荧光

适用时间：2009 年 2 月至今 ★★★★★

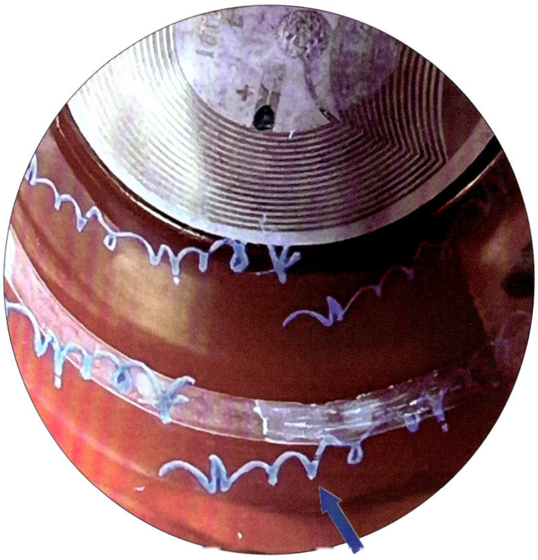

真 真的瓶帽外面正常是没有荧光的，而里面是有荧光暗记的

真 真的瓶帽外面有少部分会出现微弱的荧光（这是工艺的原因），特别是定制茅台，需要综合判断

假 如果瓶帽外面明显泛荧光，就要注意了

五、瓶帽顶部暗记（识别器观察）及鉴定方法

鉴定方法：

01 瓶帽顶部浮点

02 "MT"暗记变化

03 "MT"暗记

01 瓶帽顶部浮点

适用时间：2009 年 2 月至今 ★★★★★

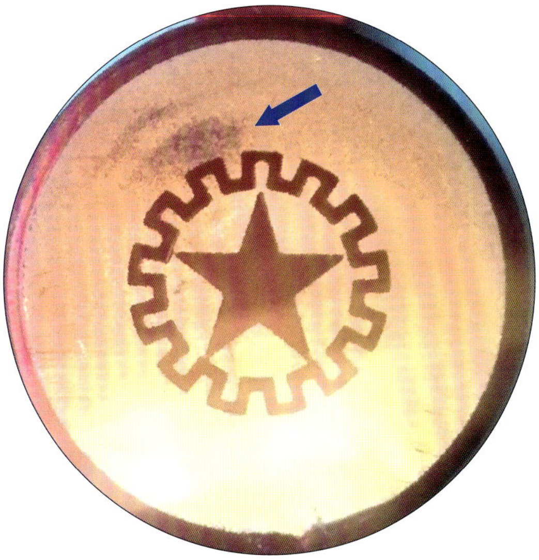

真 用识别器观察瓶帽顶部，有若隐若现的浮点

假 如果没有浮点或者点很死板，就要注意了（需要一定经验）

假 如果没有浮点或者点很死板，就要注意了（需要一定经验）

假 如果瓶帽顶部颜色、工艺都不对，可直接确定是假的

02 “MT”暗记变化

2014 年至 2019 年 8 月

2019 年 8 月至今

真 用识别器 45°观察“MT”暗记，上面是“M”，下面是“T”，刚开始的“T”底部是弧形的，到 2019 年 8 月之后被改成方形的（注：在 2014 年之前也有部分出现过“MT”暗记）

03 “MT”暗记

适用时间：2014 年 1 月至今 ★★★★★

真 真的瓶帽顶部是有“MT”暗记的

假 如果没有，基本可以确定是假的

真 真的“MT”暗记做工精致，形状是比较规整的

假 如果形状太歪，基本可以确定是假的

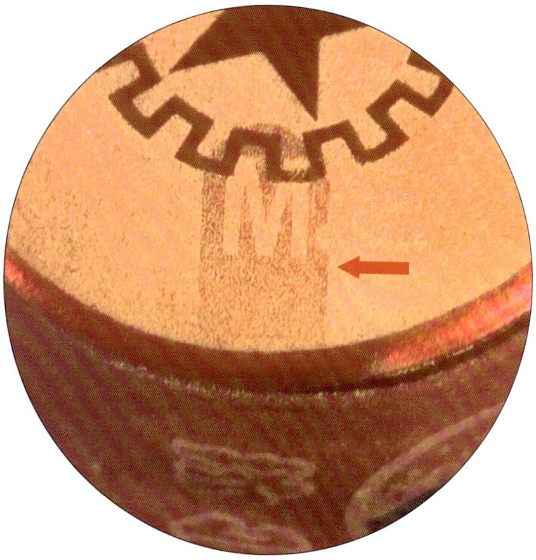

假 如果形状太长，基本可以确定是假的

假 如果“MT”暗记的头太尖了，基本可以确定是假的

六、瓶帽侧面暗记（识别器观察）及鉴定方法

鉴定方法：

- 01 “贵”字
- 02 “州”字
- 03 字母做工
- 04 字母“AI”组合

01 “贵”字

适用时间：2019 年 6 月底至今 ★★★★★

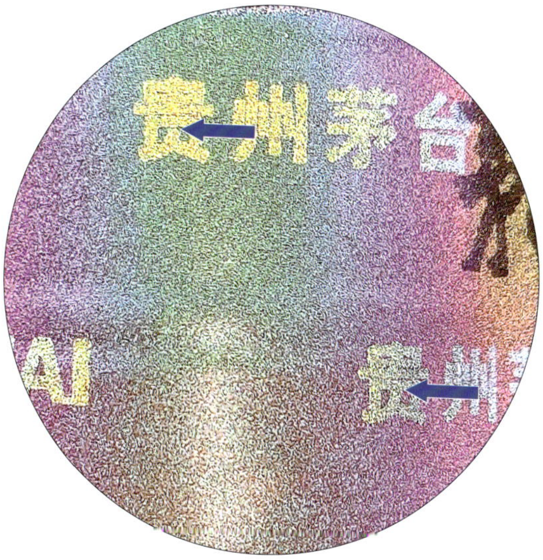

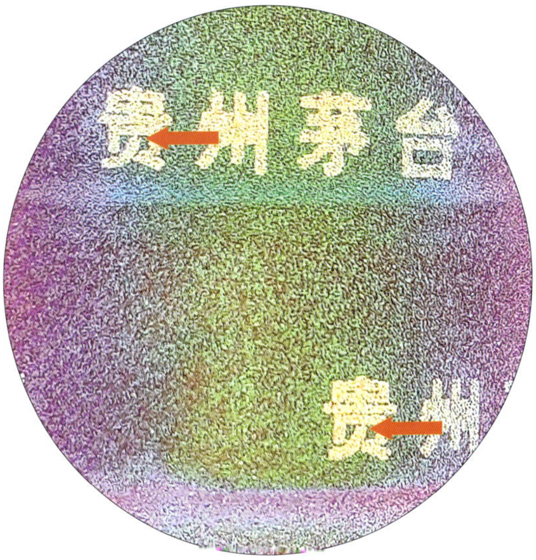

真 真的瓶帽侧面的两个“贵”字，一个断开，一个连着

假 如果两个都断开或者都连着，基本可以确定是假的

02 “州”字

适用时间：2019 年 6 月底至今 ★★★★★

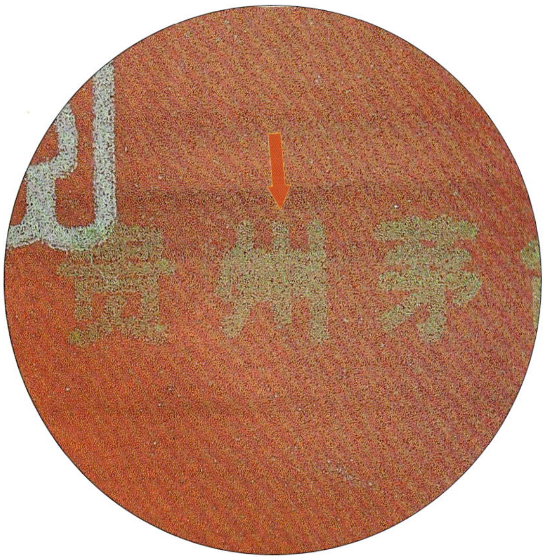

真 真的瓶帽侧面的“州”字中间一竖比左右两边要短

假 如果“州”字中间一竖和两边高度齐平，基本可以确定是假的

03 字母做工

适用时间：2009 年 2 月至今 ★★★★★

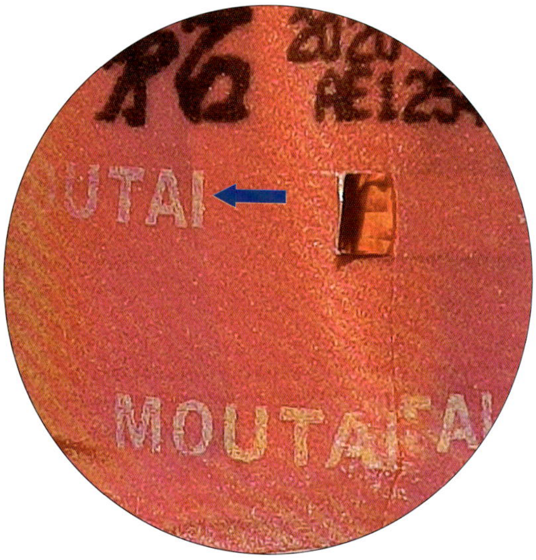

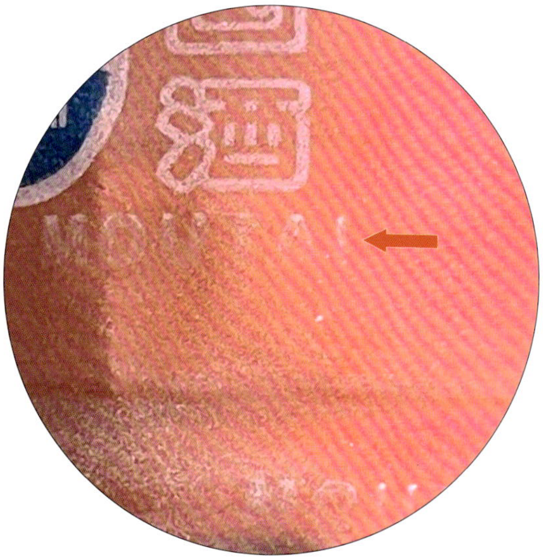

真 瓶帽侧面的字母（MOUTAI）做工精致，基本不会有残缺

假 如果字母出现残缺，基本可以确定是假的

04 字母“AI”组合

适用时间：2017 年 12 月至今 ★★★★★

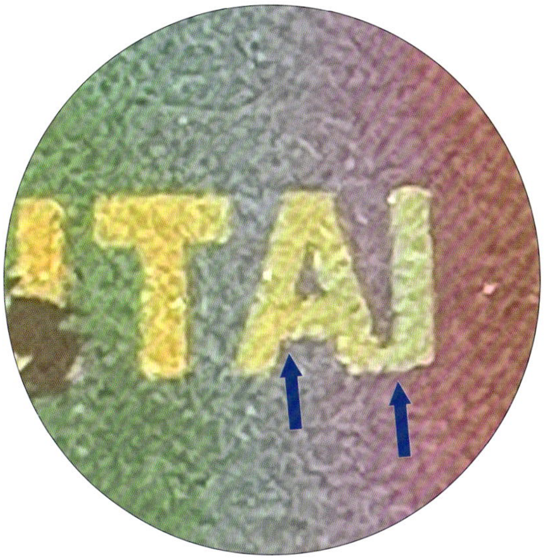

“A”底部的是连着的，“A”与“I”连着
（第一种组合）

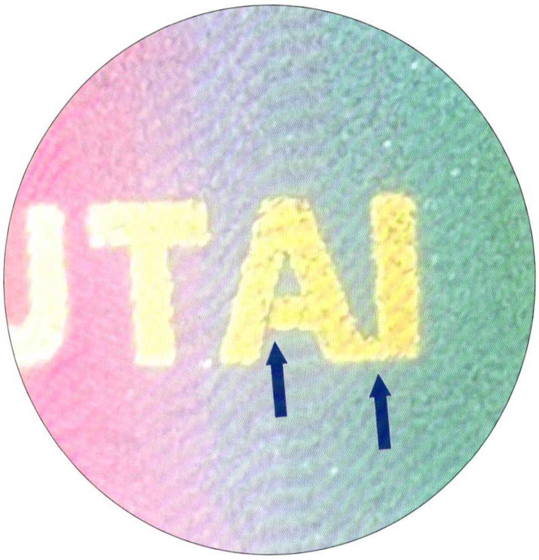

“A”底部的是断开的，“A”与“I”连着
（第二种组合）

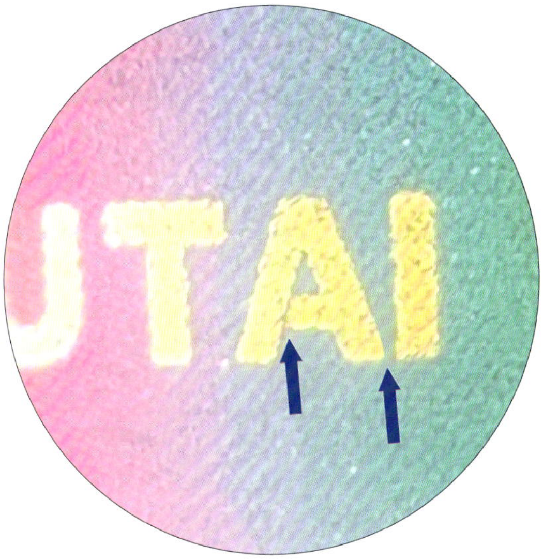

“A”底部的是断开的，“A”与“I”断开
（第三种组合）

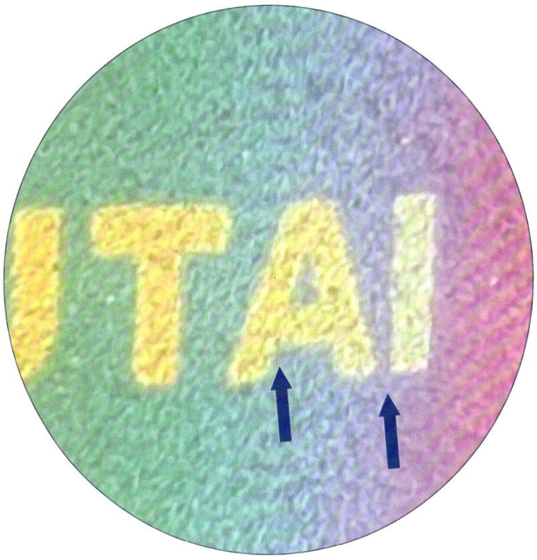

“A”底部的是连着的，“A”与“I”断开
（第四种组合）

真 因为早期的字母组合“AI”有第一、第二两种组合的情况，在 2017 年 12 月又新增第三、第四两种组合，所以一共有四种组合

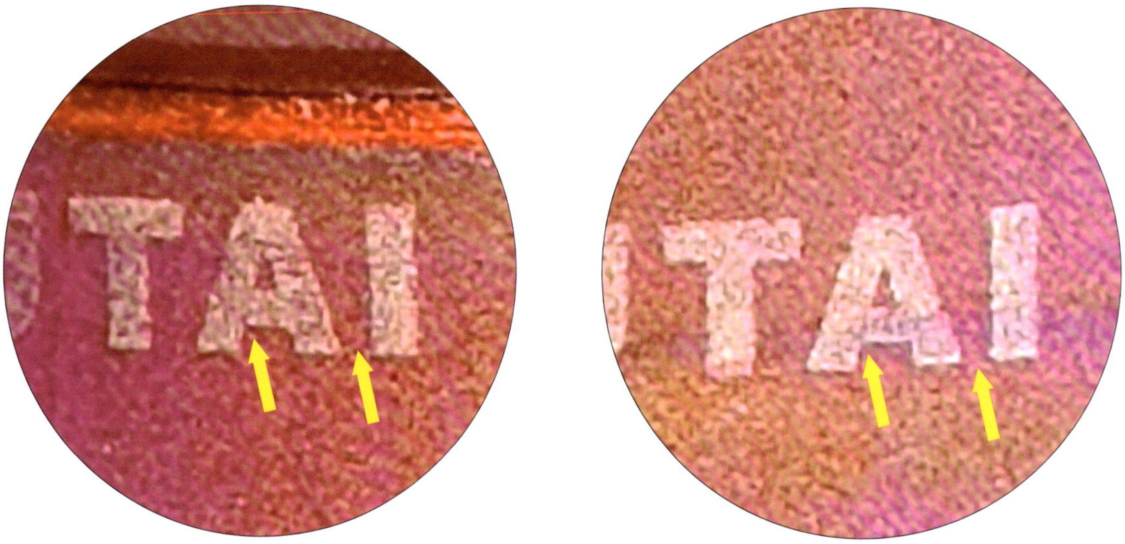

假 如果连着的两个“AI”字体一样，基本可以确定是假的

假 如果“A”和“I”之间的距离较宽，就要注意了

七、黑色暗记工艺及鉴定方法

鉴定方法：

- 01 黑色暗记原理
- 02 强光灯观察
- 03 黑色暗记的宽度

01 黑色暗记原理

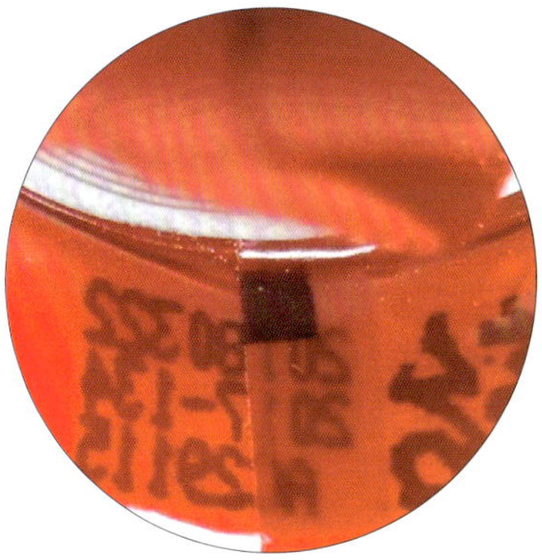

黑色暗记在瓶帽的内侧，是一个黑色方块，起到光感定位的作用，俗称“电眼”。这种黑色方块不只是在茅台瓶帽上有，普通的食品包装上也有，因为成本与工艺的原因，造假者很容易忽略这个细节。

02 强光灯观察

适用时间：2009 年 2 月至 2023 年 12 月 ★★★★★

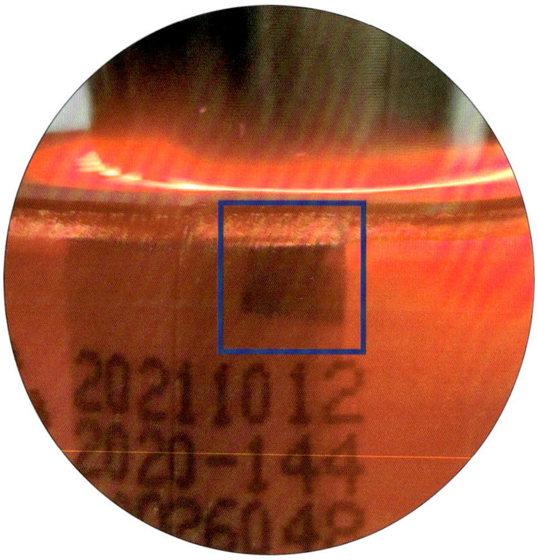

真 真的瓶帽内侧有一个“黑色方块”（使用强光灯观察）

假 如果没有，基本可以确定是假的（使用强光灯观察）

备注：2024 年年初有部分茅台没有黑色方块。

03 黑色暗记的宽度

适用时间：2009 年 2 月至 2023 年 12 月 ★★★★★

真 黑色方块大小不一，是生产工艺所导致的误差，只要在合理范围内都是正常的

八、喷码暗记及鉴定方法

鉴定方法：

- 01 喷码浓度
- 02 “茅”字
- 03 “茅台”中间的点
- 04 喷码位置
- 05 “台”字的“点”
- 06 喷码总结

01 喷码浓度

墨浓

常规

墨淡

真的喷码会出现以上 3 种情况，清晰度会有差异，主要有 2 个原因：

1. 不同流水线之间的差异。

2. 喷墨工艺的差异，在刚加满油墨的时候，出墨量比较大，喷码会比较浓，俗称“油头”。机器运行一段时间之后，出墨量均匀，喷码清晰。机器运行较长时间之后，出墨量偏少，喷码偏淡。

02 “茅”字

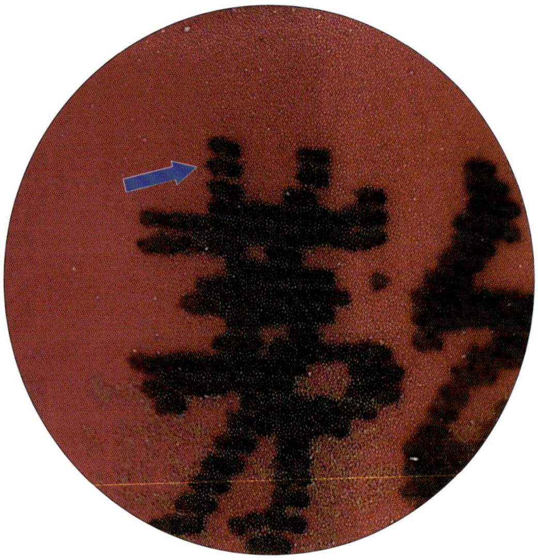

（2009 年 2 月至 2013 年）

（2013 年至今）

真 初期的喷码“茅”字的草字头是没有缺口的，从 2013 年“茅”字的草字头开始出现缺口，一直沿用至今（注：2013 年至 2015 年期间有部分真酒也出现没有缺口的情况）

02 “茅”字

适用时间：2013 年至今 ★★★★★

真 真的喷码中的“茅”字的草字头是有缺口的

假 如果“茅”字的草字头没有缺口的，就要注意了

03 “茅台”中间的点

适用时间：2009 年 2 月至 2022 年 4 月 ★★★★★

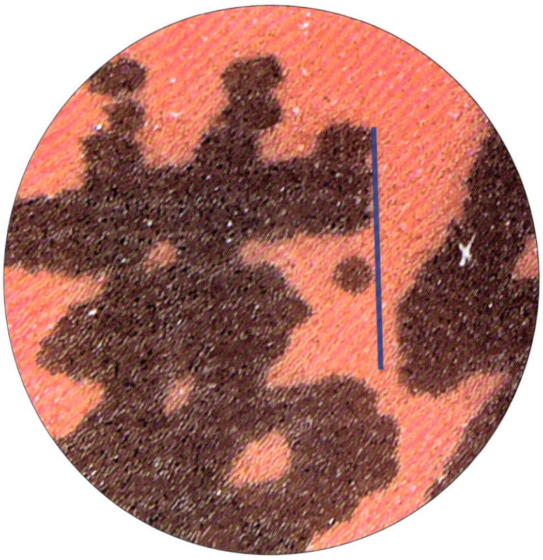

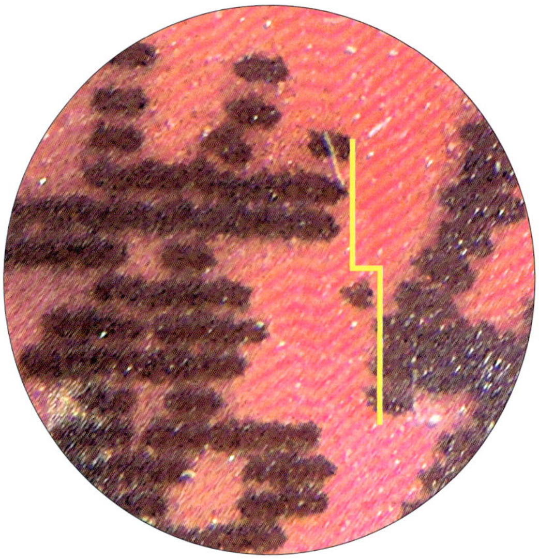

真 真的喷码“茅台”中间的点是与“茅”字草字头的右边平齐

假 如果不平齐，就要注意了

04 喷码位置

适用时间：2009 年 2 月至 2022 年 10 月 ★★★★★

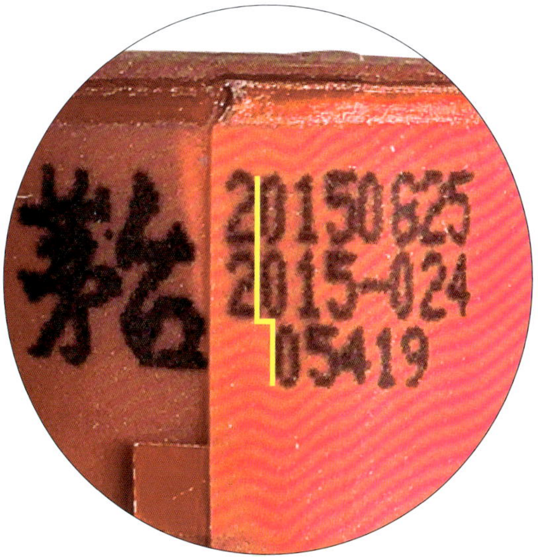

真 真的喷码第三排数字与上两排第二个数字“0”是对齐的

假 如果出现明显的错位，可直接确定是假的

05 “台”字的“点”

2009 年至 2013 年

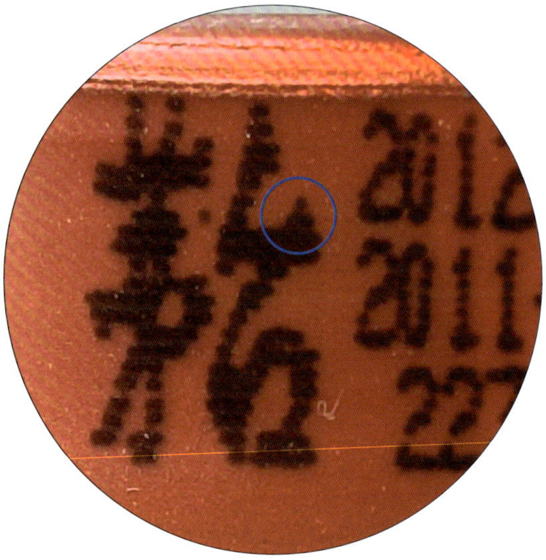

2009 年至 2013 年

真 2009 年 至 2013 年期间，“台”字的点有直角的（2+3），也有三角形的（1+3），两种情况都有出现

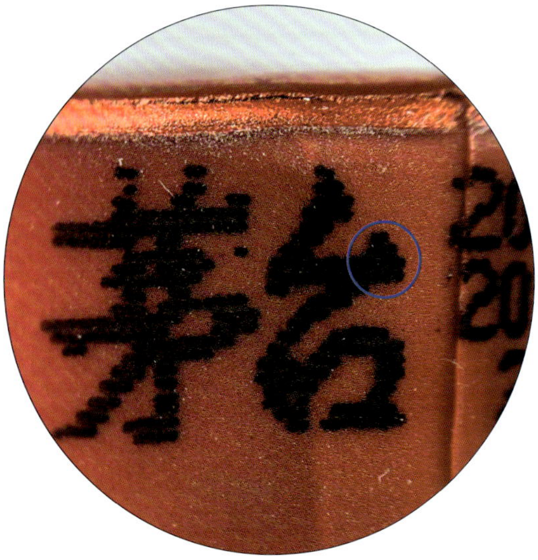

2014 年至 2016 年

2016 年 6 月至今

真 2014 年至 2016 年左右是直角的（2+3）

真 2016 年 6 月至今，都是向内斜的（2+2）

06 喷码总结

2019 年 6 月之前

真　“茅”字中间部分是对齐的，“台”字上部分也是对齐的

2019 年 6 月之后

真　“茅”字中间部分是上短下长，是斜角的，“台”字凸出来一个点

2022 年 4 月左右

真　喷码格式没有改动，但是字体略微变化，“台”字中间一横会凸起，最后一排班组随机码开头空了一格

2022 年 10 月之后

真　最后一排班组随机码新增一位数字，开头不空格

九、撕口与月牙工艺原理及鉴定方法

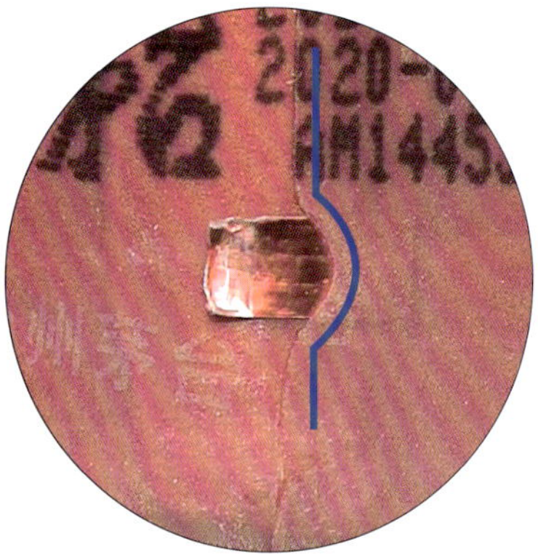

月牙明显

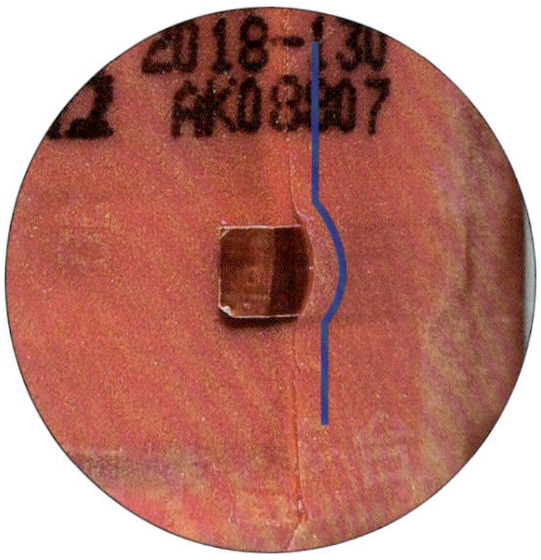

月牙偏弱

基本没有月牙

月牙是瓶帽热缩的时候所产生的，因为撕条下面没有胶水，热缩的温度偏高或时间长，月牙就偏大；反之温度偏低或时间短，月牙就偏小甚至没有，这都是正常的，不能作为判断真假的依据。

撕条位置

适用时间：2009 年 2 月至今 ★★★★★

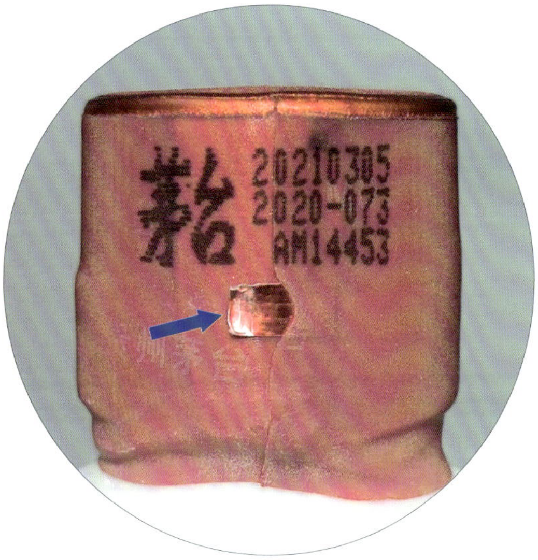

真 真的撕条位置大概在瓶帽中间

假 如果撕条位置太低，就要注意了

十、红胶帽防移切口

适用于老款红胶帽 ★★★★★

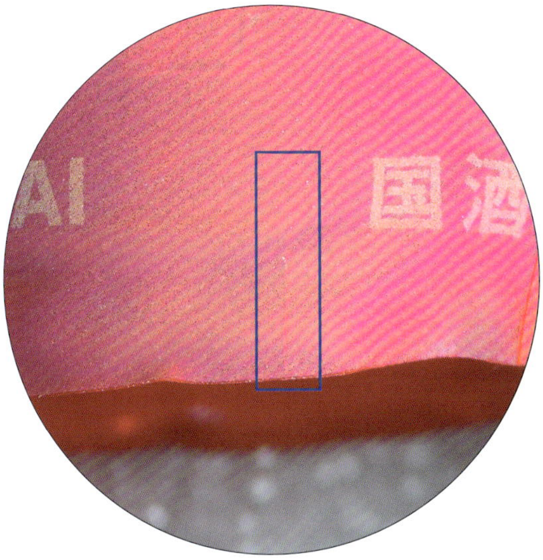

打红光看

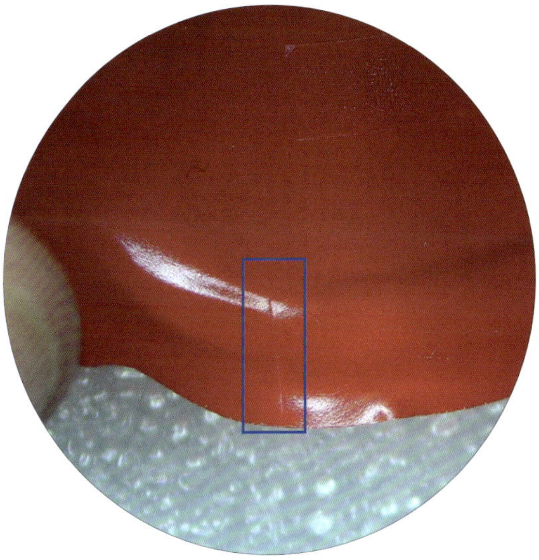

从内部看

真 真的红胶帽收口处有 2~3 道防移切口，从外面目视看不到，通过红光倾斜 45°就能看到，这个细节从 2009 年到现在基本都有，直到换成新胶帽才被取消，这一点鉴定高仿帽比较关键

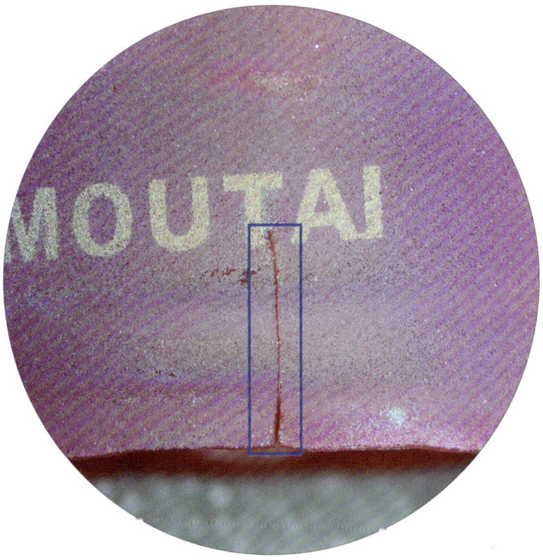

外面看（开裂状态）

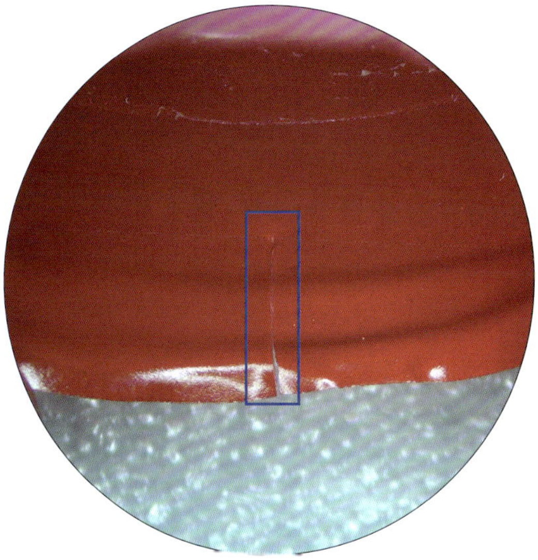

里面看（开裂状态）

真 这个防移切口很容易开裂，起到防移的作用

第四节

新款红胶帽及鉴定方法

一、新款红胶帽

鉴定方法：

01 瓶帽喷码

02 瓶帽撕口

03 瓶帽顶部

04 瓶帽侧面扇形纹理

05 瓶帽海洋标

06 瓶帽顶部周围切口

07 瓶帽顶部字母和五角星细节

08 瓶帽收口

09 变换角度看瓶帽

10 i 茅台防伪溯源

01 瓶帽喷码

适用于新款红胶帽 ★★★★★

老款红胶帽

新款红胶帽

真 老款红胶帽喷码容易糊在一起，新款红胶帽喷码比较清晰

02 瓶帽撕口

适用于新款红胶帽 ★★★★★

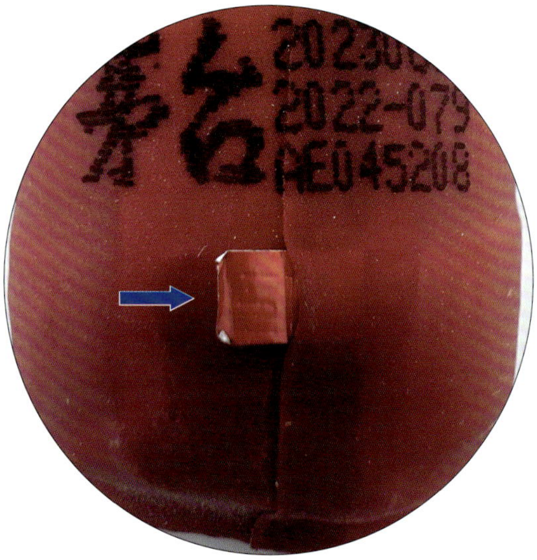

老款红胶帽

新款红胶帽

真 老款红胶帽撕口是逆时针撕开，而新款红胶帽是顺时针撕开

03 瓶帽顶部

适用于新款红胶帽 ★★★★★

真 真的瓶帽顶部从不同角度看会出现不同的英文字母和镭射效果

04 瓶帽侧面扇形纹理

适用于新款红胶帽 ★★★★★

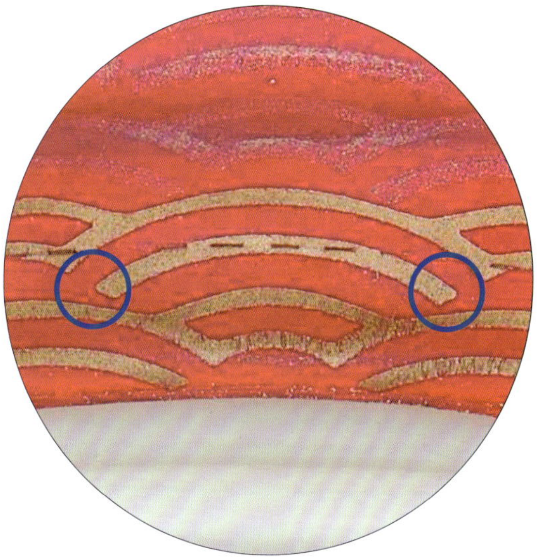

真 瓶帽侧面扇形纹理，第二排与两边是不相连的

05 瓶帽海洋标

适用于新款红胶帽 ★★★★★

正常光线

用紫光灯照

真 真的海洋标用紫光灯照会有荧光暗记

06 瓶帽顶部周围切口

适用于新款红胶帽 ★★★★★

瓶帽切口

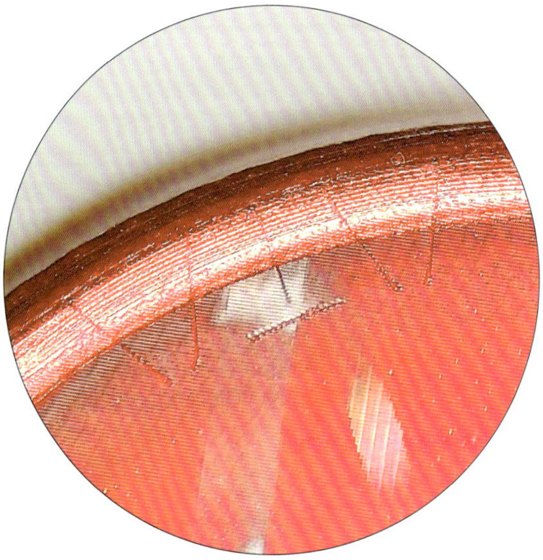

瓶帽切口

真 真的瓶帽周围有一圈切口，切线呈“八”字形和“T”字形

07 瓶帽顶部字母和五角星细节

适用于新款红胶帽 ★★★★★

英文细节

五角星细节

真 瓶帽顶部放大看字母“T”上有“MOUTAI”暗记，五角星的中间还会有个小的五角星，这也是暗记

08 瓶帽收口

适用于新款红胶帽 ★★★★★

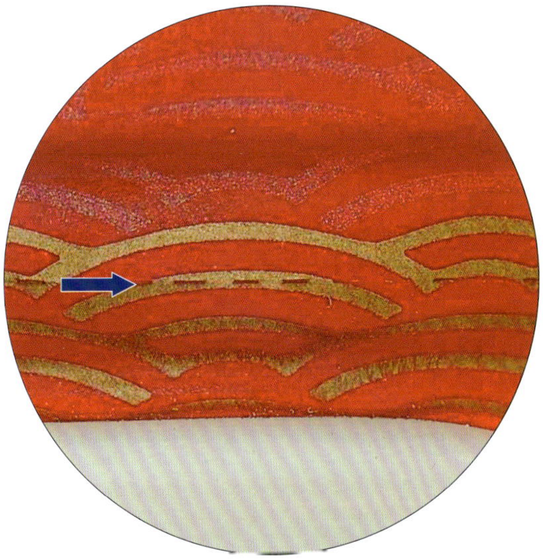

瓶帽防移切口

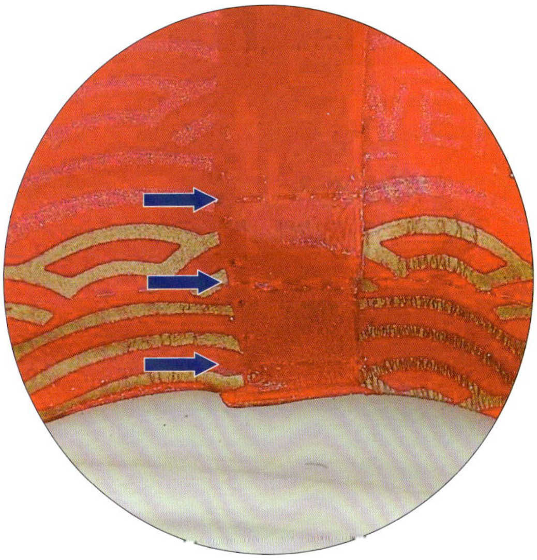

收口处防移切口

真 瓶帽底部有一圈切口，瓶帽收口处有 3 道切口

09 变换角度看瓶帽

适用于新款红胶帽 ★★★★★

正常角度看

变换角度看

真 变换角度看瓶帽，字也会随之改变

正常角度看

变换角度看

真 变换角度看瓶帽，字也会随之改变

10 i 茅台防伪溯源

适用时间：2022 年 5 月之后 ★★★★★

i 茅台 APP 点击我的

点击溯源

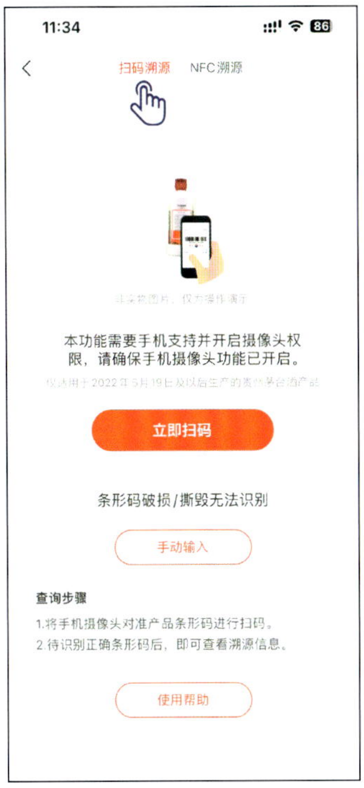

选择扫码溯源

扫码溯源信息

选择 NFC 溯源

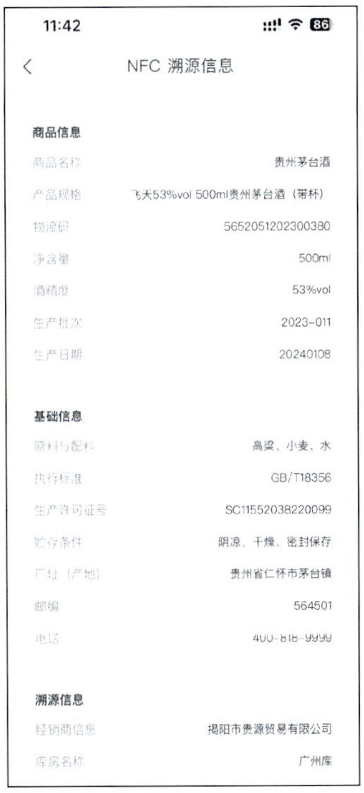

NFC 溯源信息

第五节

拔头造假及鉴定方法

一、拔头造假的解析

拔头造假的瓶帽最开始主要来自高档酒楼。服务员给客人开酒的时候，使用工具把瓶帽无损地取下来，高价卖给造假者，再流入市场。这种造假方式业内称之为拔头造假，现在也有直接拿真酒来拔头造假，鉴定难度比较大。

二、拔头造假鉴定方法

鉴定方法：

- 01 喷码错位
- 02 胶水痕迹
- 03 打结处硬度
- 04 打结处位置
- 05 飘带与胶帽轮廓
- 06 荧光胶痕
- 07 瓶帽松动空间
- 08 物流码与生产日期
- 09 物流码查询
- 10 瓶帽开胶

01 喷码错位

适用时间：2009 年 2 月至今 ★★★★★

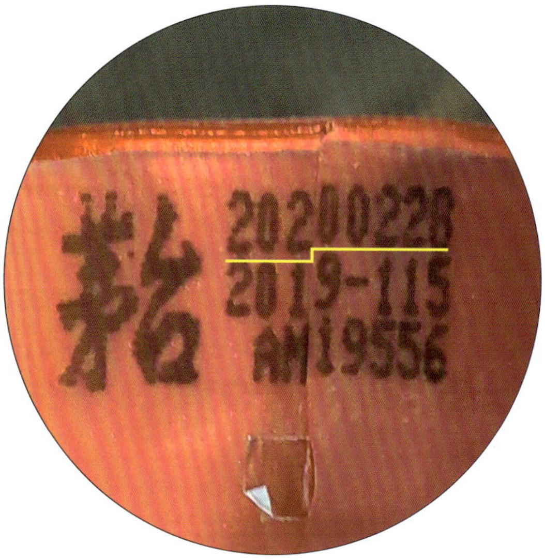

真 真的喷码是一起喷上去的，左右是平齐的

假 如果出现左右错位，基本可以确定是拔头的

02 胶水痕迹

适用时间：2009 年 2 月至今 ★★★★★

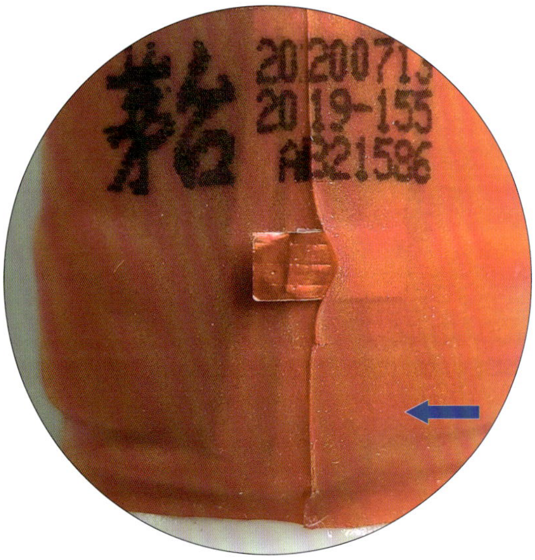

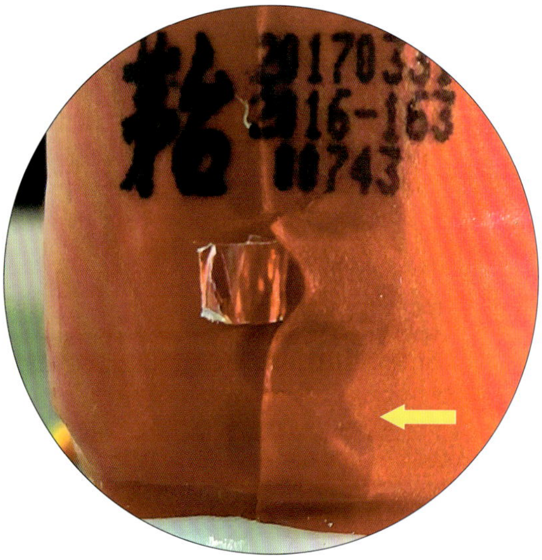

真 真的瓶帽“胶痕”很平整

假 如果胶痕不规则，基本可以确定是拔头的

03 打结处硬度

适用时间：2009 年 2 月至今 ★★★★★

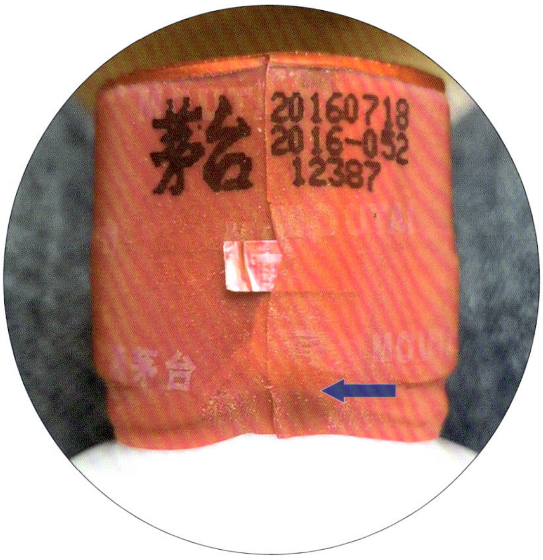

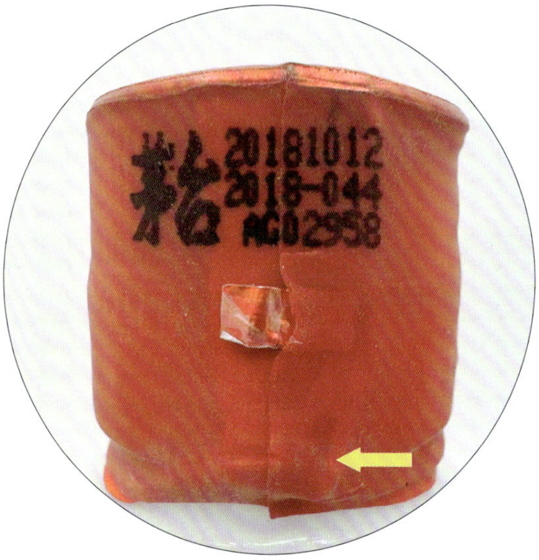

真 真的飘带打结处用手按有微微弹性

假 如果用手按打结处发现很僵硬，就要注意了。造假者粘瓶帽时，胶水容易渗到飘带上

04 打结处位置

适用时间：2009 年 2 月至今 ★★★★★

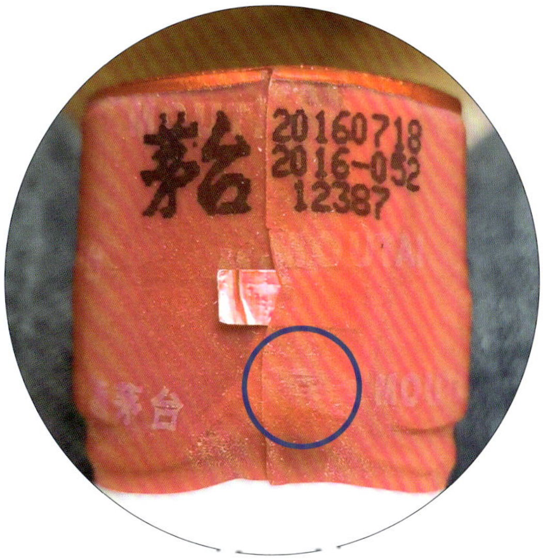

真 真的飘带打结处位置在瓶帽下方

假 如果位置偏高，就要注意了

05 飘带与胶帽轮廓

适用时间：2009 年 2 月至今 ★★★★★

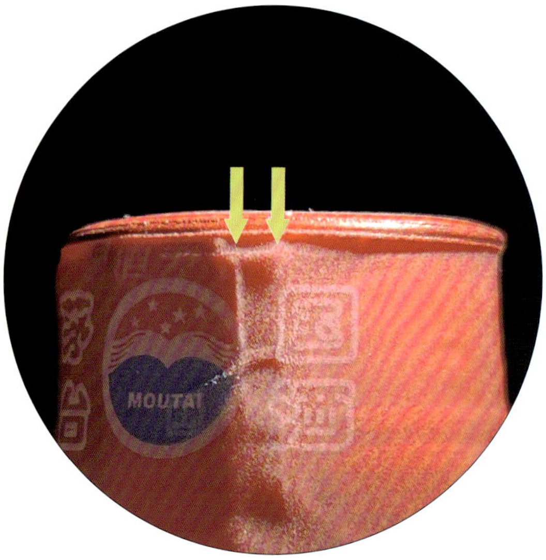

真 真的飘带形状与胶帽热缩轮廓是贴合的

假 如果出现有第二次热缩的轮廓，就要注意了

备注：红胶帽转动有错位是正常的，关键看是否有第二次热缩的痕迹

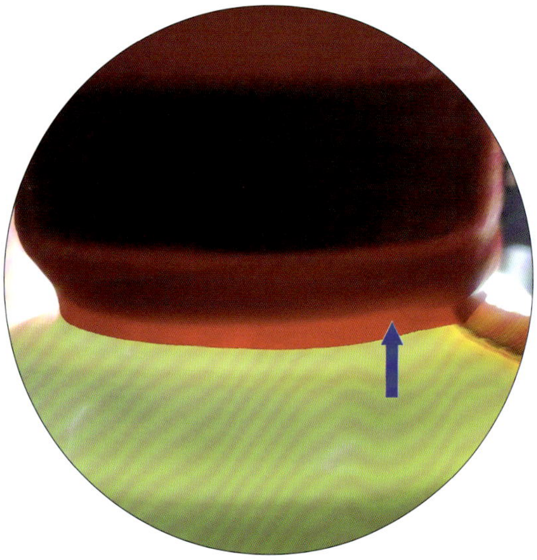

真 真的飘带与胶帽收口轮廓是贴合的

假 如果不贴合，明显错位，就要注意了

06 荧光胶痕

适用时间：2009 年 2 月至今 ★★★★★

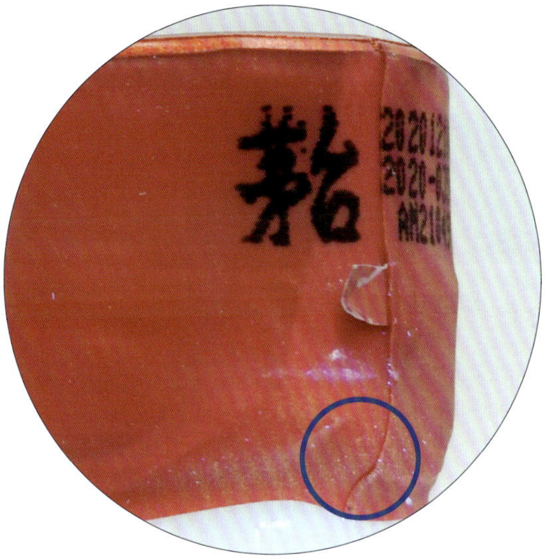

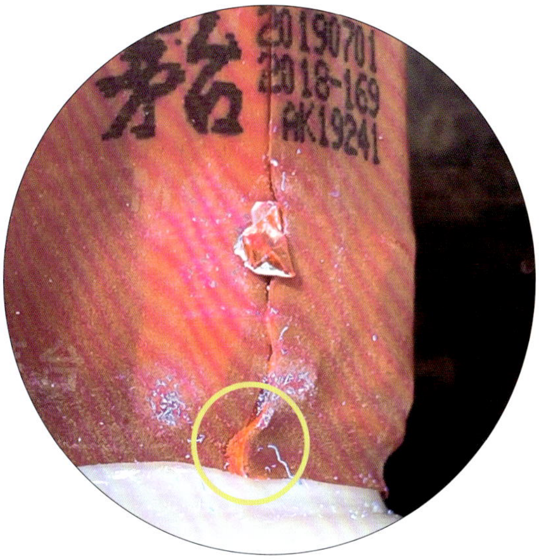

真 用紫光灯照瓶帽封口处，没有荧光胶痕

假 如果出现荧光胶痕，基本可以确定是拔头的

07 瓶帽松动空间

适用时间：近几年都适用 ★★★★★

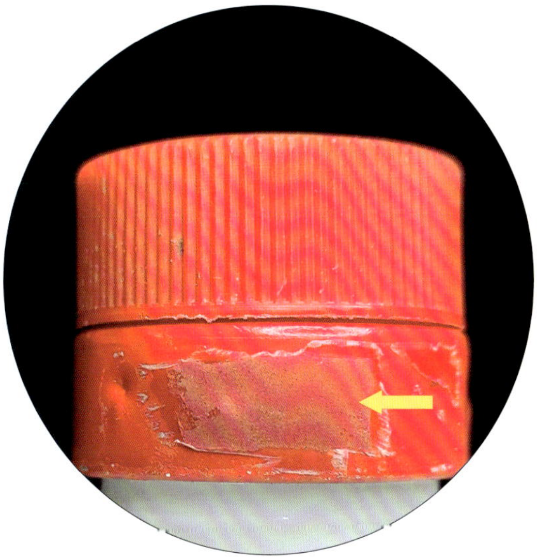

真 真的瓶帽会有一定松动空间，红胶帽不会粘在铁箍上

假 后封的红胶帽，胶水容易渗透到铁箍上，会导致瓶帽转不动，就要注意了

08 物流码与生产日期

适用时间：2009 年 2 月至 2022 年 1 月 ★★★★★

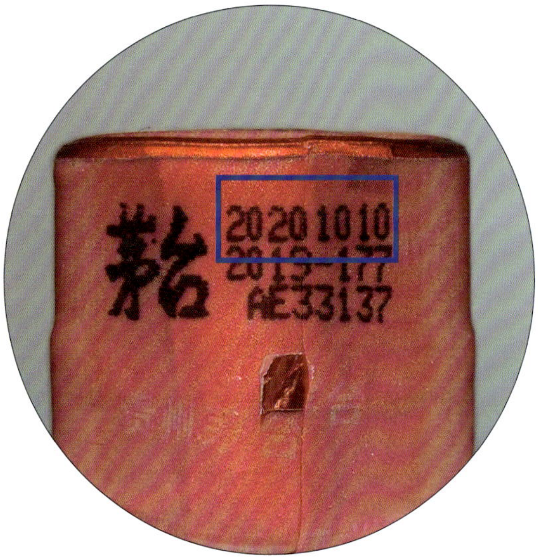

真　真的物流码与生产日期有一定的对应关系，可通过真酒网 APP 查询
备注：从 2022 年 1 月下旬开始，茅台的物流码由 10 位数改成 16 位数之后，这个鉴定点就不实用了，但是 2022 年 5 月 19 日之后物流码可用“i 茅台”APP 查询

09 物流码查询

适用时间：2009 年 2 月 至 2022 年 1 月 ★★★★★

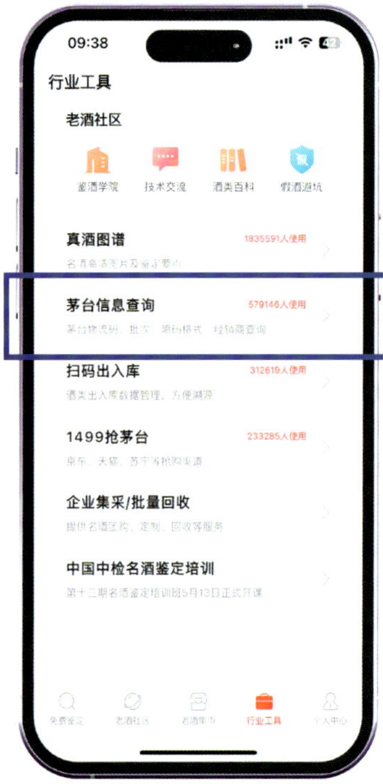

下载真酒网 APP

进入 APP 首页，点击“行业工具”，选择“茅台信息查询”板块

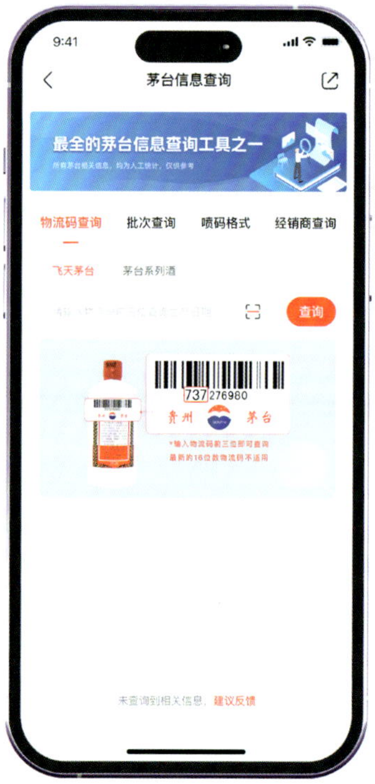

10 瓶帽开胶

适用时间：2013 年至 2015 年之间比较多 ★★★★★

真 真的红胶帽也会出现开胶的情况，有出厂之前就开胶的（开胶的位置上有喷码印记），也有出厂之后再开胶的（开胶的位置上没有喷码印记），两种情况相对比较少，鉴定真假需综合判断

三、新款红胶帽拔头造假及鉴定方法

鉴定方法：

01 拔头造假

02 喷码

03 瓶帽侧面

04 瓶帽侧面荧光

05 瓶帽顶部

06 瓶帽防移切口

01 拔头造假

适用于新款红胶帽 ★★★★★

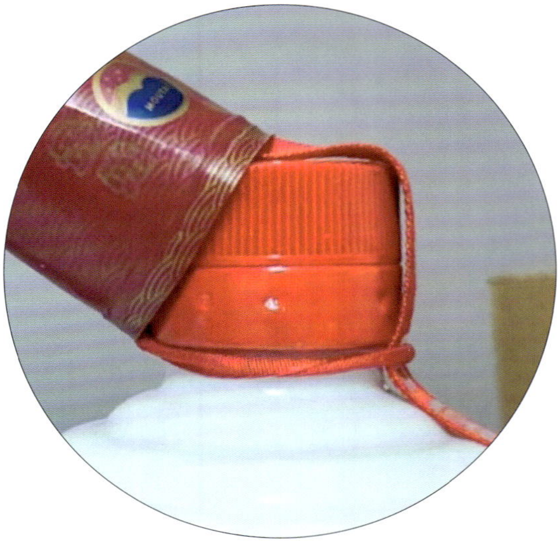

假 新款红胶帽做了很多防伪的提升，造假者想做到一模一样很难，但是容易拔头造假

02 喷码

适用于新款红胶帽 ★★★★★

真 真的喷码正常情况不会出现整块掉色

假 如果出现整块掉色，就要注意了

03 瓶帽侧面

适用于新款红胶帽 ★★★★★

真 真的瓶帽侧面线条纹理清晰

假 如果线条纹理不清晰，就要注意了

04 瓶帽侧面荧光

适用于新款红胶帽 ★★★★★

真 用紫光灯看瓶帽侧面会有明显的荧光暗记，纹理清晰

假 如果荧光暗记有明显的残缺，就要注意了

05 瓶帽顶部

适用于新款红胶帽 ★★★★★

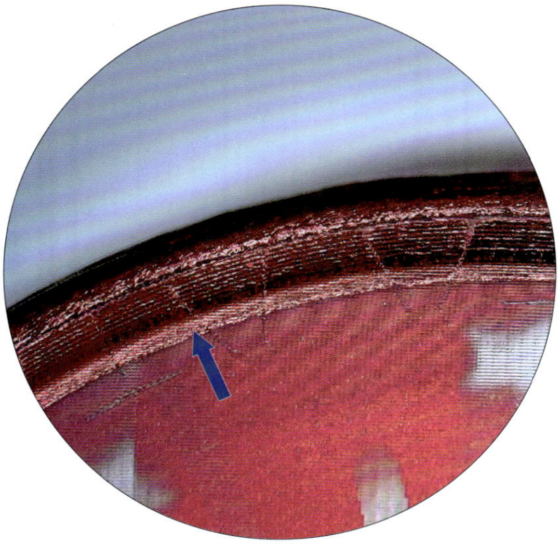

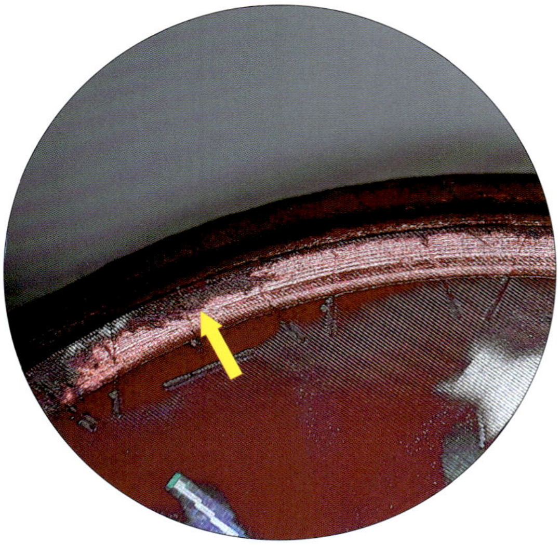

真 真的瓶帽顶部干净有光泽，正常情况下不会有被腐蚀的痕迹

假 如果有明显被腐蚀的痕迹，就要注意了

06 瓶帽防移切口

适用于新款红胶帽 ★★★★★

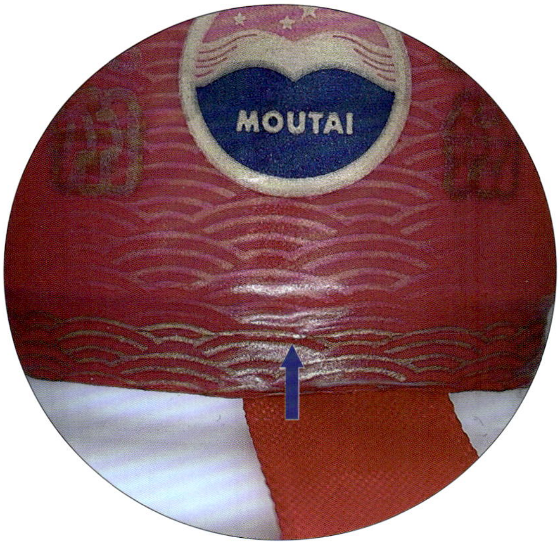

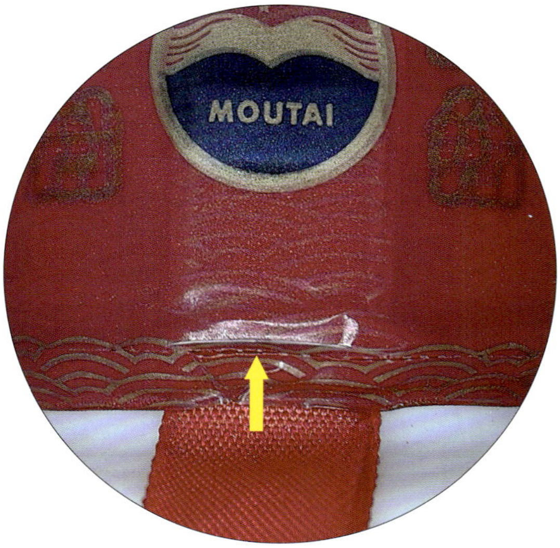

真 真的瓶帽防移切口正常是完好的，如果经手的人比较多，也会出现开裂的现象

假 如果瓶帽防移切口有明显的开裂，就要注意了，这里需要综合判断

第六节

撕帽茅台及鉴定方法

一、什么是“撕帽茅台”

因为茅台的开瓶率一直比较低，为了提高开瓶率，有一段时间有部分商家就提出了“撕帽茅台”的概念，“撕帽茅台”是在消费者购买茅台的时候，就把红胶帽撕掉，以较低的价格售卖，因为茅台一旦开瓶了，就很难在市场上流通，基本上只能喝掉，以此来提高茅台的开瓶率。由于价格比较实惠，很多消费者都喜欢购买“撕帽茅台”，同时也被造假者盯上了。“撕帽茅台”本身就没有红胶帽，造假者通过回收空酒瓶，灌上假酒之后进行销售，操作更加简单，而且普通消费者也不一定喝得出来，慢慢地“撕帽茅台”的假酒越来越泛滥。

鉴定分析：

1. 由于茅台的内盖有防倒灌系统，造假者想快速把酒灌进去，一般会选择把整套瓶帽换掉，或者用注射器注酒，所以通过看瓶帽工艺或是否有针眼来鉴定是比较实用的。

2. 通过品鉴及闻香的方式来鉴定真假，因为造假者一般会用比较低端的王子酒或者茅台镇酱香酒冒充飞天茅台，口感、香味会有差别，需要一定经验判断。

二、瓶帽暗记及鉴定方法

鉴定方法：

01 瓶帽注塑水口

02 瓶帽注塑水口形状

03 瓶帽顶部齿轮图案

04 瓶帽顶部高粱图案

05 铁箍光泽

06 字母“G”

07 铁箍宽度

08 瓶帽阻流器

09 披锋

01 瓶帽注塑水口

适用时间：近几年都适用 ★★★★★

真 真的瓶帽五角星中间有一个凹槽，中间还有一个注塑水口

假 如果五角星中间是平的，就要注意了（适用于近几年红胶帽）

02 瓶帽注塑水口形状

适用时间：近几年都适用 ★★★★★

真 真的瓶帽五角星中间有一个凹槽，中间还有一个注塑水口

假 如果只有凹槽，没有注塑水口，基本可以确定是假的

03 瓶帽顶部齿轮图案

适用时间：近几年都适用 ★★★★★

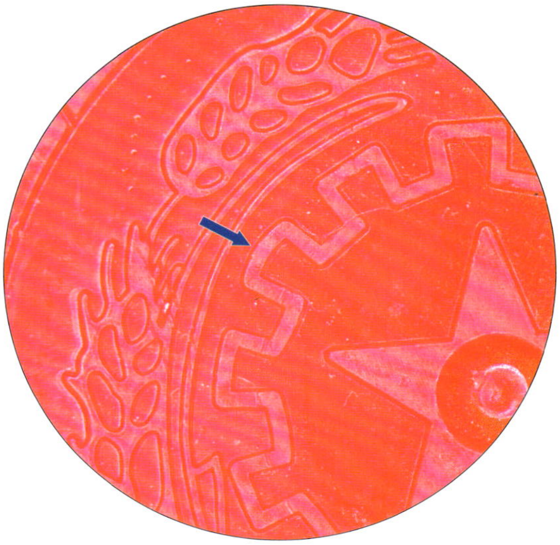

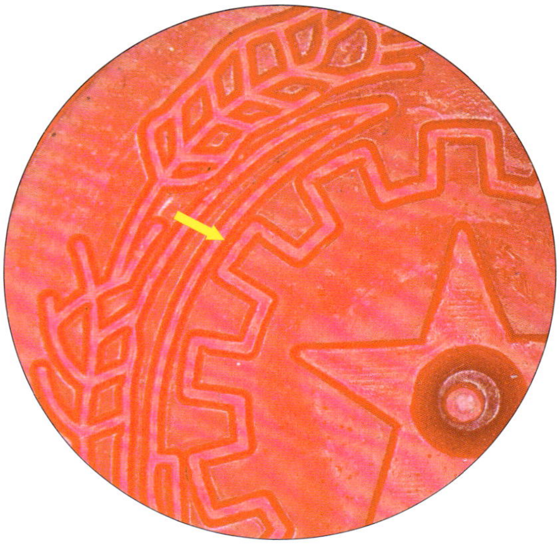

真 真的瓶帽顶部倒数第“3”个齿轮顶部为弧形

假 如果倒数第三个齿轮是直的，基本可以确定是假的

04 瓶帽顶部高粱图案

适用时间：近几年都适用 ★★★★★

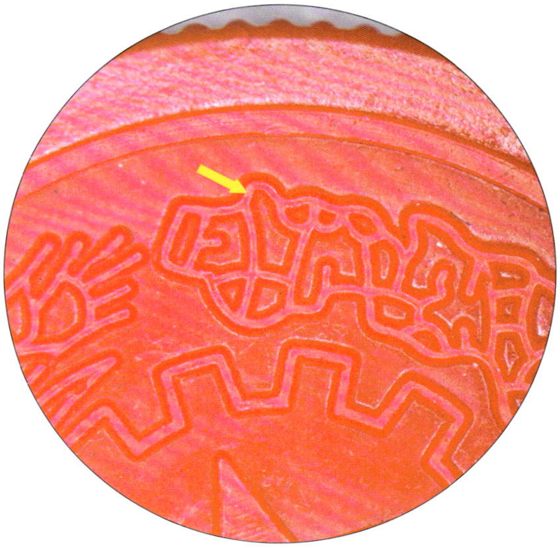

真 真的瓶帽顶部的高粱图案注塑饱满，边缘比较圆润，右上图箭头所指的地方会有一个小点

假 如果注塑比较粗糙，轮廓不对，而且没有小点，基本可以确定是假的

05 铁箍光泽

适用时间：近几年都适用 ★★★★★

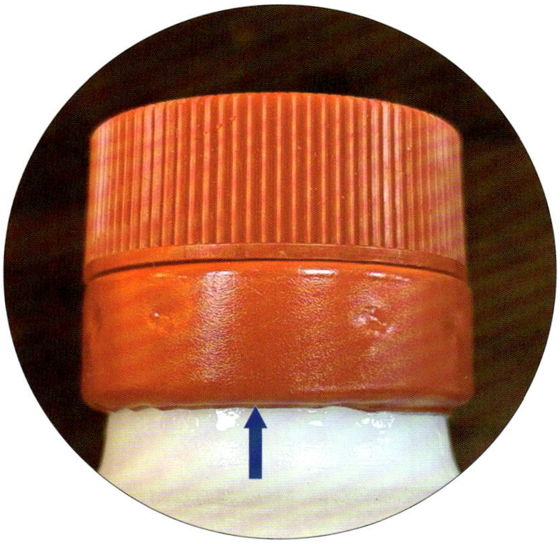

真 真的瓶帽铁箍是哑光的

假 如果是亮光的，基本可以确定是假的

06 字母“G”

适用时间：近几年都适用 ★★★★★

真 真的瓶盖里的字母“G”是不带尾巴的

假 如果字母“G”带尾巴，基本可以确定是假的

07 铁箍宽度

适用时间：近几年都适用 ★★★★★

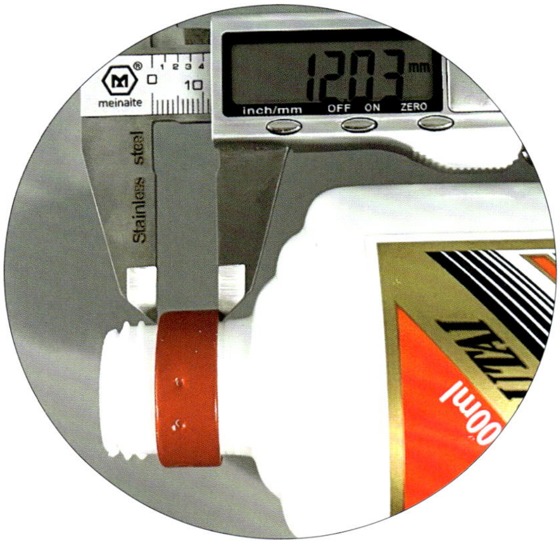

真 真的铁箍宽度在 10.3 毫米左右

假 因为假铁箍做的密封性不好，里面会加一个垫圈，导致宽度过宽，基本可以确定是假的

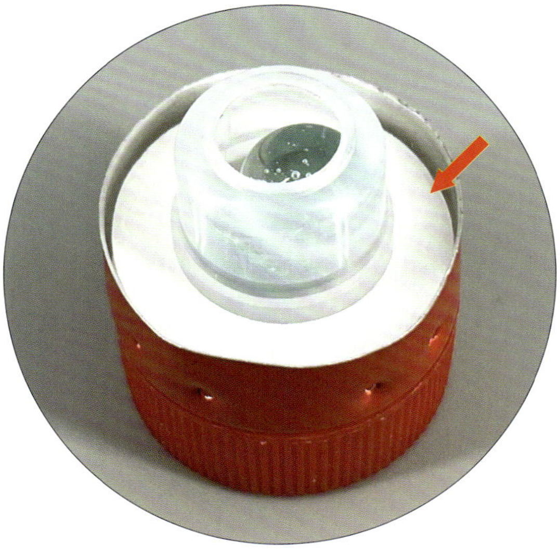

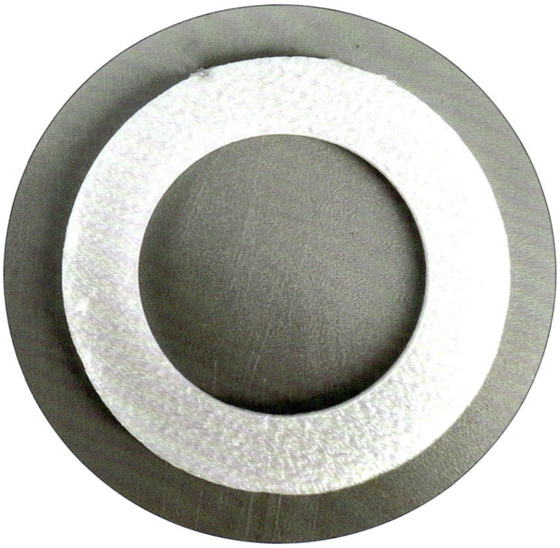

假 假的铁箍密封性不好，里面会加一个垫圈（真的是没有垫圈的），如果有垫圈，可直接确定是假的

08 瓶帽阻流器

适用时间：2009 年至今 ★★★★★

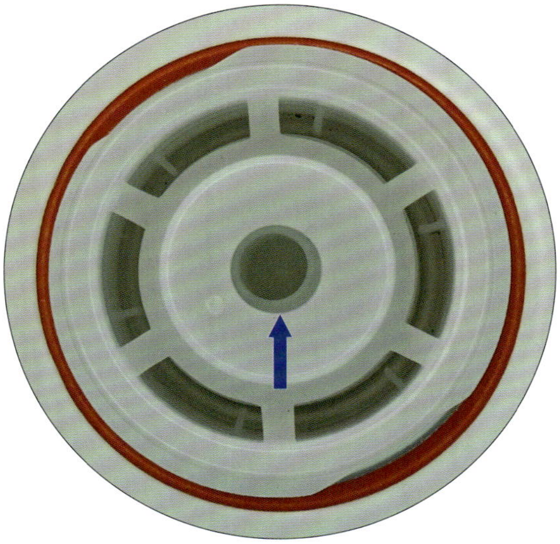

阻流器完整

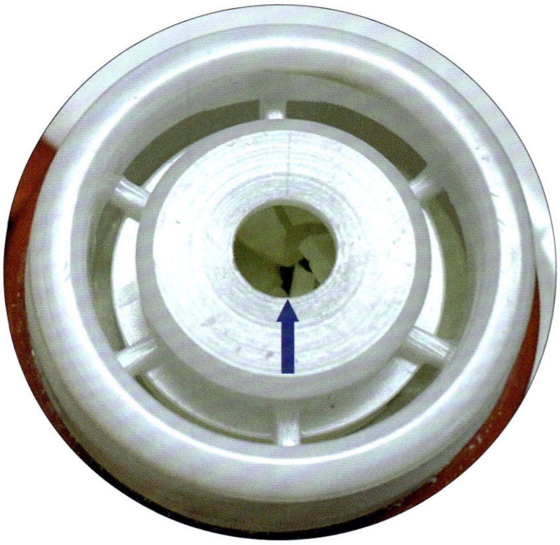

阻流器老化开裂

真 真的瓶帽阻流器是完整的，老年份的茅台酒瓶帽阻流器会有部分出现自然老化而开裂破损的现象

假 如果出现这种很圆的孔，明显是被扎穿的，就要注意了

假 如果出现这种被工具直接扎穿的，也要注意了

09 披锋

适用时间：近几年都适用 ★★★★★

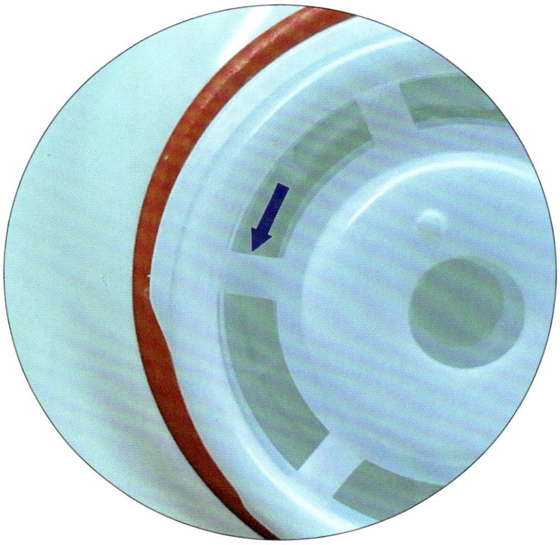

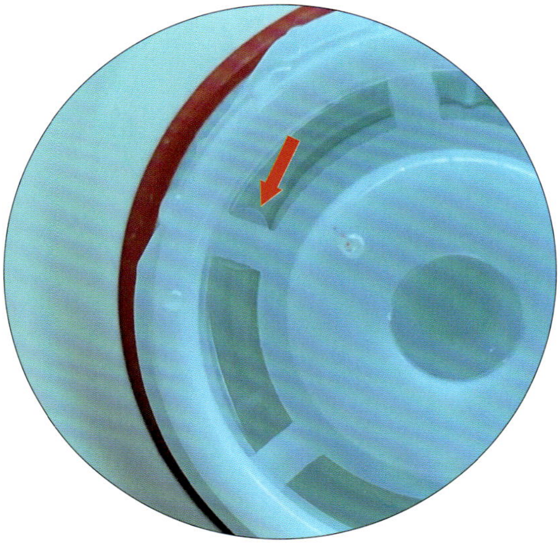

真 真的内盖做工精致，注塑饱满，无明显披锋（毛边）

假 如果有明显披锋（毛边），就要注意了

第七节

换标升级及鉴定方法

一、什么是换标升级

造假者为什么换酒标?

因为低度酒和高度酒价格相差好几倍，这个时候造假者就会把低度茅台的酒标换成高度茅台的酒标，从而获取更高利润。

低度茅台有哪些?

1988 年研制成功 38%vol 茅台（但前期商标上是 39%vol），1991 年 43%vol 茅台投入批量生产，1997 年 8 月 33%vol 茅台正式上线。

低度茅台研制的初衷是为了顺应国际市场，用于出口，但是由于低度茅台不适宜长期储存，市场接受度较低，慢慢地 33%vol 和 38%vol 茅台相继停产，目前低度茅台只剩下 43%vol。

换标升级该怎么鉴定?

1. 看芯片信息

芯片信息包含酒精度数。

2. 看生产日期与批次

生产日期与批次之间的对应关系，低度茅台与高度茅台的批次会有差异。

3. 看酒花和听酒花

高度茅台的酒花相对于低度茅台的酒花来说整体比较饱满，持续时间长。

4. 看物流码

物流码和生产日期有对应关系，低度茅台换标之后物流码与生产日期不容易匹配上。

5. 看酒标是否被动过

换标升级必须把原有酒标揭掉，换上其他酒标，这样操作肯定会留下痕迹。

芯片扫不出来是什么原因?

因为换标升级之后，芯片扫出来还是显示低度酒，很容易被识破，这个时候造假者就会消除芯片数据，导致芯片扫不出来。也有极少因为系统升级而暂时扫不出来，这种情况就需要综合判断。（备注：芯片是从 2013 年 5 月左右开始使用的）

怎么看酒花与听酒花?

看酒花：把飘带捋直，手掌对着正标，压着飘带，握住酒瓶，利用手腕使劲左右摇晃，摇晃 3 至 5 次，酒瓶倾斜 30 度左右，强光灯从背面打过来，看阴影的宽度和持续时长；

听酒花：听酒花按照上面方式摇晃之后瓶底朝上，用耳朵贴着听酒花。

看酒花

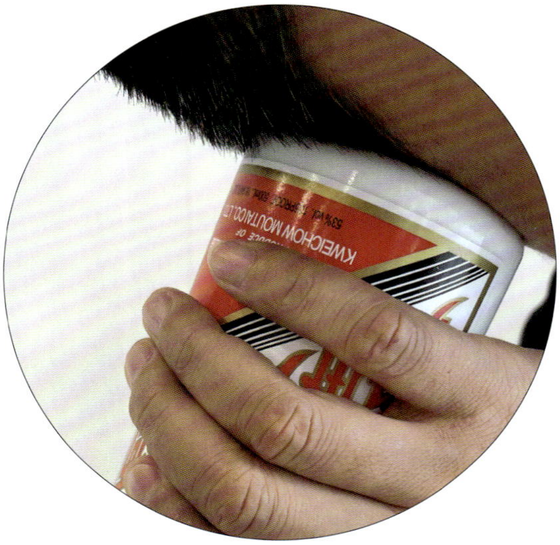

听酒花

二、换标升级鉴定方法

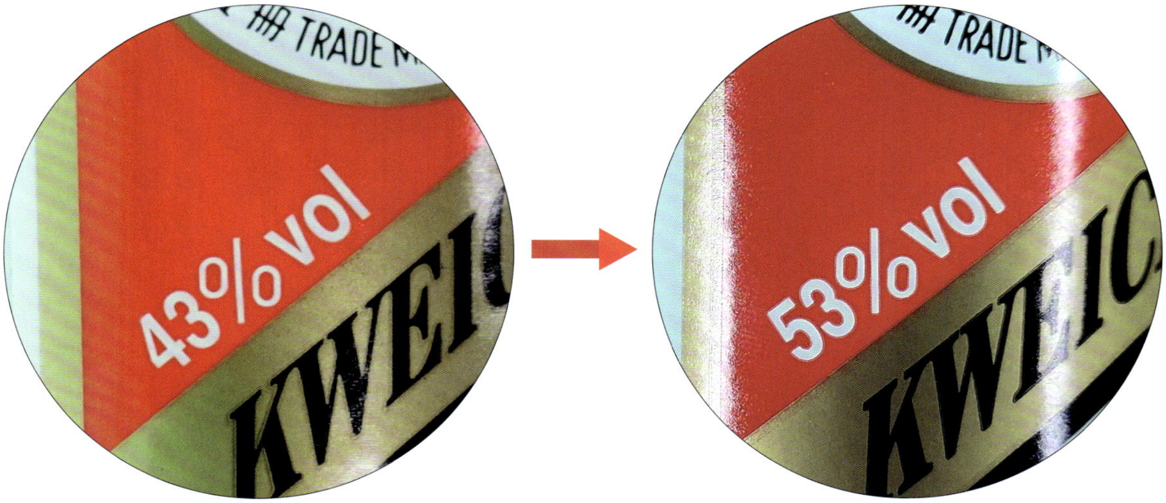

鉴定方法：

01 看芯片

02 生产日期与批次

03 看酒花与听酒花

揭标特征在打孔造假的章节有详细讲解，鉴定方法详细可参考 P132~P139。

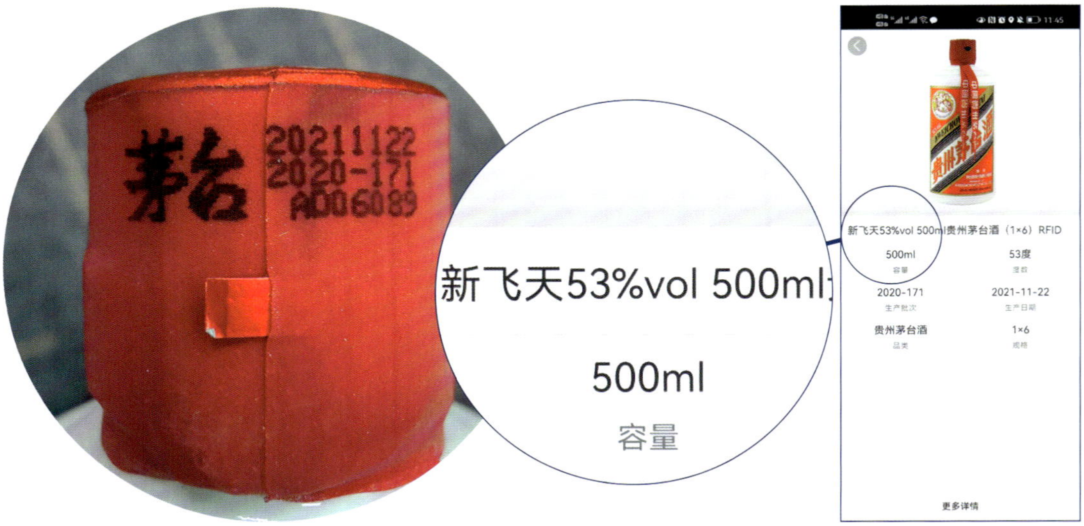

真 生产日期、批次及酒精度与芯片扫描出的信息相吻合

假 如果酒标上标注的是 53%vol，但是扫出来是 43%vol 的，可直接确定是换标升级的

02 生产日期与批次

适用时间：近几年都适用 ★★★★★

53% vol

43% vol

同样是 2021 年 5 月份的茅台，53 度与 43 度的批次有明显差异，53 度生产日期和批次相隔比较远，而 43 度相隔比较近，这个方法仅作为辅助参考，还需综合判断。

03 看酒花与听酒花

适用时间：近几年都适用 ★★★★★

真 53°的酒花持续时间比较长，新酒大概在 10 秒左右，堆花效果也比较好

假 如果酒花持续时间太短，就要注意了

第八节

打孔造假介绍及鉴定方法

一、什么是打孔造假

造假者为什么打孔？

打孔造假最初是因为老酒跑酒了，品相不好，卖不上好价钱，这时候就有一些“不道德”的酒商会通过打孔把酒注满，然后高价卖出，赚取丰厚的利润。而现在演变为很多造假者会在新酒上打孔，只为了把酒抽出来卖掉，再注入劣质酒进行二次销售，牟取更高利润。

打孔会出现在哪些地方？

非酒标下打孔：

1. 瓶颈处打孔

瓶颈有红胶帽和飘带遮挡，相对比较隐蔽。

2. 酒瓶侧面（超细孔）

现在打孔技术比较高，补瓷技术比较好，肉眼很难发现超细孔。

3. 瓶底打孔

瓶底的纹理相对比较复杂，普通消费者会忽略这些细节。

酒标下打孔：

1. 正背标下方

打孔之后，正背标可以掩盖住打孔位置，隐蔽性高。

2. 物流码下方

物流码比较容易揭开，打孔之后可以掩盖住打孔位置，隐蔽性高。

01 瓶颈打孔

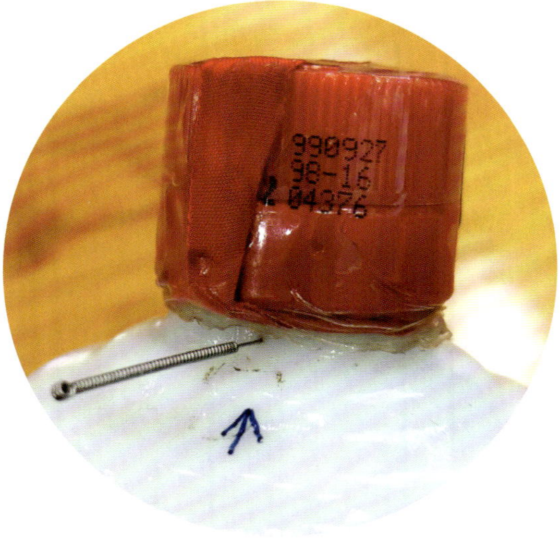

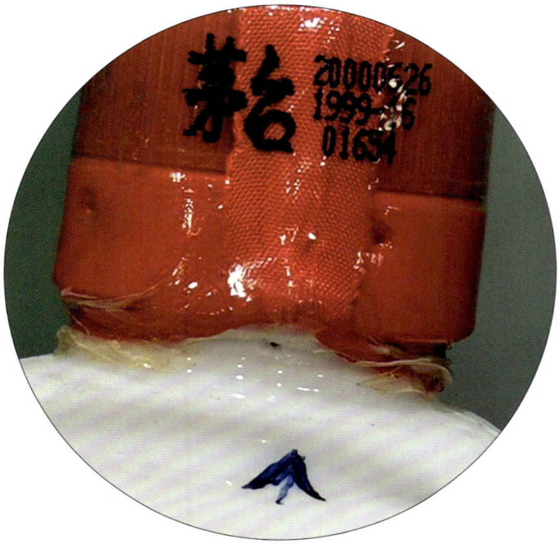

假 因为瓶颈处相对比较薄，而且隐蔽性高，所以很多造假者会选择在这个部位打孔。在鉴定的过程中一定要看瓶颈处，有没有打孔的痕迹

02 酒标下打孔

假 最早的打孔比较大，一般在酒标下面偏多

03 瓶身侧面打孔

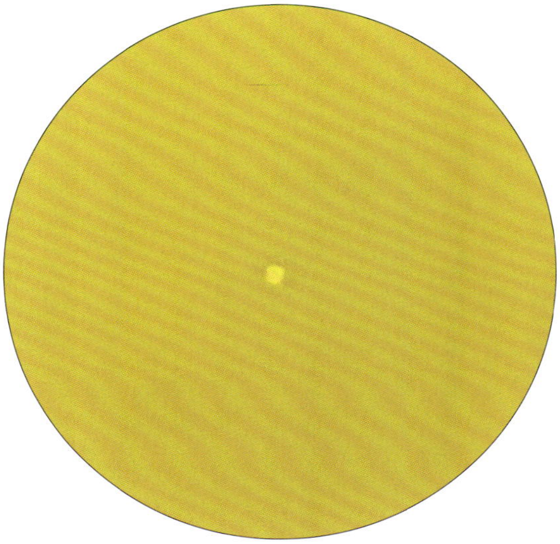

打灯

不打灯

假 因为打孔之后，需要把孔补上，填充后的材料与酒瓶的材料透光度不一样，用强光灯观察就会出现亮点或者暗点（之前的打孔这招比较适用，近几年就不适用了）

04 瓶底打孔

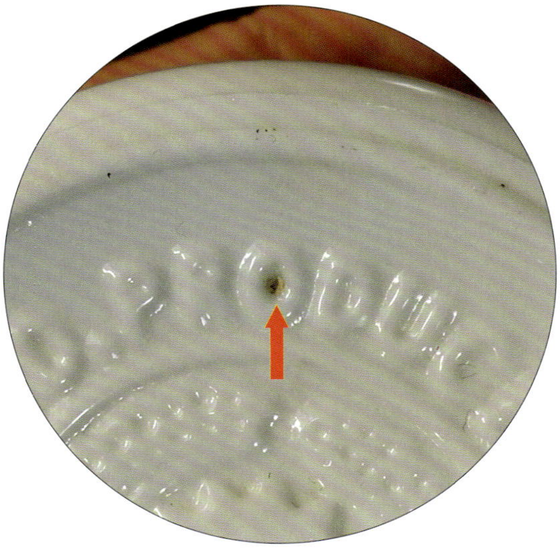

假 因为瓶底比较隐蔽，所以之前造假者会选择在瓶底打孔，很多是在字母“O”中间打孔，而且瓶底比较厚，一般孔都不小，只要仔细观察，鉴定难度也不大

二、超细打孔鉴定方法

上图是普茅酒瓶的解剖图，上半部分相对较薄，所以超细孔一般会在瓶身上半部分。

鉴定方法：

01 超细孔（肩部）

02 超细孔（外侧）

03 超细孔（内侧）

04 孔的大小

05 通过 X 光检测

如果是超细打孔该怎么鉴定？

随着广大酒友对假酒的鉴定水平不断提高，造假者的手段也在不断地升级，这个时候就出现了超细打孔，那么该如何鉴定呢？

1. 因为填充的物质一般会含有荧光剂，所以用不同波段的紫光灯观察打孔的位置会泛荧光。

2. 因为里面是假酒，可以通过酒花或放味闻香来判断是否是正品。

3. 如果条件允许，可以用专业的 X 光设备检测打孔。

01 超细孔（肩部）

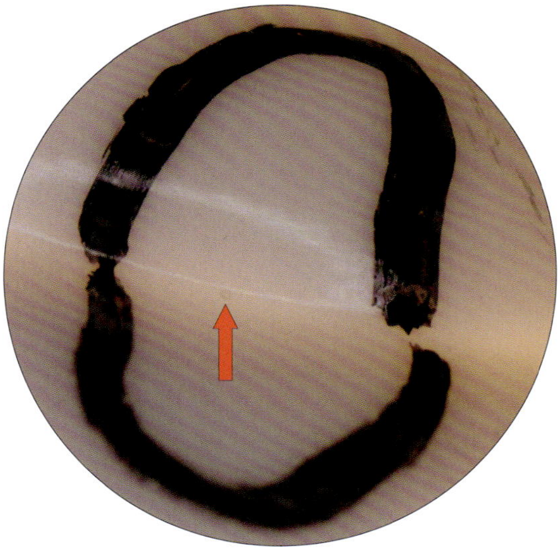

强光灯观察

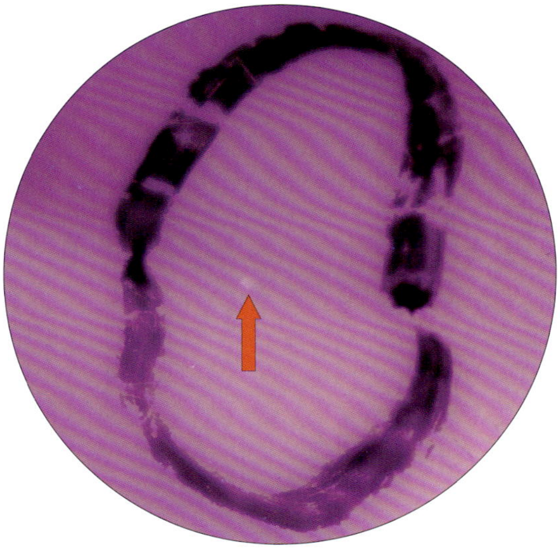

紫光灯观察

假 由于造假者打孔之后，需要用白色的材料把孔补好，一般白色的填充材料会含有荧光剂；如果用不同波段的紫光灯观察，发现有泛荧光的点，就要注意了

02 超细孔（外侧）

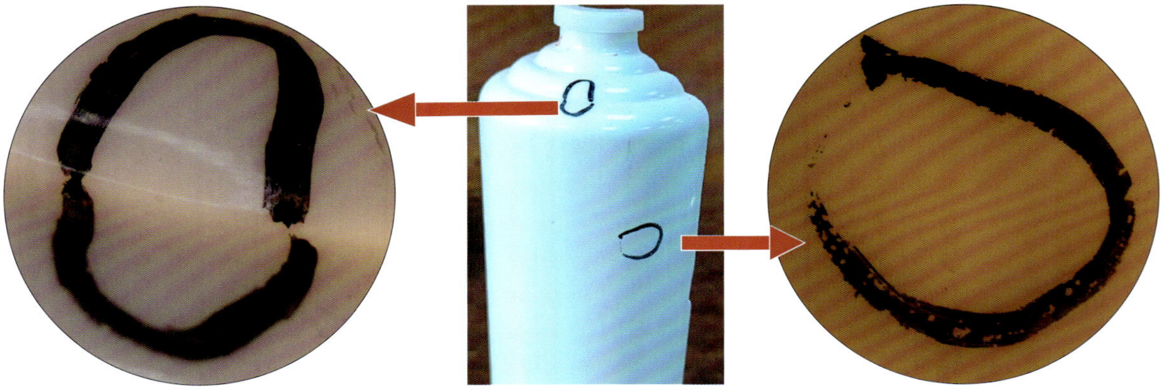

假 由于造假者打的孔很小，肉眼很难观察到，都需要借助工具来鉴定，特别是瓶身上半部分

03 超细孔（内侧）

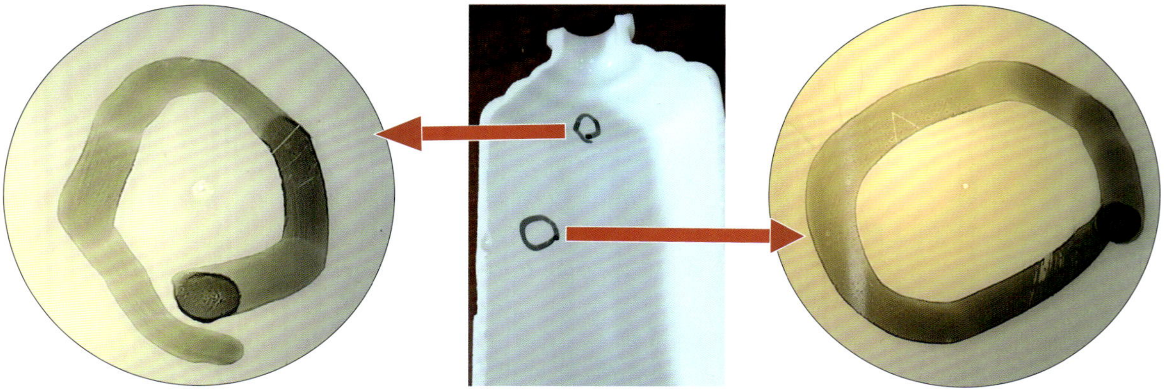

假 由于造假者打孔之后，只能从外部补孔，内部没有修补，所以从内部看比较明显

04 孔的大小

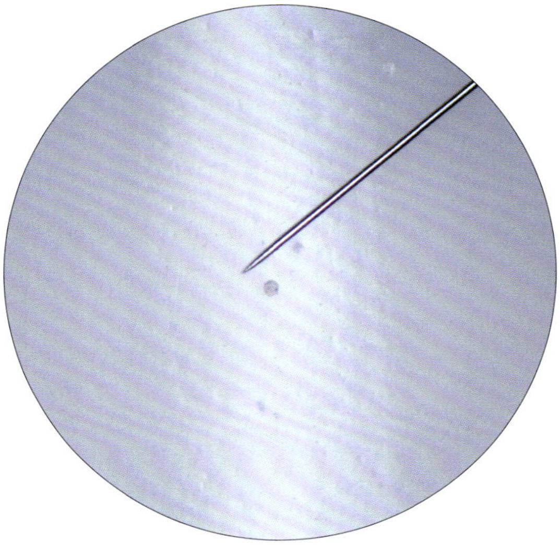

假 在上面这两张图中，针头的直径为 0.08 毫米（与头发丝差不多）

05 通过 X 光检测

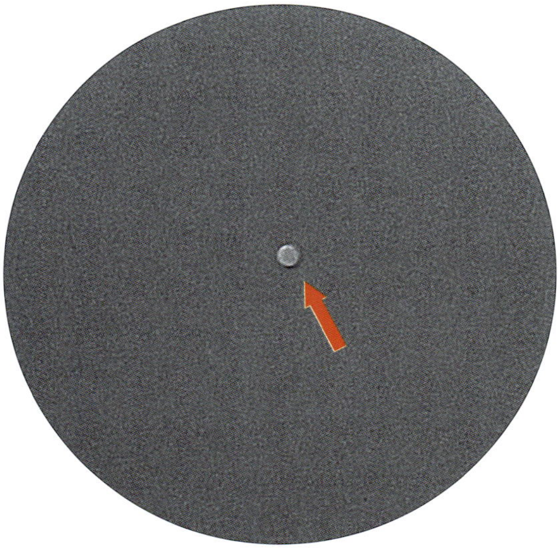

假 如果用 x 光专业设备检测出有边缘圆润的圆形孔洞，转动瓶身会由圆孔变成一条线，就要注意了，基本可以确定是打孔酒

三、早期的揭标特征及鉴定方法

鉴定方法：

- 01 酒标会产生裂纹
- 02 揭标痕迹
- 03 胶水痕迹错位
- 04 酒标会翘边

01 酒标会产生裂纹

适用时间：近几年都适用 ★★★★★

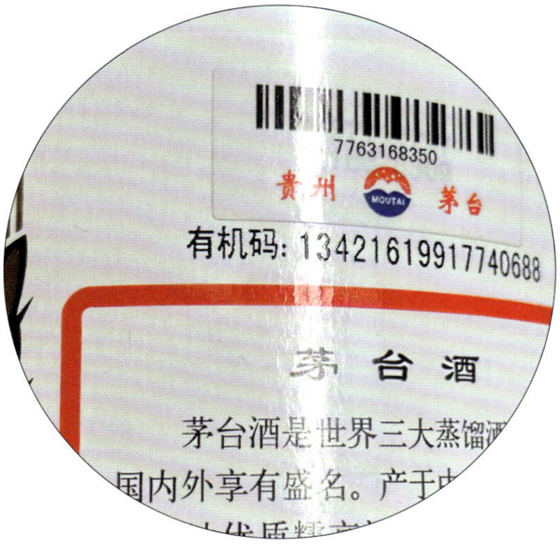

假 这是早期的揭标特征，如果有明显裂纹，就要注意了

02 揭标痕迹

适用时间：近几年都适用 ★★★★★

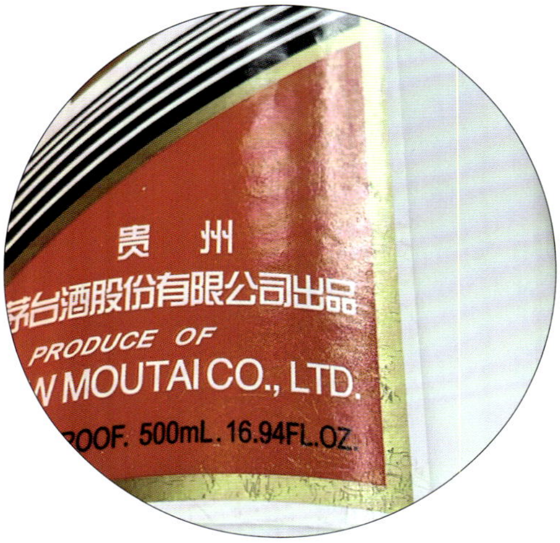

假 这是早期的揭标特征，如果有明显裂纹，就要注意了

03 胶水痕迹错位

适用时间：近几年都适用 ★★★★☆

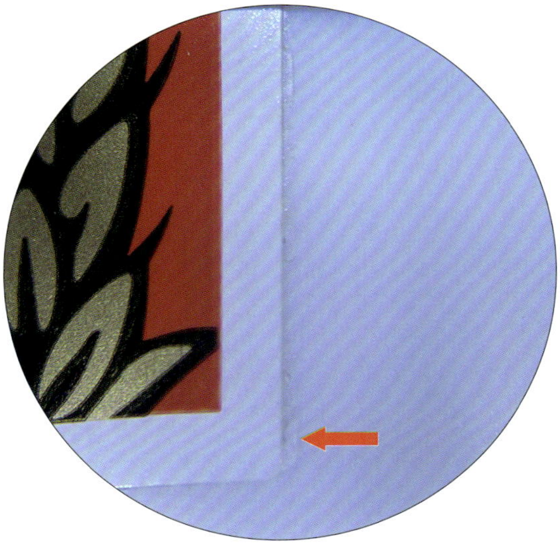

假 揭标之后再贴回去，很难与原来的胶痕相吻合，如果遇到明显错位，就要注意了

04 酒标会翘边

适用时间：近几年都适用 ★★★★☆

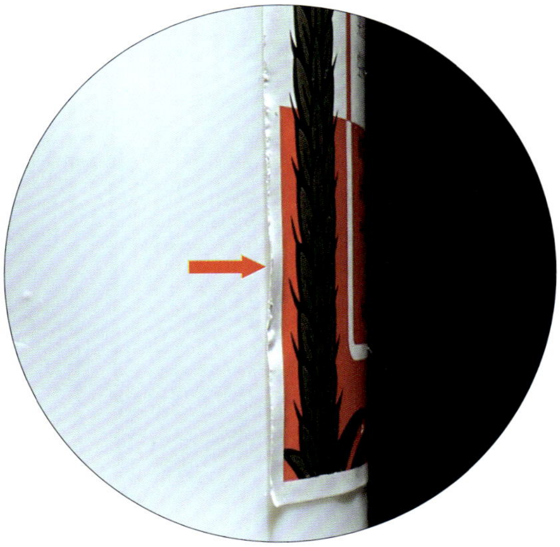

假 揭标之后再贴回去，时间长了边缘会出现翘边的情况，如果发现有明显的翘边，就要注意了

四、揭标水揭标特征及鉴定方法

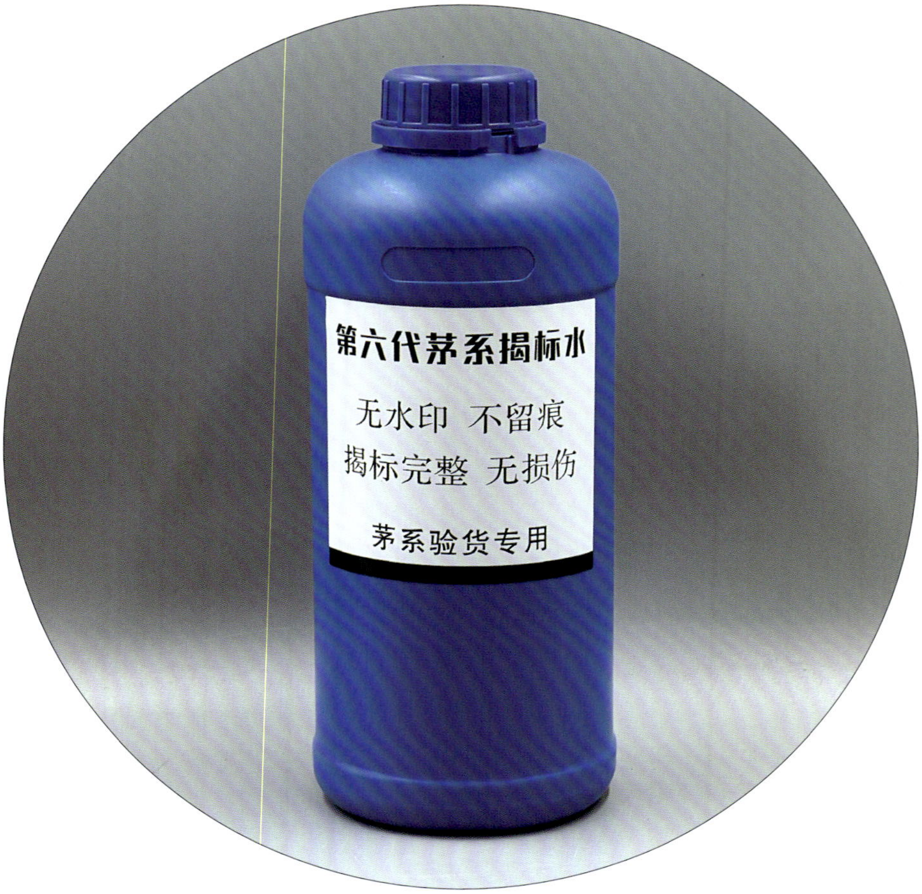

如果用“无痕揭标水”揭标，该如何鉴定？

由于传统的揭标方式容易留下痕迹，比较容易被发现，于是市面上出现了“无痕揭标水”（成分主要是天那水），相比之前，鉴定难度大幅提升，需从如下几点进行鉴定：

1. 用揭标水揭过的标，边缘容易溢胶，时间长了容易翘边。
2. 如果是原箱揭标，酒标复原之后容易出现高度不一致的现象。
3. 有机码、背标字体、酒标红色区域由于揭标水腐蚀，会和之前有少许差异。

备注：以上 3 点需要一定经验，目前最简单有效的方法还是通过 X 光检测。

五、老酒的揭标特征及鉴定方法

很多老茅台的酒标是人工用糨糊粘上去的，糨糊遇水之后黏性就会降低，且酒标易揭，所以很多老酒都是通过泡水来揭标的，泡水揭标之后会出现以下特征：

1. 揭标的时候酒标很容易出现裂纹。
2. 揭标的时候很容易出现破损。
3. 泡水之后酒标边缘会变毛糙。
4. 揭标之后再粘回去，酒标的老印记（包浆）很容易错位。

标泡水后的特征：

01 酒标裂纹

02 老印记错位

03 纸张残缺

04 酒标边缘毛糙

01 酒标裂纹

适用于老年份茅台 ★★★★☆

真 原瓶标是很平整的，没有裂纹

假 如果发现有明显的裂纹，基本可以确定是揭过标的

02 老印记错位

适用于老年份茅台 ★★★★☆

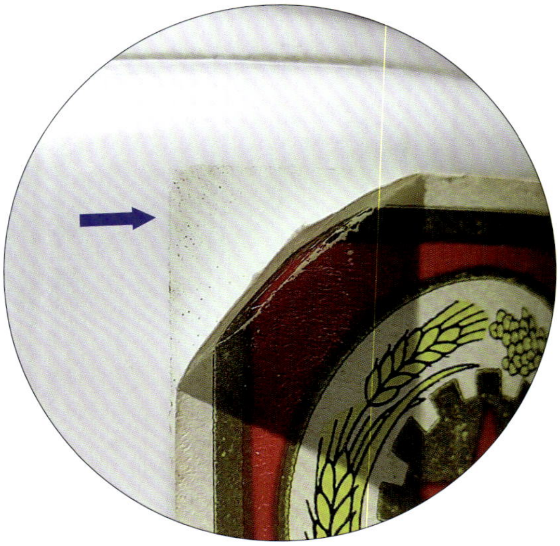

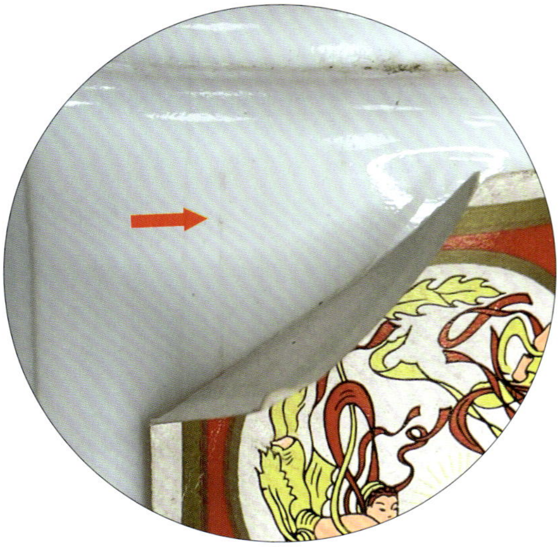

真 真的老印记是与酒标位置吻合的

假 如果老印记错位了，可直接确定是揭标的

03 纸张残缺

适用于老年份茅台 ★★★★★

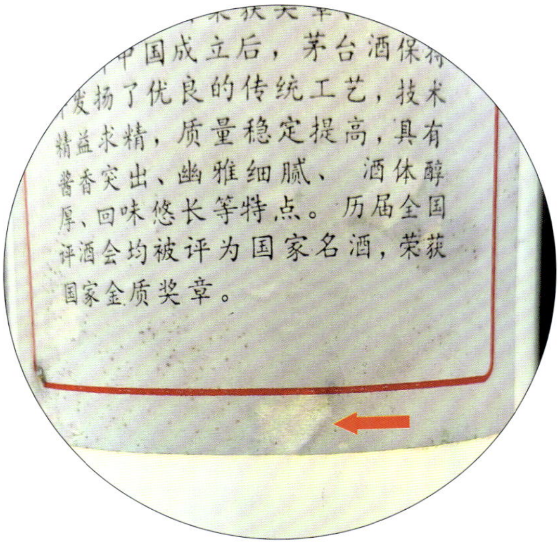

假 如果出现酒标内部有残缺或者多余的纸屑，基本可以确定是揭标的

04 酒标边缘毛糙

适用于老年份茅台 ★★★★★

假 如果酒标边缘毛糙，基本可以确定是揭过标的

揭标有几种可能：第一是打孔；第二是为了换标升级；第三是揭标验货。所以揭标的不一定就是打孔，但只要是揭标的就要注意了。

第九节

包装材料暗记及鉴定方法

一、飘带暗记及鉴定方法

编号位置

适用时间：2004 年至今 ★★★★★

常规位置

位置偏高

真　真酒的飘带编号是在第二根飘带上，位置上下会有少许偏差，特别是公斤茅台，编号位置会比较低，不能以这个作为鉴定真假的依据，一定要综合判断

备注：飘带编号是从 2004 年开始的，有传闻飘带编号代表的是酒窖的编号，编号越小，代表酒窖越好，其实这个传闻是错的。飘带编号仅代表流水线作业员的编号，方便记录，溯源管理。

真　真的飘带编号一般是在第二根飘带上

假　如果出现在第一根飘带上，就要注意了

二、酒盒暗记及鉴定方法

鉴定方法：

01 茅台标志

02 “MT”暗记

03 小凸点

04 瓶帽图案

05 酒盒折痕

01 茅台标志

适用时间：2009 年 2 月至今 ★★★★★

真 真酒盒顶部的海洋标基本是同心圆（老年份酒有部分会有少许差异）

假 如果明显错位了，就要注意了

02 “MT”暗记

适用时间：2009 年 2 月至今 ★★★★★

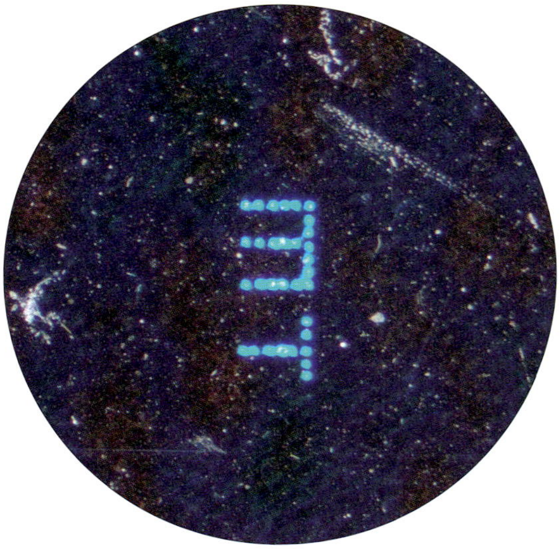

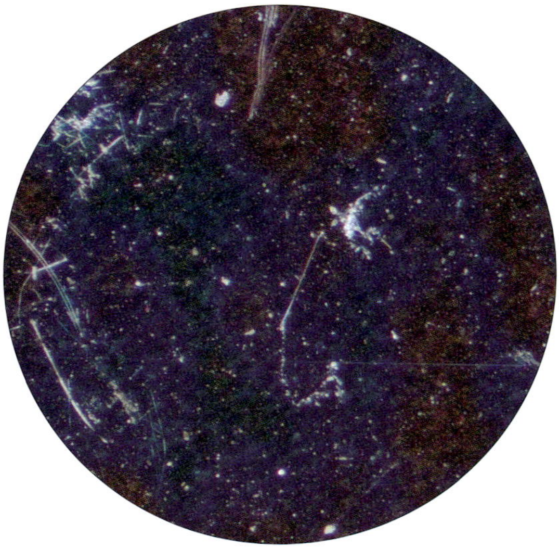

真 左下图“茅台”两个字中间会有“MT”暗记

假 如果没有，基本可以确定是假的

03 小凸点

适用时间：近几年都适用 ★★★★★

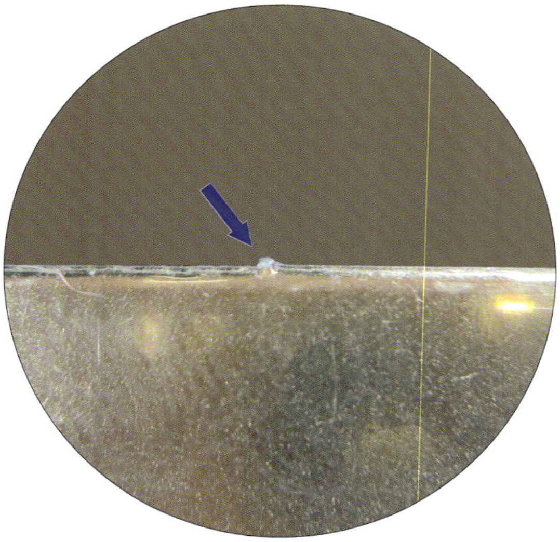

真 初期的真酒盒上有个小凸点

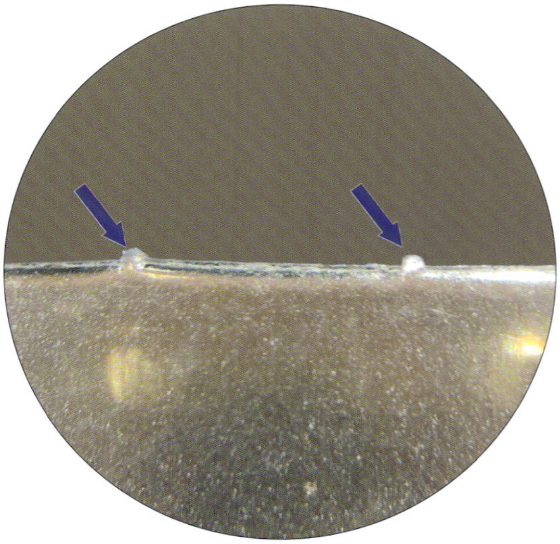

真 后来变成两个小凸点

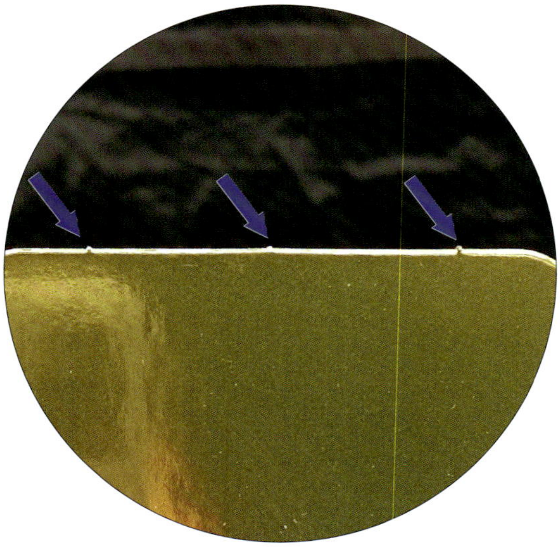

真 再后来变成 3、4 个小凸点

假 如果没有凸点，基本可以确定是假的

备注：这些小凸点是酒盒在啤（bie）成形的过程中与边角料的衔接点，可以提高效率，这是制造工艺造成的。

04 瓶帽图案

适用时间：近几年都适用 ★★★★☆

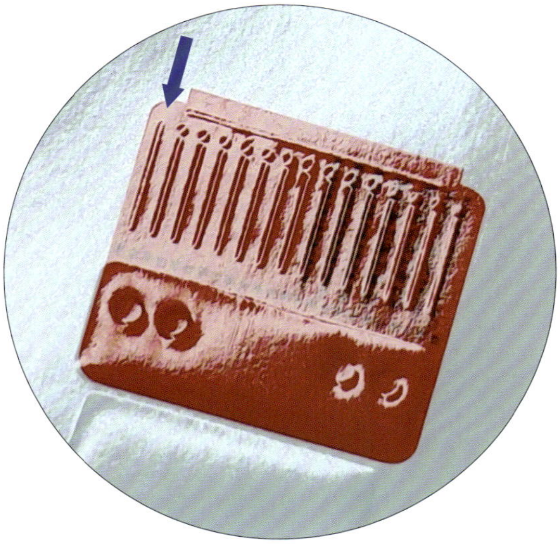

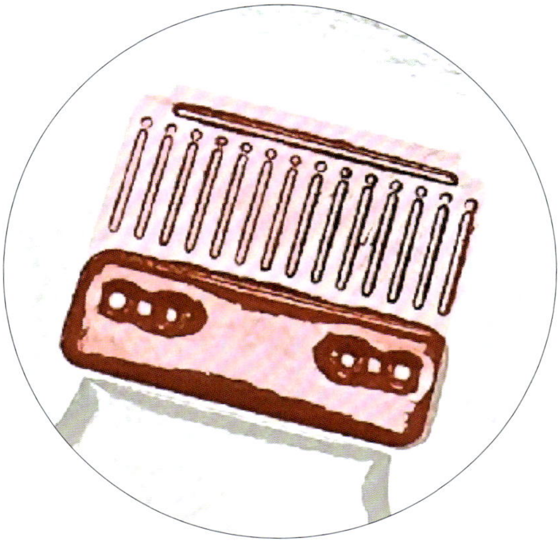

真 真酒盒这里有 15 根线条，第一根上没有凸点，其他的都有凸点

假 如果图案不对，基本可以确定是假的

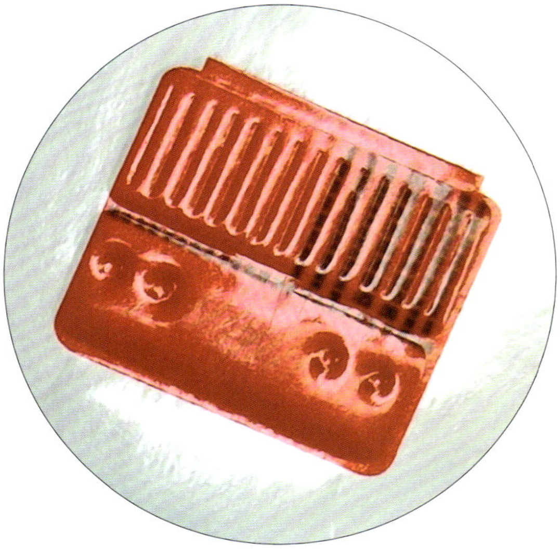

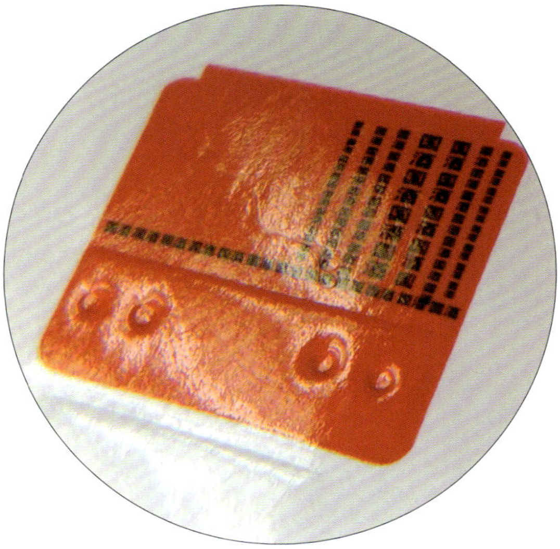

假 如果图案不对或是平面非立体的，基本可以确定是假的

05 酒盒折痕

适用时间：近几年都适用 ★★★★★

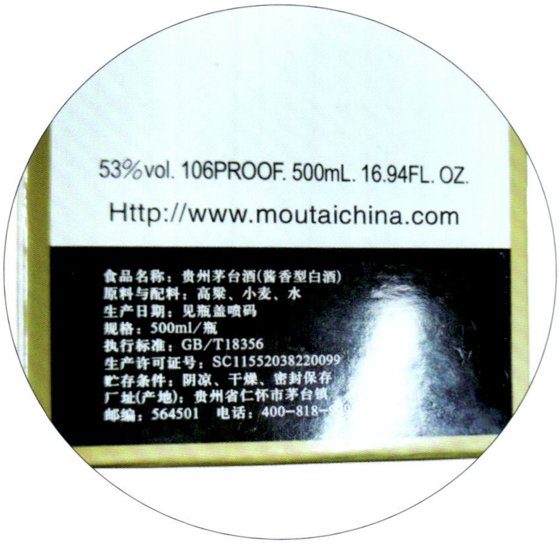

真 真酒盒下方会有一条折痕

假 如果没有，就要注意了

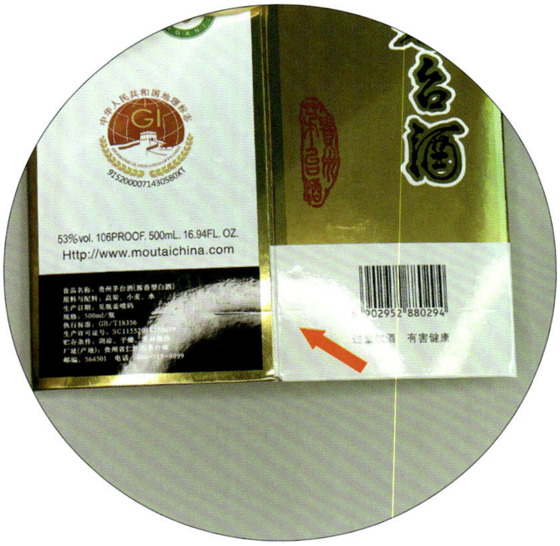

压纹是怎么产生的？

为了方便运输，酒盒在装箱的时候都是被压平的，在压平的过程中产生了这个压纹。

三、酒杯的演变

第一代

第二代

第三代

第四代

从 2004 年开始在每一瓶普茅里面配两个小酒杯，第一代比较大，第二代改小了一些，第三代增加了一些棱角，第四代是 2019 年 8 月去“国酒化”之后，杯子上的“国酒茅台”改成“贵州茅台”。

四、防伪介绍暗记及鉴定方法

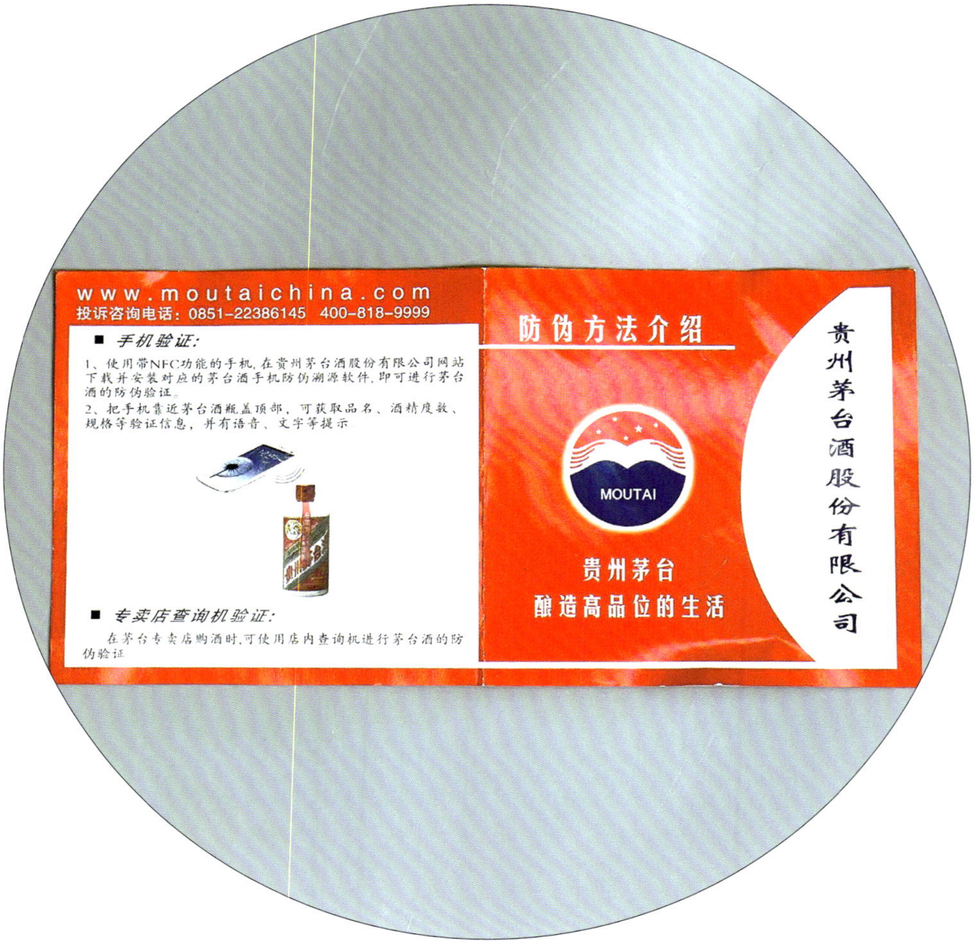

鉴定方法：

01 防伪介绍

02 折痕

03 “酒”字

01 防伪介绍

适用时间：2004 年至今 ★★★★★

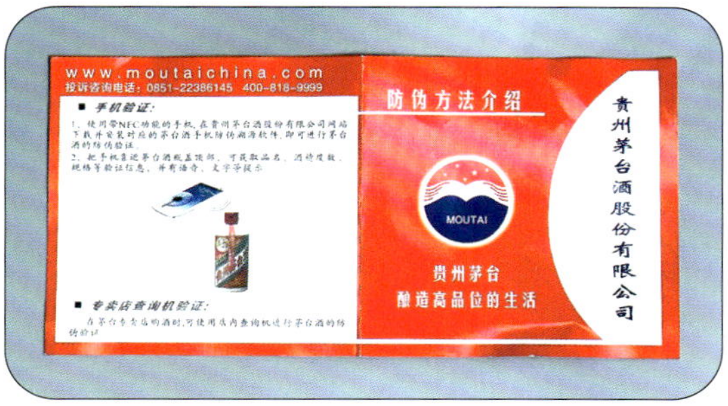

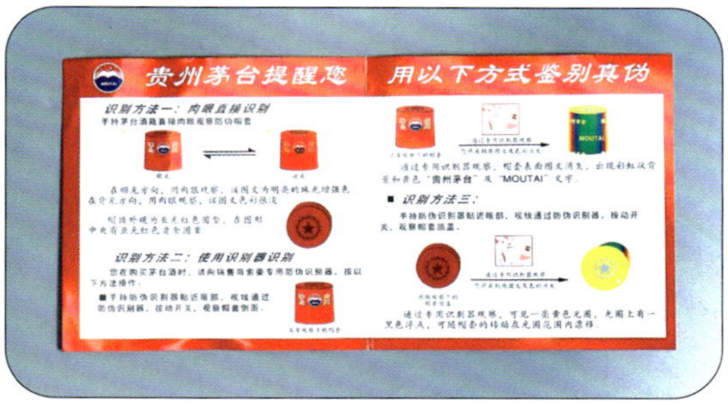

什么是防伪介绍？

防伪介绍是茅台用于介绍识别瓶帽真假的一些技巧，有些鉴别技巧还是比较实用的，有些已经被造假者攻克，因为公开的鉴别方法往往是造假者重点攻克的对象。

02 折痕

适用时间：2004 年至今 ★★★★★

真 真的合格证是机器对折的，会有明显爆裂的折痕

假 如果没有折痕及裂纹，就要注意了

03 “酒”字

适用时间：2019 年 8 月至今 ★★★★★

真 真的防伪介绍“方法一”下面的“酒”字，里面一横是满格的；“方法二”下面的“酒”字右边有个缺口，不满格

假 如果两个都是满格的，或者两个都是不满格的，就要注意了

五、手提袋工艺及鉴定方法

鉴定方法：

01 折痕

02 铆钉

01 折痕

适用时间：近几年都适用 ★★★☆☆

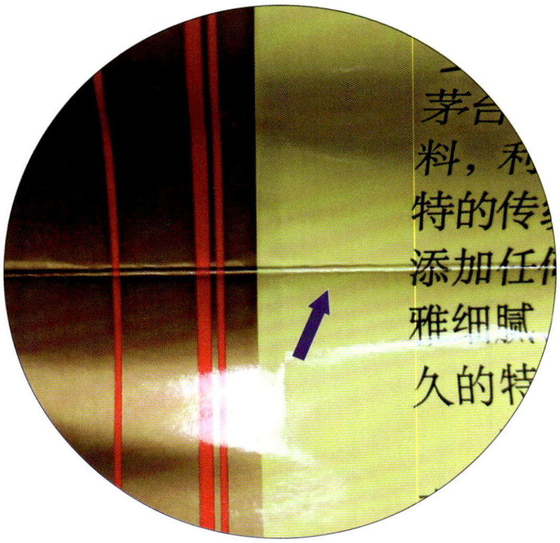

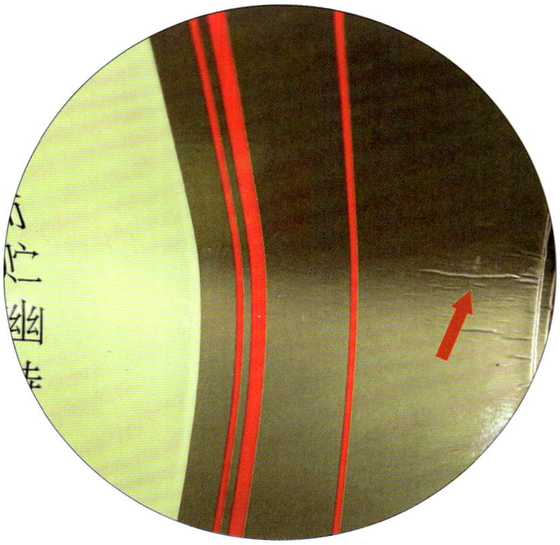

真 6 瓶每箱的手提袋中间是有折痕的

假 如果没有，就要注意了

02 铆钉

适用时间：近几年都适用 ★★★★☆

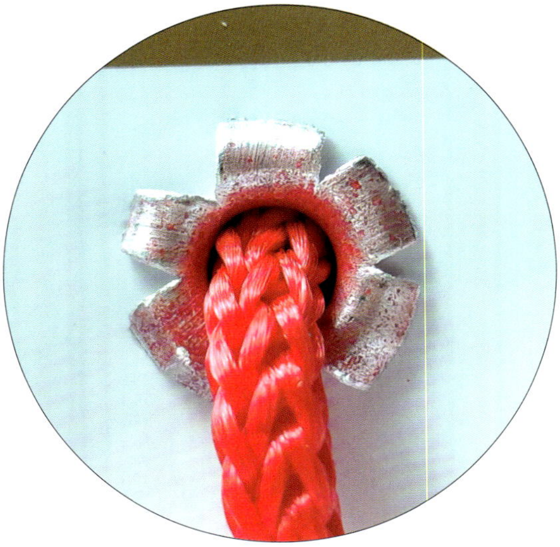

真 真的手提袋铆钉做工精致，而且是自然开花的，“花瓣”大小不一

假 如果没有开花，就要注意了

六、识别器的特征及鉴定方法

鉴定方法：

- **01** 识别器的演变
- **02** “茅台酒”三个字
- **03** 用紫光灯观察

01 识别器的演变

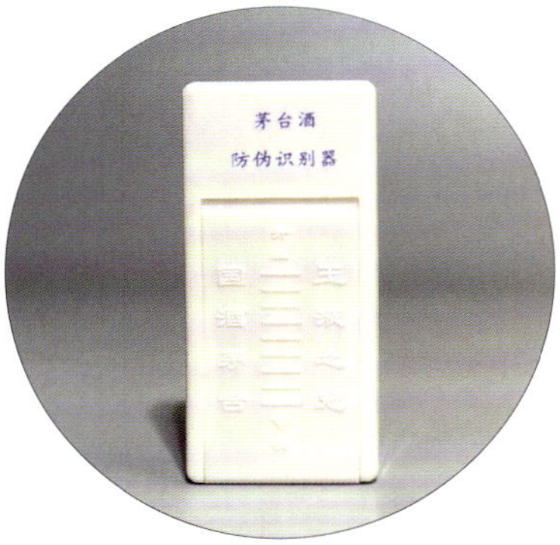

第一代

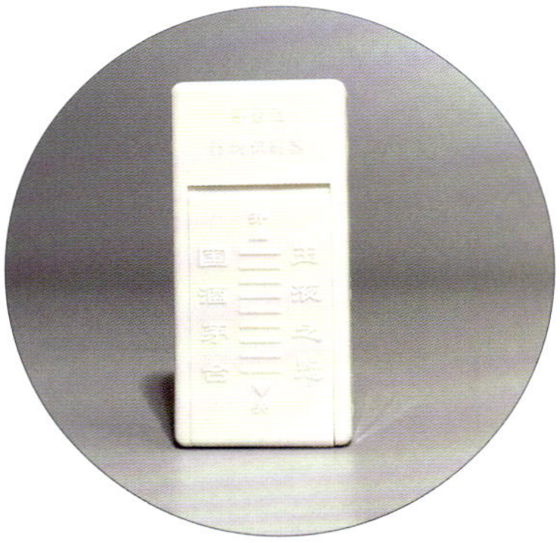

第二代

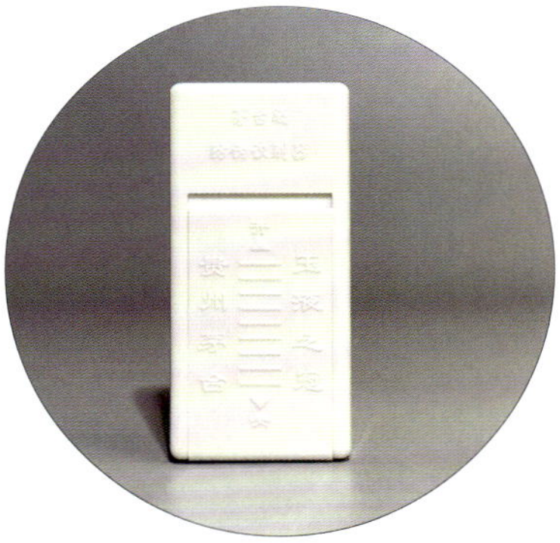

第三代

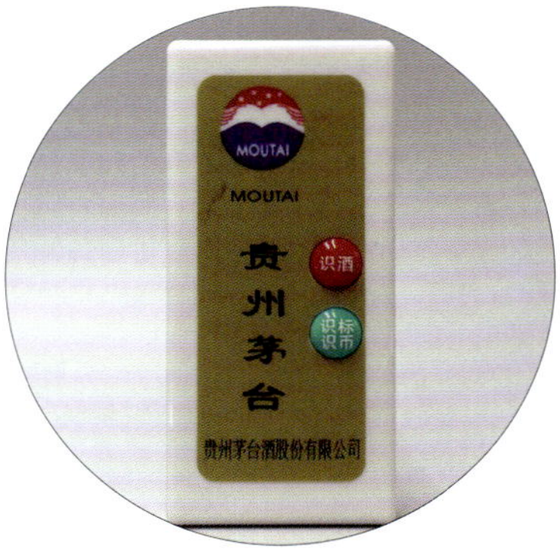

年份茅台识别器（正面）

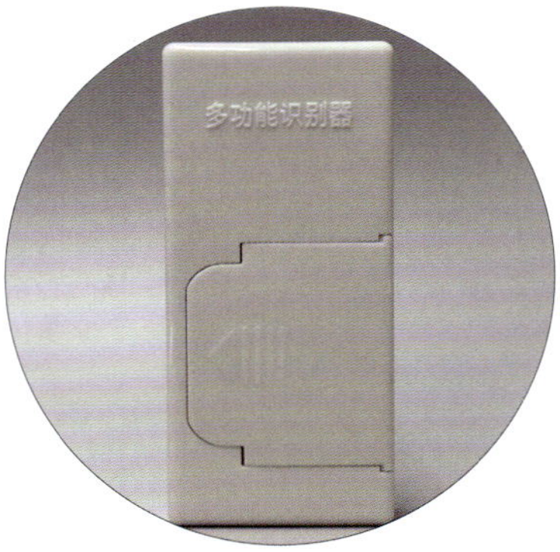

年份茅台识别器（反面）

茅台开始使用白色防伪标，就配有相应的识别器，作用是观察防伪标的工艺及暗记特征。从 2009 年 2 月茅台开始用第四代防伪红胶帽，识别器就主要用于观察红胶帽的暗记特征，通常情况下每一箱茅台配一个识别器。另外，年份茅台的识别器是有差异的。

02 “茅台酒”三个字

适用时间：近几年都适用 ★★★★★

真 真的识别器的“台”字中间是直的，“酒”字里面的一横是不连着的

假 如果“台”字中间是弧形，“酒”字里面的一横是连着的，基本可以确定是假的

03 用紫光灯观察

适用时间：近几年都适用 ★★★★★

真 真的用紫光灯观察，无明显荧光

假 如果有很明显的荧光，就要注意了

七、装箱单暗记及鉴定方法

1. 人工盖章

2. 均匀拉丝

3. 渐变拉丝

1.2012 年下半年之前，茅台合格证的蓝色部分字体是人工盖上去的。

2.2012 年下半年之后合格证的蓝色字体是机器打印的，有均匀的拉丝纹理。

3.2021 年 3 月左右，茅台的合格证打印方式有了改进，拉丝纹理呈渐变色。

鉴定方法：

01 边缘

02 线条

03 数字“6”

04 数字“1”

05 拉丝纹理

06 工艺特征

07 小横线

08 编号

09 四个角

10 新款暗记

01 边缘

适用时间：2012 年下半年至今 ★★★★★

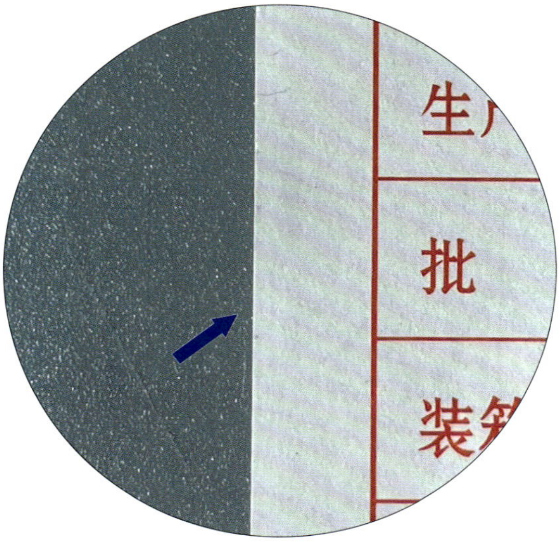

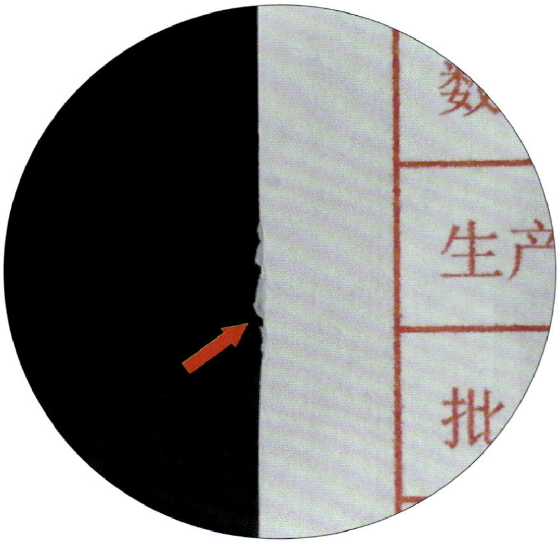

真 真的合格证是机器切割的，边缘很平整

假 如果边缘不平整，就要注意了

02 线条

适用时间：2012 年下半年至今 ★★★★★

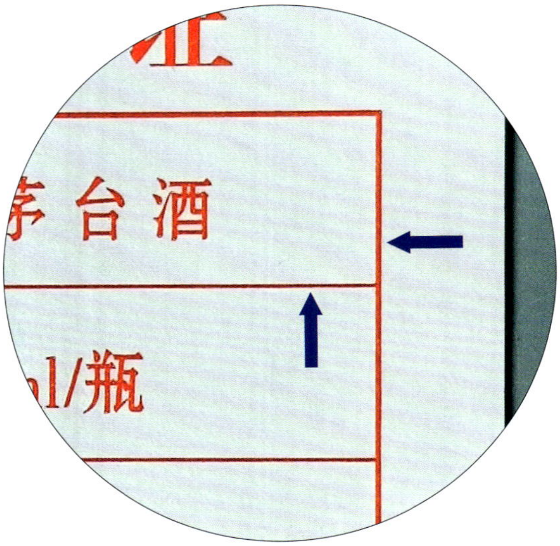

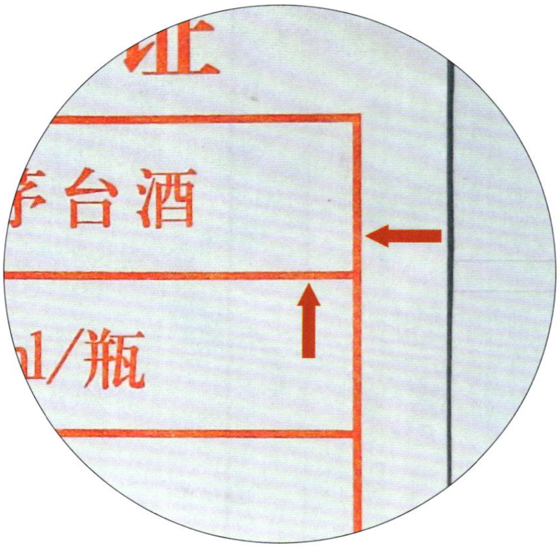

真 真的合格证线条是外框粗，内部比较细

假 如果内外线条一样粗，基本可以确定是假的

03 数字“6”

适用时间：2012 年下半年至今 ★★★★★

真 真合格证上的数字“6”是抬头的

假 如果是低头的，可直接确定是假的

04 数字“1”

适用时间：2012 年下半年至今 ★★★★★

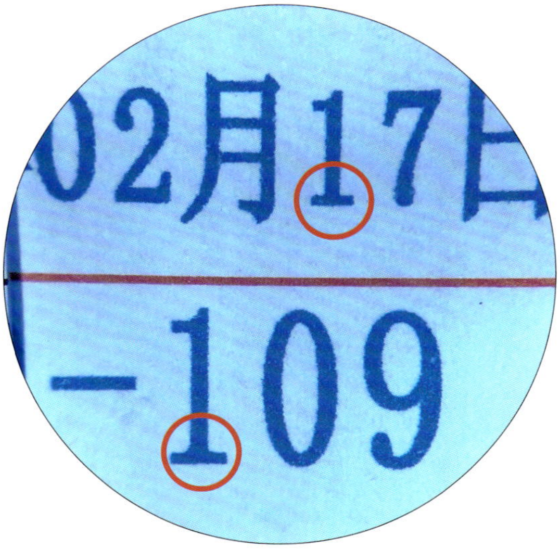

真 合格证上数字“1”上下字体是不一样的，一个是带脚的，一个是不带脚的

假 如果上下字体都是带脚的，可直接确定是假的

05 拉丝纹理

适用时间：2012 年下半年至今 ★★★★★

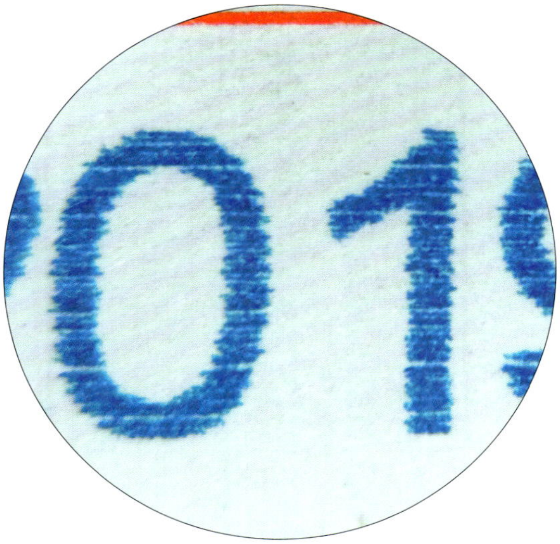

真 真合格证上的字体是有明显拉丝纹理的

假 如果没有，可直接确定是假的（这是印刷工艺）

06 工艺特征

适用时间：2012 年下半年至今 ★★★★★

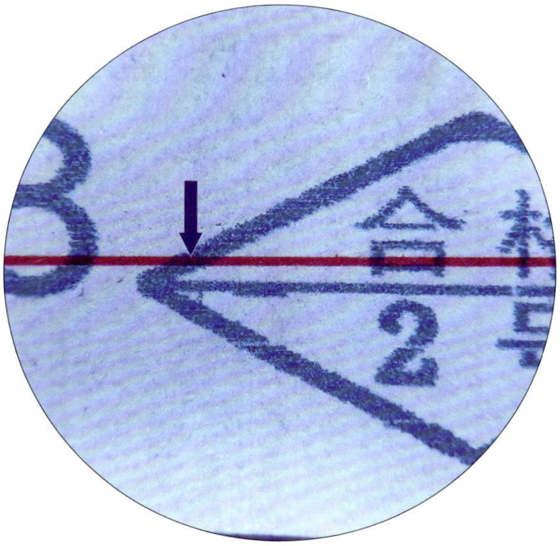

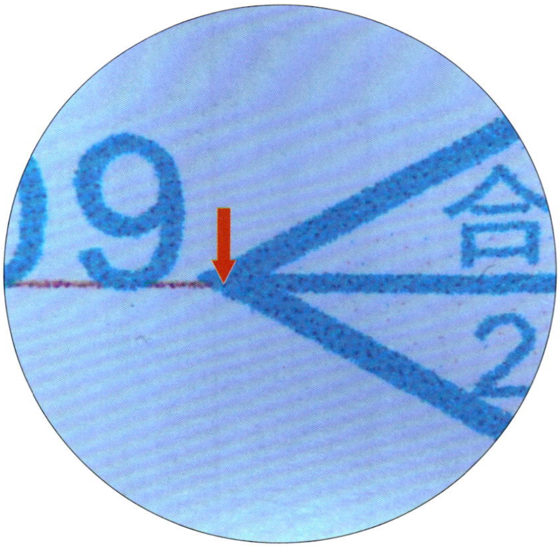

真 真合格证红色线条是贯穿的

假 如果没有贯穿，可直接确定是假的（这是喷墨工艺）

07 小横线

适用时间：2012 年下半年至 2021 年 3 月左右 ★★★★★

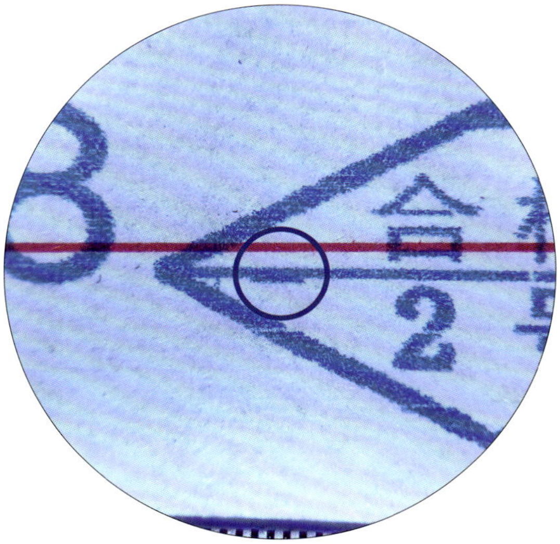

真 真合格证框里面有一个蓝色的小凸点

假 如果没有，基本可以确定是假的

08 编号

单字母（2012 年下半年至 2017 年左右）

双字母（2017 年左右至今）

真 初期合格证上的字母与合格证编号是对应的；A-1、B-2、C-3……到 2017 年之后改成两个字母，第二个字母与合格证编号对应（注：2023 年左右开始没有字母 O 班组，对应编号往后顺延）

真　真的合格证字母和编号是对应的：A-1、B-2、C-3……

假　如果对应不上，基本可以确定是假的

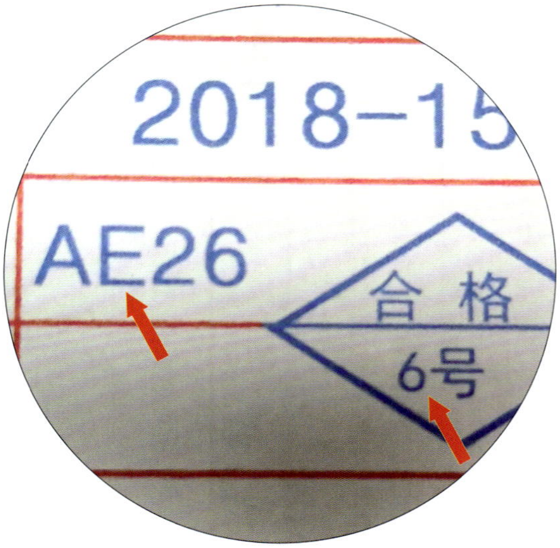

真　真的合格证第二个字母和编号是对应的：A-1、B-2、C-3……

假　如果对应不上，基本可以确定是假的

09 四个角

适用时间：2018 年开始 ★★★★★

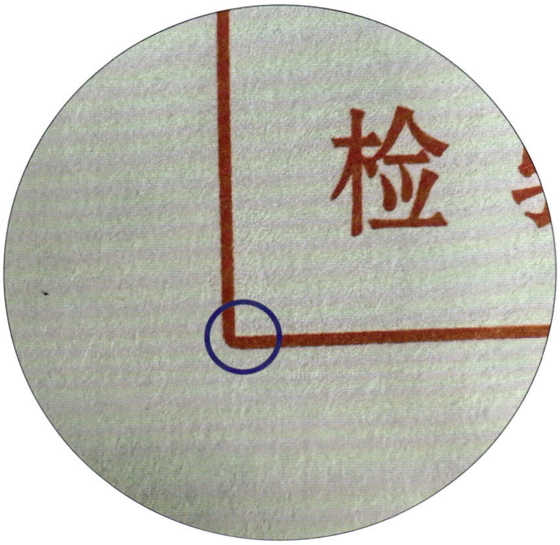

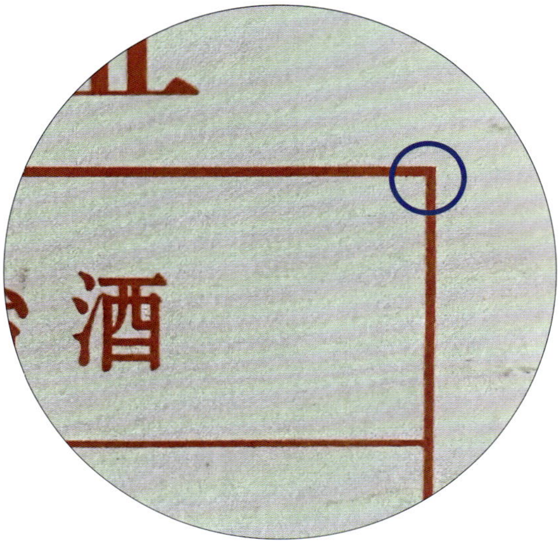

真 产品合格证左下角为圆角，其他三个为直角

10 新款暗记

适用于新款合格证 ★★★★★

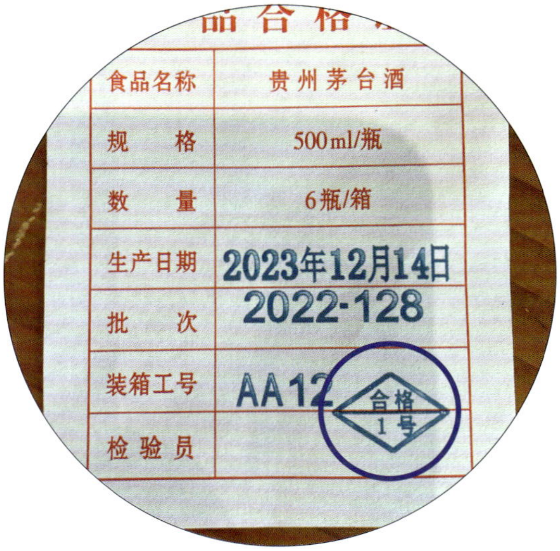

真 真的合格章里面有“MT”暗记（这个暗记从 2023 年开始）

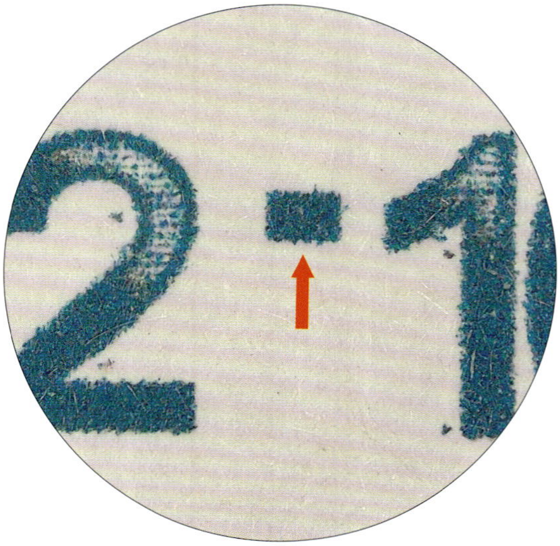

真 横线是在上下相对居中的位置

假 如果太靠上了，基本可以确定是假的

真 第 3 行的字母 A 右上角会有一个小点

假 如果没有，基本可以确定是假的

真　左上图中“0”的第 2 行右下角有个点

假　如果没有，基本可以确定是假的

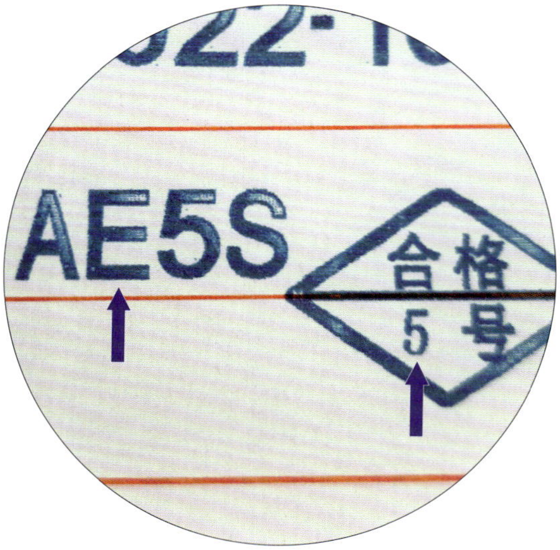

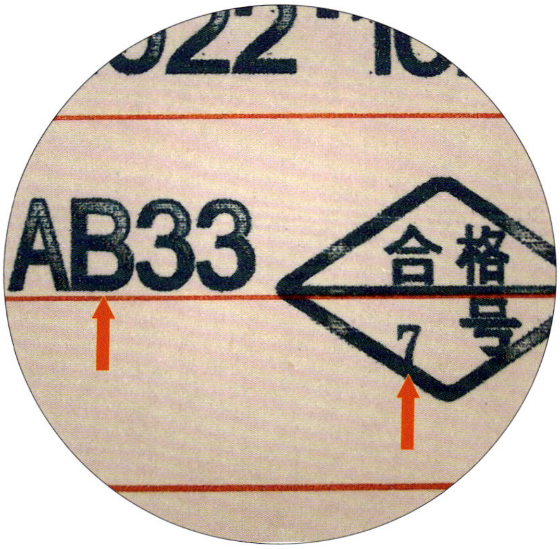

真　左起第 2 个英文字母和合格证编号是一致的（A—1，B—2，C—3……）

假　如果不一致，基本可以确定是假的

第五章

原箱茅台鉴定方法

第一节

主要的造假方式

一、主要的造假方式

一、全套造假

二、吹箱造假

三、后封箱造假

四、贴皮造假

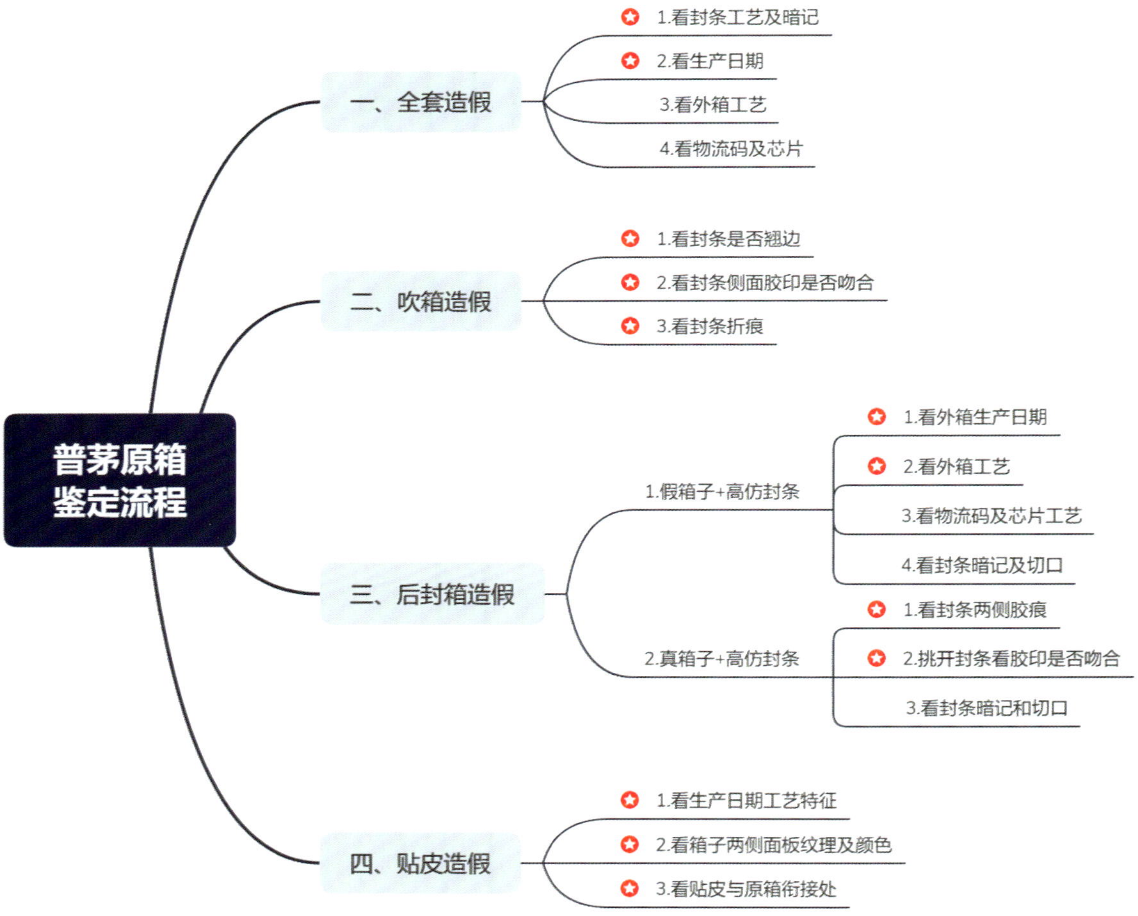

第二节

外箱暗记及鉴定方法

一、生产日期及批次鉴定方法

鉴定方法：

01 生产日期

02 字体工艺

03 “产”字

04 “次”字

05 冒号

06 间隔

07 冒号间距

08 生产日期数字暗记

09 合格证数字暗记

01 生产日期

老版本

新版本

老版本

新版本

真 2021 年 3 月左右，茅台外箱的生产日期工艺做了更新，由原来的拉丝纹理更新为渐变的拉丝纹理

02 字体工艺

适用时间：2021 年 3 月至今 ★★★★★

真 真的外箱生产日期与批次有明显的渐变拉丝纹理

假 如果拉丝纹理不是渐变的，就要注意了

真 真的外箱“生产日期”和“ 批次”这几个字体有斜纹的渐变色

假 如果没有，就要注意了

03 “产”字

适用时间：2017 年至今 ★★★★★

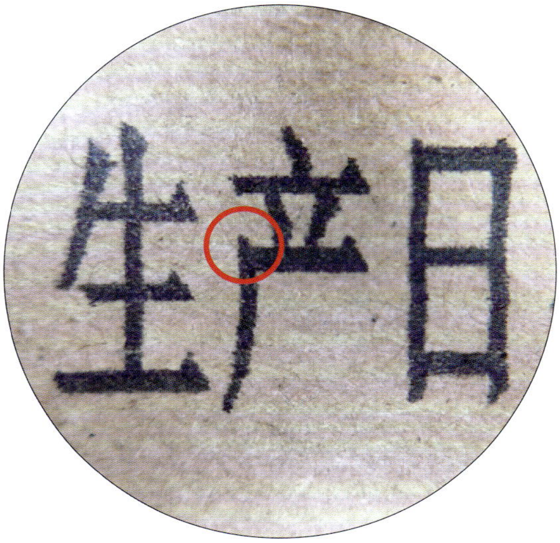

真 真的外箱“产”字的左边是没有笔锋的

假 如果是有笔锋的，就要注意了

04 “次”字

适用时间：2021 年 3 月至今 ★★★★★

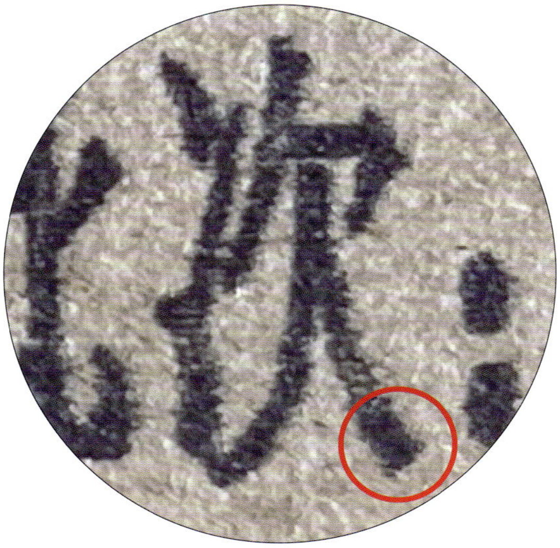

真 “次”字的最后一捺会有个小凸起

假 如果是平的，就要注意了

05 冒号

适用时间：2014 年至今 ★★★★★

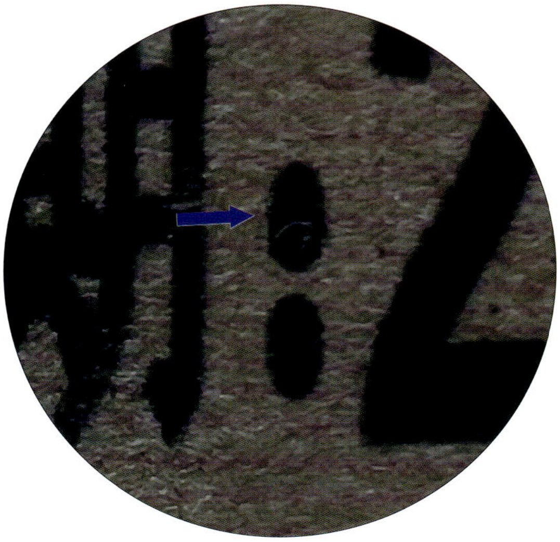

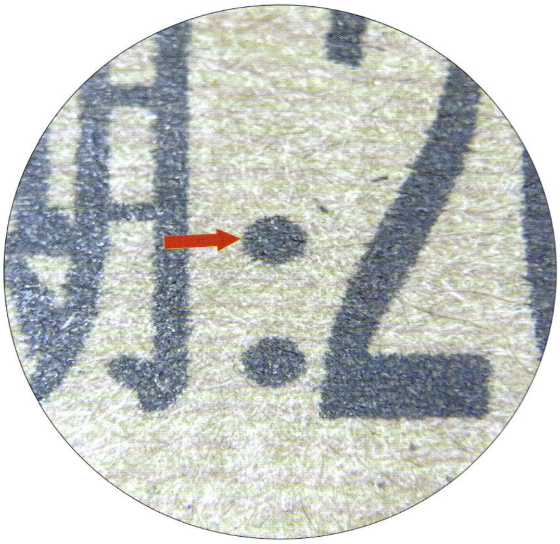

真 真的外箱“冒号”是竖条的椭圆形

假 如果是横向的椭圆形，可直接确定是假的

假 如果是正圆形或方形的，基本可以确定是假的

06 间隔

适用时间：2014 年至今 ★★★★★

真 真的外箱生产日期与批次之间一般是有一个字符左右的间隙

假 如果没有间隔，就要注意了

07 冒号间距

适用时间：2014 年至今 ★★★★★

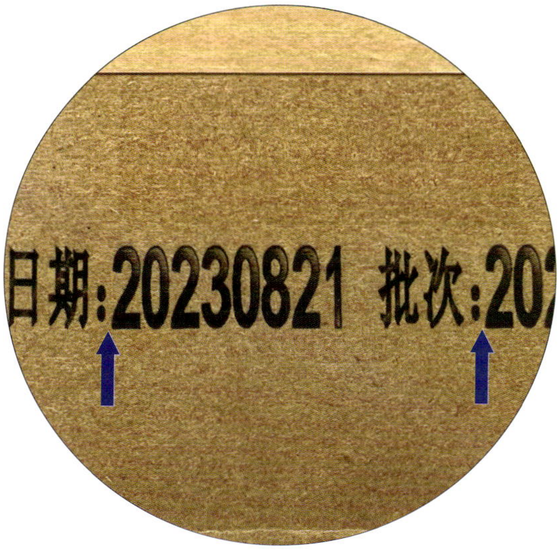

真 两个冒号和后面的距离是差不多的

假 如果距离明显不一样，基本可以确定是假的

08 生产日期数字暗记

适用时间：2021 年 3 月至今 ★★★★★

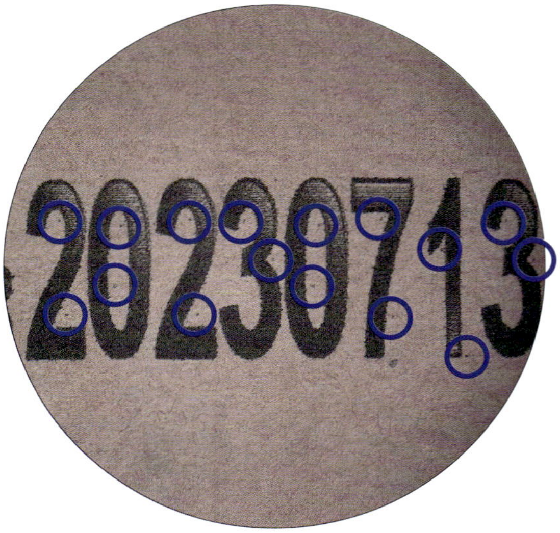

真 真的数字上会有暗记

09 合格证数字暗记

适用时间：2021 年 3 月至今 ★★★★★

真 真的数字上会有暗记

二、芯片暗记及鉴定方法

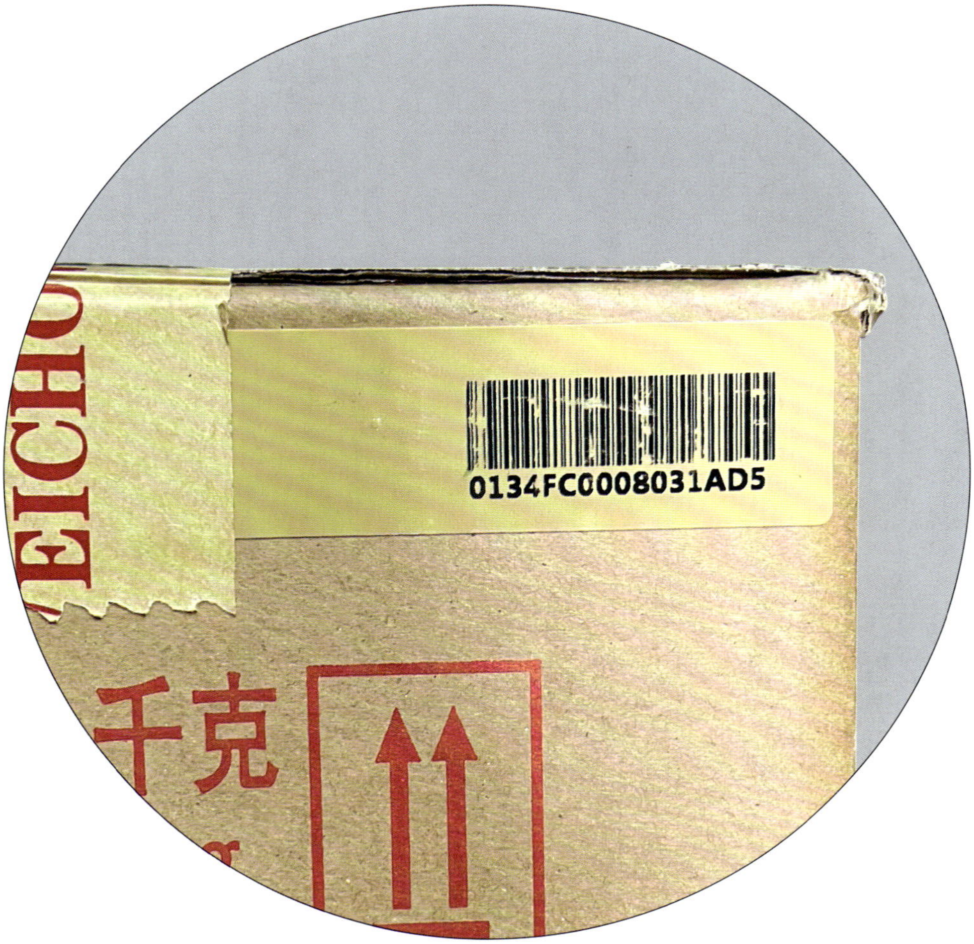

鉴定方法：

01	芯片位置	04	芯片条码
02	芯片上的凸点	05	芯片数字“7”
03	芯片电路纹理	06	芯片数字“1”

01 芯片位置

适用时间：2013 年 5 月至今 ★★★★★

真 真的芯片在右上角，条码没有被压住

假 如果芯片位置不对，条码都被压住了，基本可以确定是假的

02 芯片上的凸点

适用时间：2013 年 5 月至今 ★★★★★

真 真的芯片上有一个小凸点

假 如果没有小凸点，基本可以确定是假的

03 芯片电路纹理

适用时间：2013 年 5 月至今 ★★★★★

真 真的芯片里面有金属的电路

假 如果芯片里面的电路是印刷上去的，基本可以确定是假的

04 芯片条码

适用时间：2013 年 5 月至今 ★★★★★

真 真的芯片条码是平齐的

假 如果不平齐，基本可以确定是假的

05 芯片数字“7”

适用时间：2013 年 5 月至今 ★★★★★

真 真的芯片上的数字“7”是直的

假 如果是弧形的大肚“7”，基本可以确定是假的

06 芯片数字“1”

2016 年上半年之前

2016 年下半年之后

真 真的芯片上的数字“1”初期是不带脚的，从 2016 年下半年开始，数字“1”是带脚的

三、物流码暗记及鉴定方法

鉴定方法：

01 物流码

02 数字“7”

03 海洋标暗记

04 海洋标网格

05 “贵”“州”字暗记

06 “茅”字暗记

01 物流码

适用时间：2009 年 2 月至 2022 年 1 月 ★★★★★

真 真的物流码是紧挨着“茅”字的

假 如果距离太远，就要注意了（2022 年 1 月之后就不适用了）

02 数字“7”

适用时间：2011 年至今 ★★★★★

真 真的物流码中的数字“7”是直的

假 如果数字“7”是弧形的，基本可以确定是假的

备注：物流码上的数字“7”，在 2010 年 6 月之前是弧形的，在 2010 年 6 月之后才改成直的。

03 海洋标暗记

适用时间：2009 年 2 月至 2010 年 6 月 ★★★☆☆

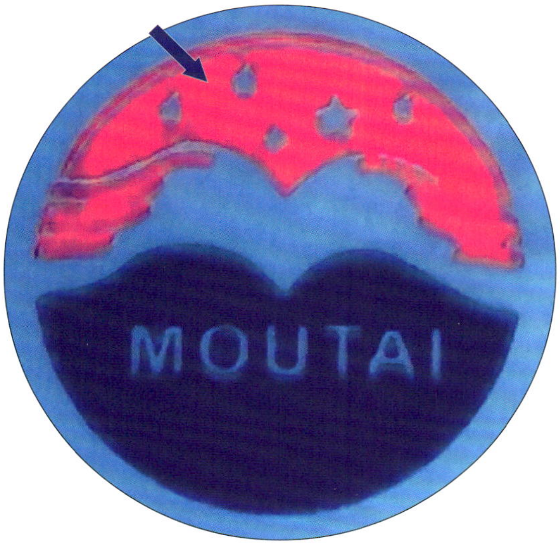

真 真的物流码红色部分是有荧光的

假 如果没有荧光，或者不明显，就要注意了

04 海洋标网格

适用时间：2010 年 6 月至今 ★★★★★

真 真的海洋标蓝色区域是整齐排列的网点

假 如果糊在一起，基本可以确定是假的

05 “贵”“州”字暗记

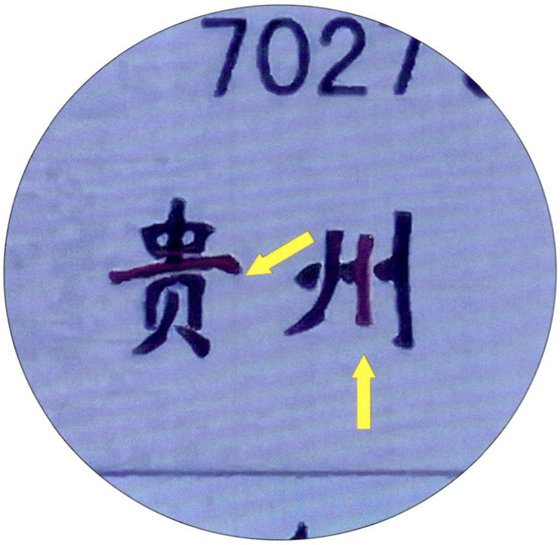

真 在 2020 年 3 月左右，物流码的“州”字中间一笔是有荧光暗记的，但是“贵”字没有。到 2022 年 1 月下旬开始，外箱上的物流码改成 12 位数之后，“贵”字增加了荧光暗记

06 “茅”字暗记

适用时间：近几年都适用 ★★★★★

真 “茅”字草字头左边那一竖和下面是分开的

假 如果连着，就要注意了

备注：这一点与瓶身物流码正好相反。

四、扎带的鉴定方法

1

2

3

4

茅台外箱扎带出现过多款，每一款的工艺都有少许的差异，这里（见上面 4 幅图）列几款有代表性的，更多的就不一一列举了。

五、外箱暗记及鉴定方法

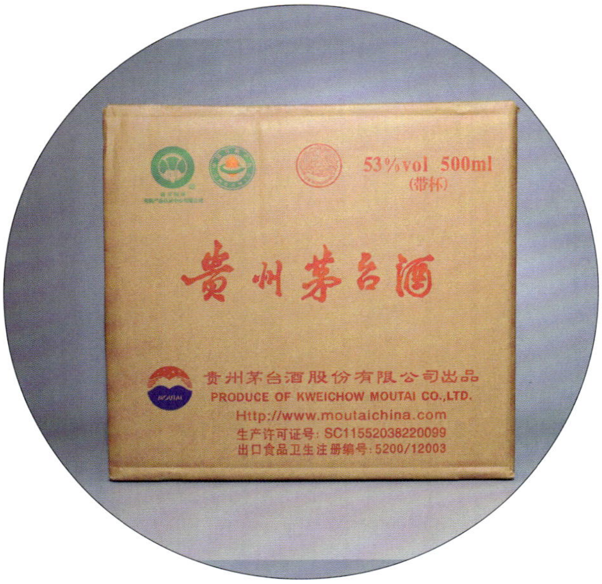

鉴定方法：

01 中国有机产品图案

02 注册商标

03 装箱钉

01 中国有机产品图案

老版本（2021 年 11 月之前）

新版本（2021 年 11 月之后）

真 老版本中间是红色的

真 新版的中间改成了橙色

02 注册商标

老版本（2021 年 11 月之前）

新版本（2021 年 11 月之后）

真 老版本箱子上的飞天标是双圈的

真 新版本的改成了单圈

03 装箱钉

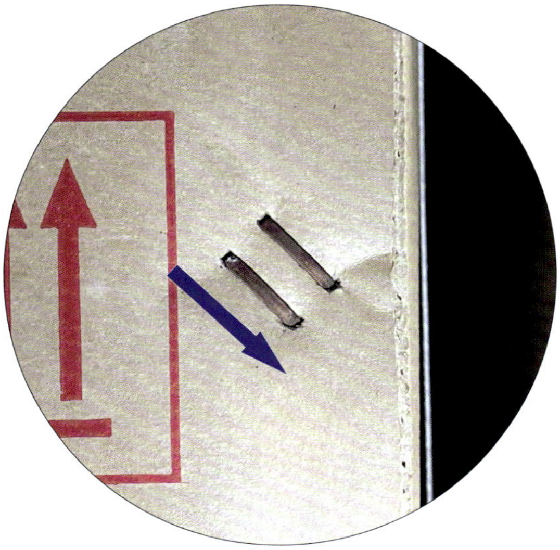

老版本（2015 年之前）

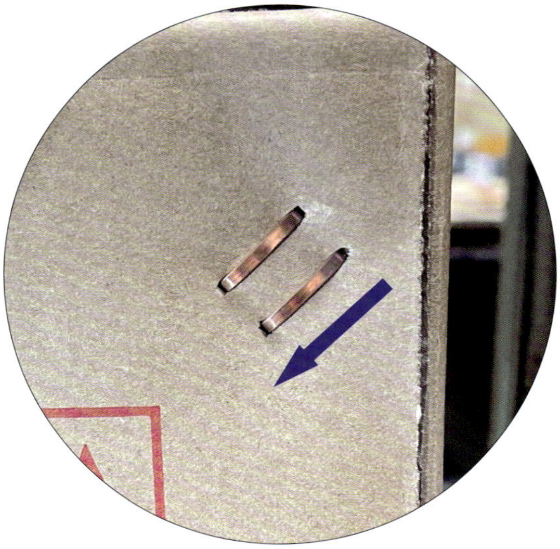

新版本（2015 年之后）

真 老版本外箱的装订一般是向右斜的

真 2015 年新版本，装订方向改成向左斜的

备注：绝大部分都是上面这两种情况，也有出现交替使用的情况（还需要结合其他点综合判断）。

第三节

封条暗记及鉴定方法

一、封条暗记及鉴定方法

鉴定方法：

01 三款封条

02 中文字体细节

03 英文字体细节

04 海洋标线条间隙

05 海洋标第二条线

06 荧光剂

07 内容间距

01 三款封条

真 “A”左右圆角，“I”直角，“股”字断开，两个“司”带尾巴

真 “A”左边直角，右边圆角。“T”字直角。“股”字2个都连着。“司”字一个带尾巴，一个不带尾巴

真 “A”左边直角，右边圆角。“T”字直角。“限”字一个相连。一个不相连。两个“司”字带尾巴

备注：之前的封条鉴定相对比较简单，后面又增加了多款不同的封条，导致暗记非常多，容易混淆，广大酒友需要记得这些主要特征，接下来给广大酒友讲解通用暗记。

02 中文字体细节

适用时间：2014 年至今 ★★★★★

真 封条上的“贵”字会有一个小山丘

假 如果是平的，没有小山丘，基本可以确定是假的

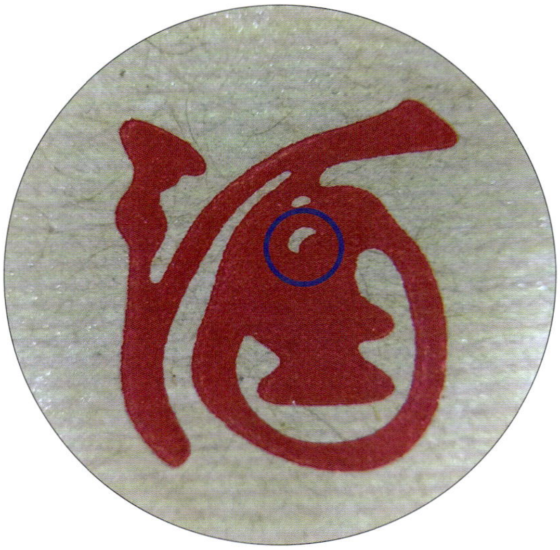

真 封条上的“酒”字会有一个小月牙

假 如果是不规则的图形，就要注意了

真 封条上股字的“几”字头是断开的

假 如果是连着的，基本可以确定是假的

03 英文字体细节

适用时间：2021 年至今 ★★★★★

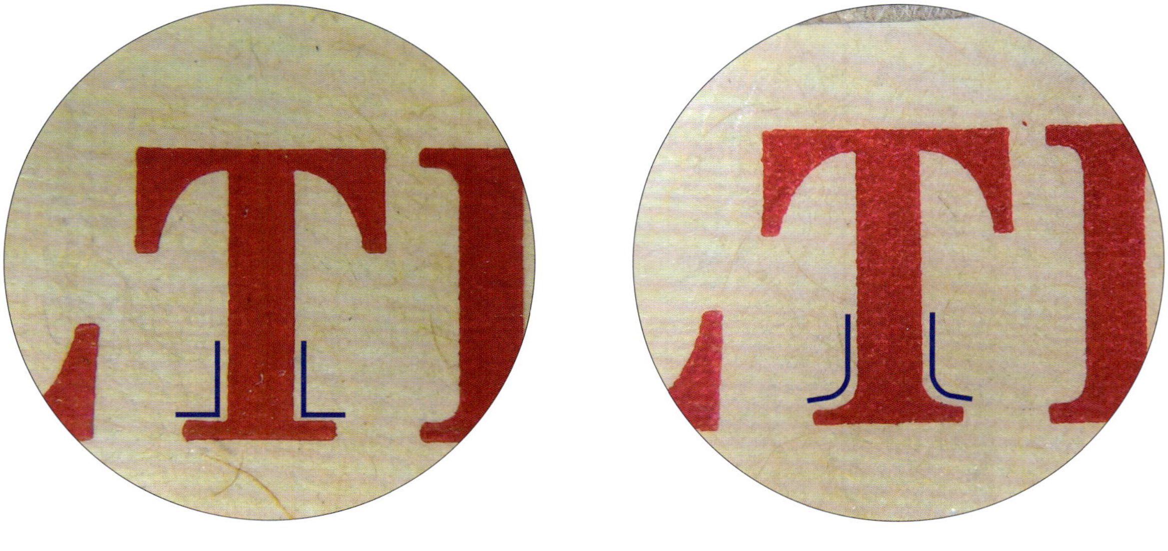

真 从 2021 年开始，封条上的字母“T”开始出现底部是直角和圆角交替使用的情况，但是也有全部都是圆角的情况，需要综合判断

真　封条上的字母“T”边缘棱角分明，像个小锤子一样

假　如果边缘是弧形的，基本可以确定是假的

真　封条上的“KW”是分开的

假　如果是连着的，基本可以确定是假的

真 封条上的字母“M”底下是平的

假 如果是尖的，基本可以确定是假的

真 从 2021 年开始，封条上的字母“I”开始出现底部是直角和圆角交替使用的情况，但是也有全部都是圆角的情况，需要综合判断

04 海洋标线条间隙

适用时间：2014 年至今 ★★★★★

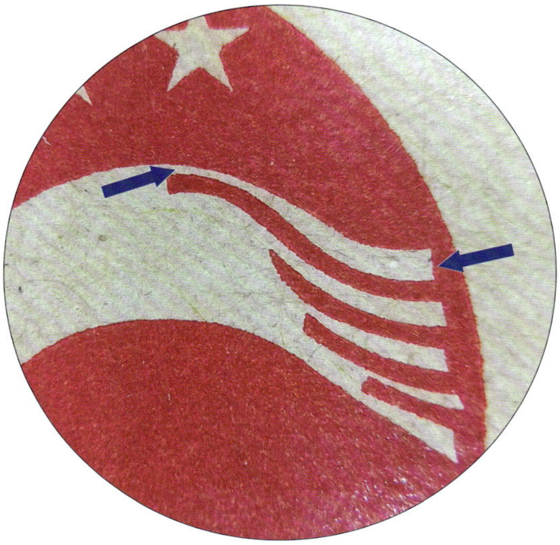

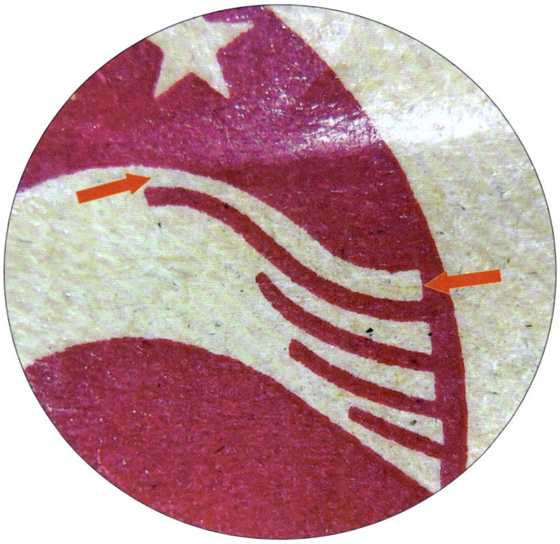

真 封条上的海洋标线条间隙前窄后宽，相差三倍左右

假 如果是宽窄变化不大，就要注意了

05 海洋标第二条线

适用时间：2014 年至今 ★★★★★

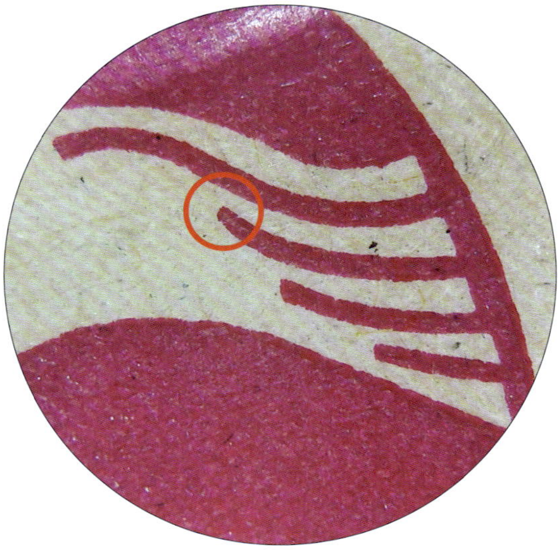

真 封条上的海洋标第二根线条尾巴是尖的

假 如果是钝的，基本可以确定是假的

06 荧光剂

适用时间：2018 年 6 月至今 ★★★★★

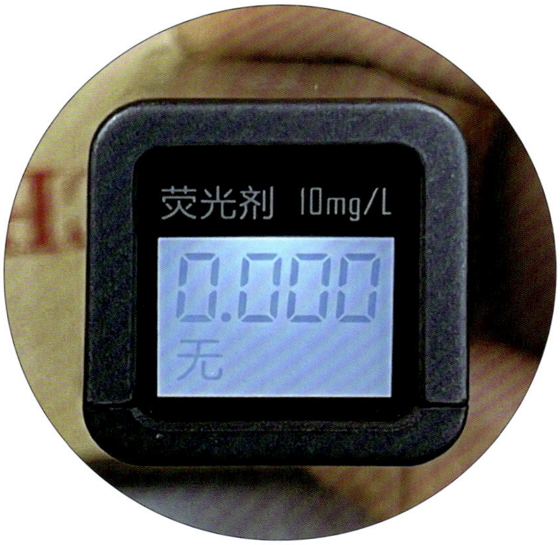

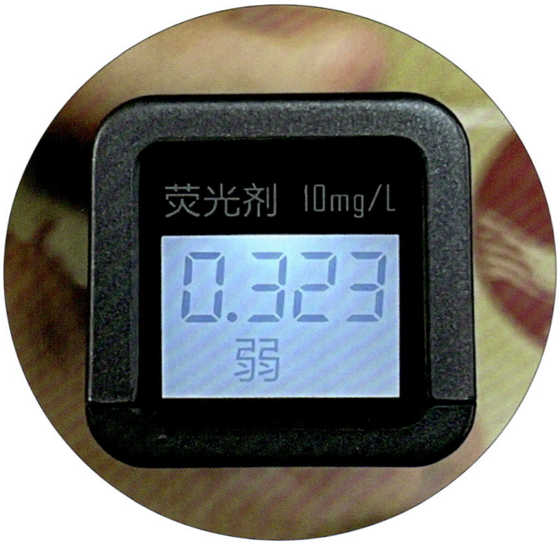

真 真的封条是不含荧光剂的

假 如果明显含有荧光剂，就要注意了

07 内容间距

适用时间：近几年都适用 ★★★★★

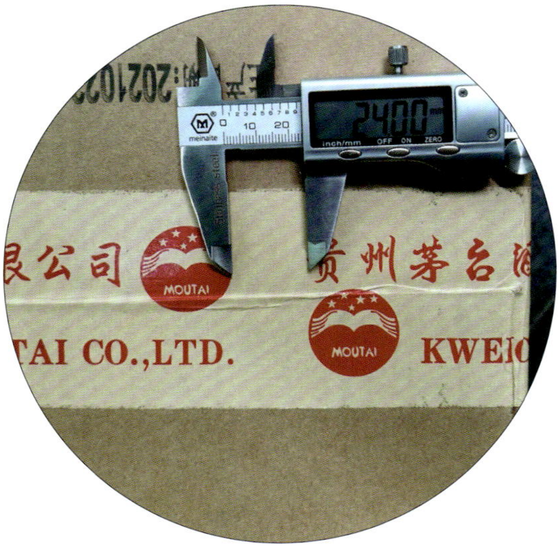

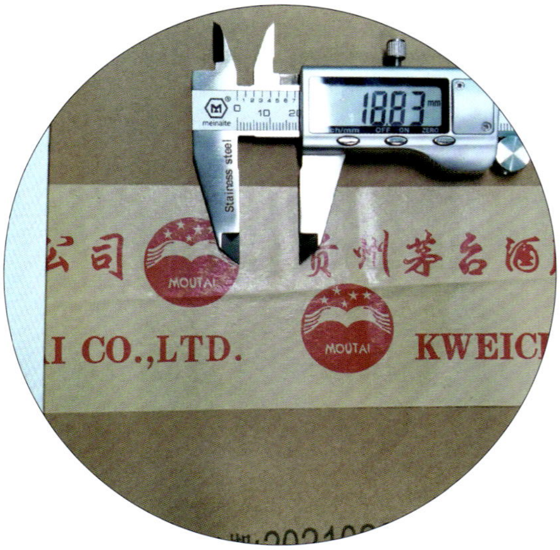

真 真的封条图案之间的间隔大概是 24 毫米

假 如果太宽或者太窄，就要注意了

备注：每款封条之间会有少许差异，仅作为辅助参考，需综合判断。

二、吹箱鉴定方法

什么是吹箱?

造假者通过热风枪加热封条，使胶水软化，然后揭开封条，把里面的酒调包。整个封条吹开之后，很难一模一样复原，也有造假者只吹开一半，这种鉴定难度稍微大一点。另外，很多造假者喜欢吹箱底的封条，因为相对比较隐蔽。

吹箱会留下哪些破绽？

1. 吹箱之后很难复原，顶部和侧面很容易留下胶痕。

2. 吹箱之后再封回去，胶水的黏性没有原来的那么好，时间长了容易出现翘边。

3. 吹箱之后再封回去，为了盖住胶痕，会把原有的褶皱拉平（最新的机器封箱封条褶皱不明显）。

备注：很多同行在验酒的过程中也会吹箱验货，所以遇到封条被吹过，不一定就是假的，建议重新吹箱验货。

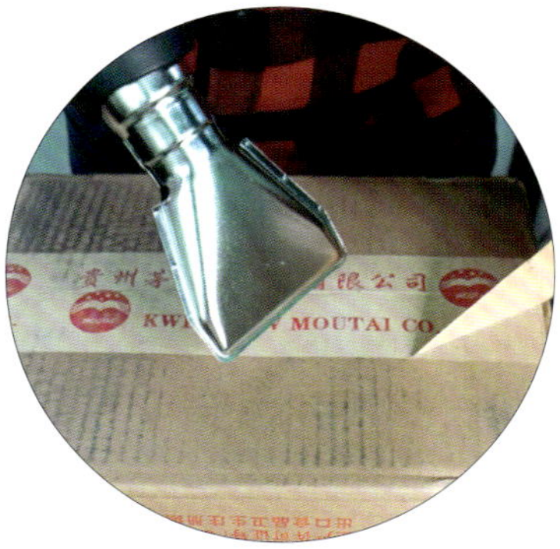

鉴定方法：

01 正面胶痕

02 侧面胶痕

03 翘边

04 褶皱

05 封条折痕

01 正面胶痕

适用于原箱茅台 ★★★★★

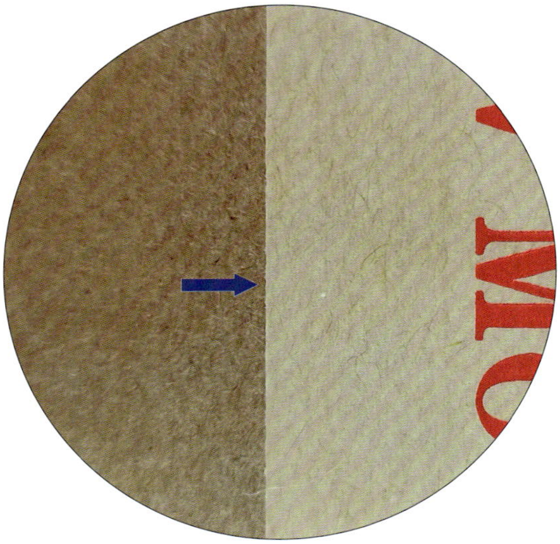

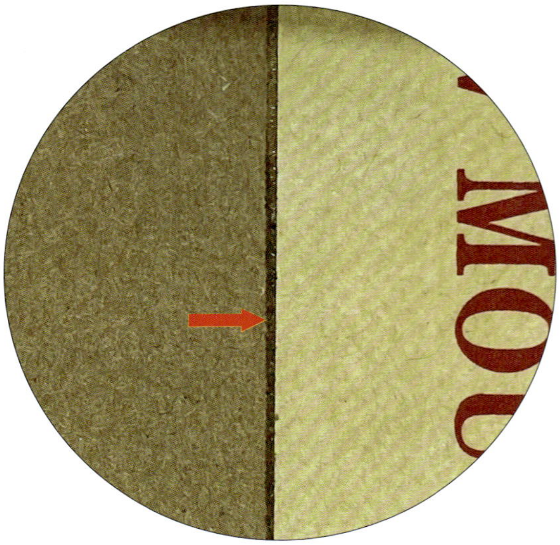

真 正常情况下，封条边缘不会出现胶痕

假 如果出现胶痕，基本可以确定是吹箱的

02 侧面胶痕

适用于原箱茅台 ★★★★★

真 正常情况下，封条边缘不会出现胶痕

假 如果出现胶痕，基本可以确定是吹箱的

03 翘边

适用于原箱茅台 ★★★★★

真 真的封条边缘一般不会出现翘边

假 如果出现明显翘边，就要注意了

04 褶皱

适用时间：2022 年 5 月之前 ★★★★★

真 真的褶皱是很自然的

假 如果有扯平的印记且不自然，就要注意了

人工封箱

机器封箱

在 2022 年 6 月之后，茅台更新了外箱材料，也新增了机器封箱，而机器封箱会导致封条中间的褶皱不明显，整体比较平整（人工封箱与机器封箱有交替使用的过程）。

三、后封箱鉴定方法

假如封条被造假者攻克了，那原箱茅台该如何鉴定？

会出现两种情况：

1. 假封条＋假外箱

假如封条看不出来，但外箱是假的，可以通过生产日期、批次、物流码、外箱芯片和外箱整体的质感等细节来鉴定真假。

2. 假封条＋真外箱

假如封条看不出来，外箱也是真的，那该怎么看呢？

回收的真外箱会有胶痕，后贴的封条无法与外箱胶痕完全重叠，我们可以通过胶痕来判断真假，不仅要看外面溢出的胶痕，更要看封条里面的胶痕与封条边缘是否齐平，这个方法非常关键。

备注：现在封条还没有完全被攻克，造假的依然会有很多破绽，只要仔细观察即可。

01 后封封条

适用于原箱茅台 ★★★★★

假 如果骑缝章被封条压住了，可直接确定是后封箱的

02 胶痕

适用于原箱茅台 ★★★★★

真 正常情况下，封条边缘与胶痕是吻合的

假 如果底下的胶痕与封条有明显的错位，可直接确定是后封箱的

第六章

1996 年—2009 年白膜茅台鉴定方法

第一节

介绍

一、白膜茅台（飞天）

年份：1996 年 6 月至 2009 年 2 月
度数：53%vol
容量：500mL

1996 年下半年开始，内销（五星茅台）与外销（飞天茅台）茅台同时取消铝制金属盖，改用红色塑料盖，外面再套一层透明保护膜，俗称白膜茅台。

二、主要的造假方式

一、全套造假

二、回收瓶造假

三、换标升级

四、打孔造假

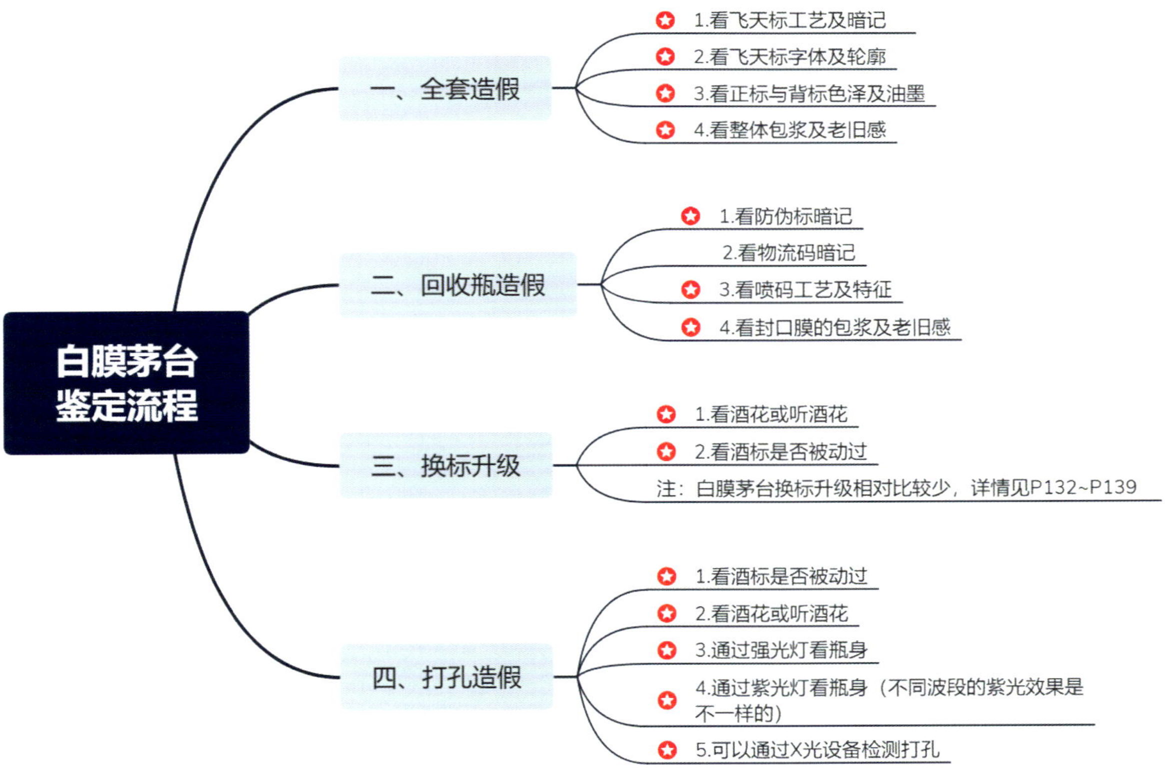

三、鉴定分析

1. 瓶帽分析

瓶帽可以分为四个模块：物流码、防伪标、喷码、封口膜。只要这几个特征都符合，瓶帽基本就没什么问题，而且同时期的五星茅台和飞天茅台瓶帽是差不多的，鉴定方法也是差不多的。

顶部物流码

防伪标

喷码

封膜

2. 酒标分析

酒标可以分为几个模块，正标包括飞天标和五星标，背标包括飞天背标和五星背标。酒标差异比较大，但是瓶帽是一样的。

飞天标

五星标

飞天背标

五星背标

第二节

飞天茅台酒标暗记及鉴定方法

一、白膜茅台的飞天标演变

第一款（1975 年至 2000 年 8 月）

茅台在 1975 年重启飞天茅台，至 2000 年 8 月这时期的飞天标相对于老一代（1958 年至 1968 年）的飞天标，线条流畅了许多，仙女的表情更加自然。

第二款（2000 年 8 月至 2004 年 6 月）

2000 年 8 月，茅台更新了飞天标，为了区别于上一代，最典型的是增加了小折角、小凸点等暗记，而且给仙女的皮肤上加了圆形的网点，俗称“袈裟”，表情是睁眼张嘴。

第三款（2004 年 6 月至 2009 年 2 月）

2004 年 6 月，茅台再次更改飞天标，取消了仙女皮肤上的网点，仙女的表情由睁眼张嘴改成闭眼闭嘴，其他特征与上一代基本相同。

二、飞天标暗记及鉴定方法（第一款）

1975 年茅台酒厂重启飞天标，茅台酒厂在当时还没有太强的防伪意识，导致这款飞天标没有太多的防伪暗记，鉴定思路不能像新款的飞天标一样，去看所谓的“防伪暗记”，这个时期的飞天标讲究的是整体的美观性、线条的流畅性以及仙女的表情是否自然。

套色错位

套色少许错位

套色明显错位

因为酒标的印刷工艺为专色印刷，颜色是一层一层地印刷上去的。生产过程中会产生误差，导致套色错位，这个是正常情况，不能作为判断真假的依据。

01 上半部分做工

适用时间：1975 年至 2000 年 8 月 ★★★★★

真 真的飞天标做工精致，线条清晰、流畅、自然

假 如果做工粗糙，线条不流畅，基本可以确定是假的

02 右边仙女图案

适用时间：1975 年至 2000 年 8 月 ★★★★★

真 真的飞天标做工精致，线条流畅，仙女的表情自然

假 如果做工粗糙，线条不流畅，仙女的表情不自然，基本可以确定是假的

03 “商”字

适用时间：1975 年至 2000 年 8 月 ★★★★★

真 真的飞天标做工精致，字体轮廓清晰，商标中的“商”字里面的“口”是与其他笔画分开的

假 如果做工粗糙，字体模糊，商标里面的“口”与上面的两点是连着的，可直接确定是假的

04 荧光暗记

适用时间：1975 年至 2000 年 8 月 ★★★★★

真 用紫光灯观察，飞天标皮肤有泛粉红色的荧光暗记（也有部分没有）

假 如果没有荧光暗记，颜色也不对，就要注意了

三、飞天标暗记及鉴定方法（第二款）

鉴定方法：

01 左边仙女

02 右边仙女

上图中的飞天标从 2000 年 8 月左右开始使用，相比于最新的飞天标只是仙女的皮肤上被增加了红色的网点，俗称“袈裟”，仙女的表情是“睁眼张嘴”的，这一款标直到 2004 年下半年才被改变，被改成最新的飞天标。

01 左边仙女

适用时间：2000 年 8 月至 2004 年 6 月 ★★★★★

真 真的网点精致圆润，飘带与身体的交汇处有三个凸点，仙女是睁眼张嘴的

假 如果没有凸点，网点做工粗糙，仙女的表情是闭眼闭嘴的，可直接确定是假的

02 右边仙女

适用时间：2000 年 8 月至 2004 年 6 月 ★★★★★

真 真的网点精致圆润，仙女是睁眼张嘴的，做工精致，线条流畅，仙女的表情自然

假 如果做工粗糙，仙女是闭眼闭嘴的，线条不流畅，仙女表情不自然，可直接确定是假的

四、飞天标暗记及鉴定方法（第三款）

上图中的飞天标从 2004 年下半年开始至今，暗记和特征基本没有改变，所以在这一章节就不展开讲解，详细可以参考红胶帽时期的飞天标鉴定讲解（P21~P32）。

五、正标特征鉴定方法

01 字母“AI”组合

适用时间：1975 年至 2000 年 8 月 ★★★★★

真 真的酒标做工精致，印刷清晰，正标右上角字母“AI”是连着的

假 如果“AI”是分开的，基本可以确定是假的

02 正标右下角

适用时间：1975 年至 2000 年 8 月 ★★★★★

真 真的正标右下角做工精致，字体轮廓清晰

假 如果做工粗糙，字体笔画粗细不均匀，基本可以确定是假的

六、背标的演变

第一款（1989 年至 2000 年 8 月）

1989 年至 2000 年 8 月（外销），茅台酒厂把飞天茅台背标由老版本的简体字改成繁体字，给背标麦穗的第 7 根麦芒增加了一个“小倒刺”暗记。

第二款（2000 年 8 月至 2000 年 12 月）

2000 年 8 月至 2000 年 12 月（外销），茅台酒厂给飞天茅台背标改版，字体也做了细微调整，字体变得比较工整，并取消了麦穗上的暗记。

第三款（2001 年至 2004 年）

2001 年至 2004 年（外销），茅台酒厂再次改版背标，由原来的繁体字改为简体字。

第四款（2004 年之后）

2004 年开始，飞天茅台开始被用于内销，所以 2004 年之后的飞天茅台分为内销和外销两个版本，内销的背标字体为全中文，外销为中英文对照。

七、背标暗记及鉴定方法（第一款）

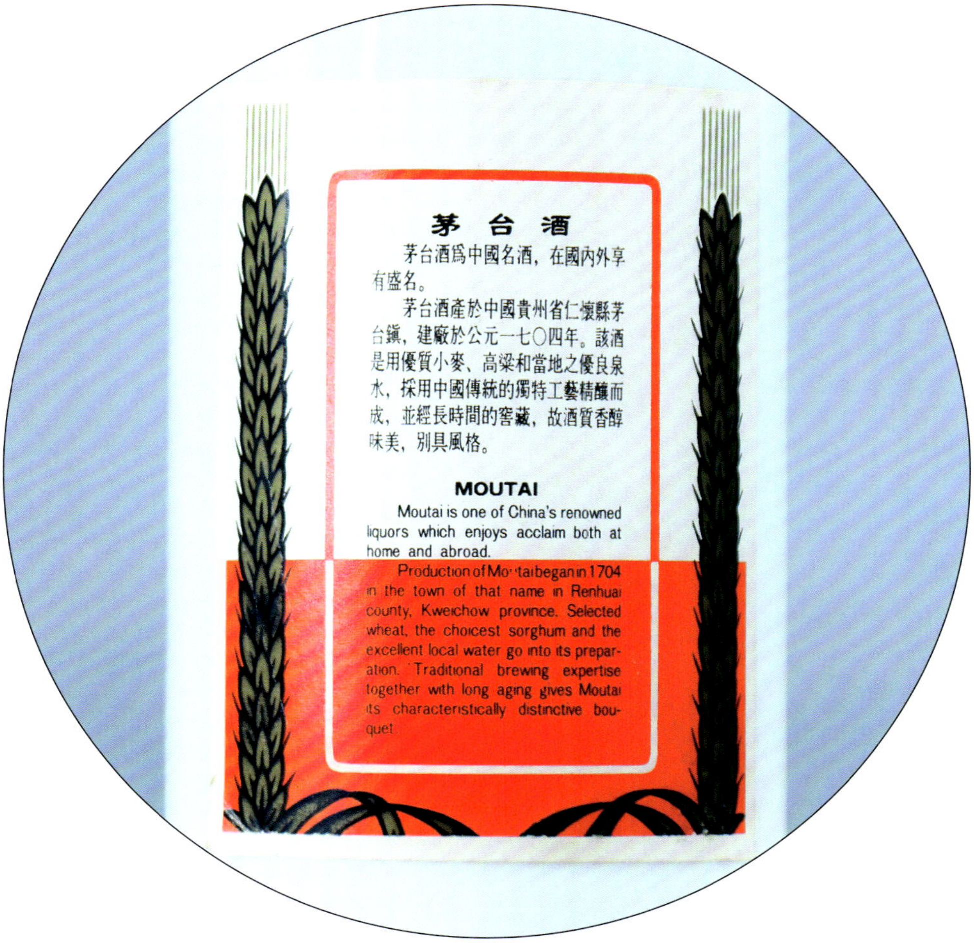

上图中的背标是繁体字，里面很多字体被做了特殊的更改。在鉴定过程中重点看字体与工艺特征，因为造假者之前做假的工艺达不到，所以会出现很多问题。

鉴定方法：

- **01** 麦穗倒刺
- **02** 麦穗做工
- **03** 背标工艺
- **04** 字体特征

01 麦穗倒刺

适用时间：1989 年至 2000 年 8 月 ★★★★★

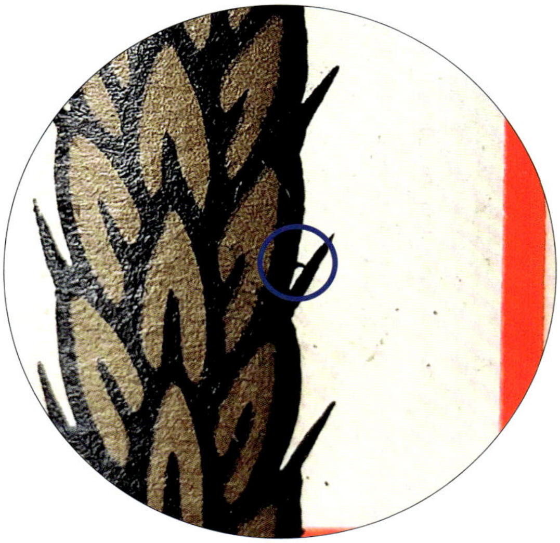

真 麦穗第七根麦芒有个小倒刺

假 如果没有倒刺，就要注意了

02 麦穗做工

适用时间：1989 年至 2000 年 8 月 ★★★★★

真 麦穗做工精致，纹理清晰，金色是压着红色的

假 如果做工粗糙，麦穗形状明显不对，可直接确定是假的

真 真的背标属于铅字印刷，做工精致，印刷清晰，字体为繁体字

假 如果印刷工艺不对，字体“内”没有一条横线、“于”为简体，基本可以确定是假的

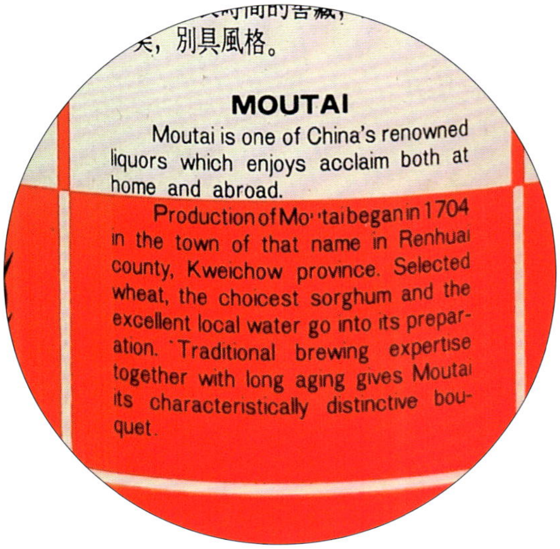

真 真的背标做工精致，印刷清晰

假 如果做工粗糙，印刷模糊，基本可以确定是假的

04 字体特征

适用时间：1989 年至 2000 年 8 月 ★★★★☆

真 真的背标正文的“为”字头上的三点是向外斜的

假 如果是向内斜的，可直接确定是假的

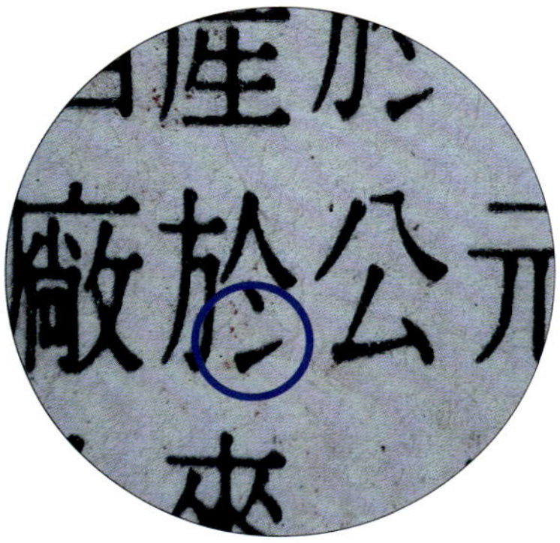

真 真的背标正文的“于”字最后一笔是向上提的

假 如果“于”字最后一笔向下斜，基本可以确定是假的

真 真的背标正文的“县”字左边有一个“竖折”

假 如果没有，基本可以确定是假的

真 真的背标正文的“别”字左边少一截，“具”字上下是分开的

假 如果“别”和“具”是常规字体，基本可以确定是假的

真 真的背标正文的“公”字第二笔多了一横

假 如果“公”字没有多一横，基本可以确定是假的

真 真的背标正文的“窖”字的这一点是“竖弯钩”

假 如果只是一点，基本可以确定是假的

真 真的背标正文的“精”字最后的“月”字是左右两个空格

假 如果是常规字体，就要注意了

真 真的背标正文的“镇”字中间有一个“竖折”

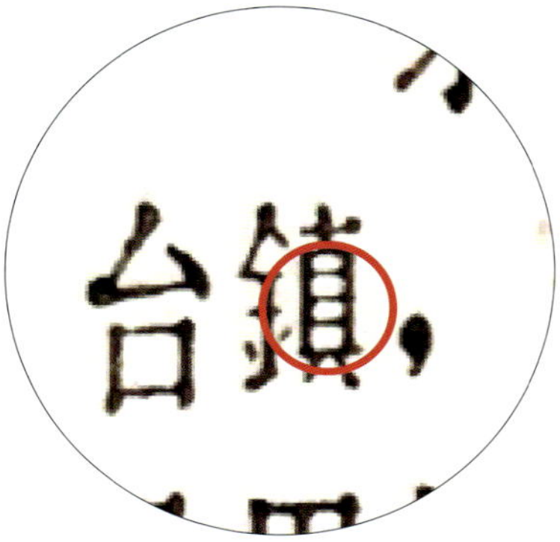

假 如果是普通字体，没有“竖折”基本可以确定是假的

真 真的背标正文的“采”字爪字头三点是向外斜的

假 如果是向内收的，可直接确定是假的

八、背标暗记及鉴定方法（第二、三、四款）

第二款

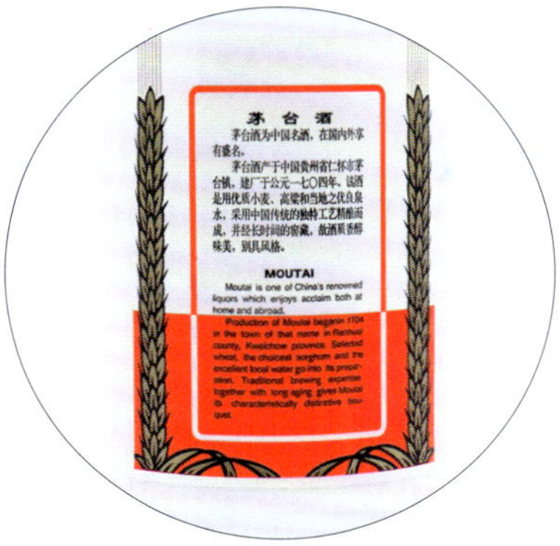

第三款

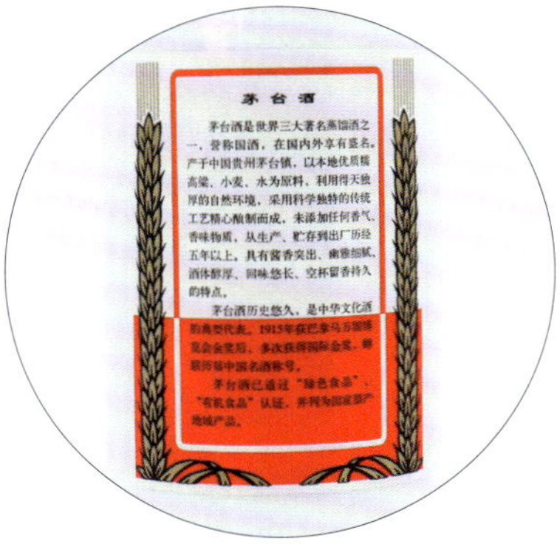

第四款

从 2000 年 8 月背标改版之后，直到 2009 年 2 月之间都没有大变化，工艺特征都是差不多的，主要看背标字体和麦穗的工艺特征。

鉴定方法：

01 字体特征

02 麦穗做工——外销

03 麦穗做工——内销

01 字体特征

适用时间：2000 年 8 月至 2009 年 2 月★★★★★

真 真的背标正文中的“茅台酒”三个字字体是隶书

假 如果字体不对，可直接确定是假的

02 麦穗做工——外销

适用时间：2000 年 8 至 2009 年 2 月 ★★★★★

真 真的背标中的麦穗清晰，金色在红色上面，不透色，麦芒是比较细长的

假 如果红色透上来了，基本可以确定是假的

03 麦穗做工——内销

适用时间：2004 年至 2009 年 2 月 ★★★★★

真 真的背标中的麦穗清晰，金色在红色上面，不透色，麦芒是比较细长的

假 如果红色透上来了，基本可以确定是假的

第三节

五星茅台酒标暗记及鉴定方法

白膜茅台（五星）

年份：1996 年 6 月至 2009 年 2 月
度数：53%vol
容量：500mL

1996 年 6 月左右，五星茅台由金属铝盖改成红色塑料盖，瓶帽与飞天茅台是一样的，关于瓶帽的鉴定方法可以参考 P237~P261。

一、白膜茅台五星标的演变

第一款（1983 年至 2001 年）

第二款（2001 年至 2003 年）

第三款（2001 年至 2003 年）

第四款（2003 年至今）

二、五星标特征及鉴定方法（第一款）

鉴定方法：

01 做工

02 右边高粱

03 左边麦穗

04 打结处

鉴定分析

五星标从 1983 年至 2001 年基本没有改版，鉴定是比较简单的，因为老假工艺达不到，而新做的整体包浆又会有很大的破绽，鉴定的时候重点看麦穗和高粱的饱满度以及整体工艺特征。

01 做工

适用时间：1983 年至 2001 年 ★★★★★

真 真的五星标中的麦穗清晰，麦芒下面有黄底

假 如果没有黄底，线条都糊在一起，基本可以确定是假的

02 右边高粱

适用时间：1983 年至 2001 年 ★★★★★

真 真的五星标中的高粱轮廓清晰、颗粒饱满，每一颗高粱基本都有高粱芯

假 如果很多没有高粱芯，基本可以确定是假的

03 左边麦穗

适用时间：1983 年至 2001 年 ★★★★★

真 真的五星标中的左边麦穗轮廓清晰、饱满，下方麦叶会突出一小节

假 如果轮廓不清晰、有残缺，没有突出部分，基本可以确定是假的

04 打结处

适用时间：1983 年至 2001 年 ★★★★★

真 真的五星标中的下方打结处轮廓清晰，打结处左边的第二条线是断开的，形成一个“H”形

假 如果轮廓粗糙，打结处是连着的，可直接确定是假的

三、五星标特征及鉴定方法（第二、三、四款）

第二款（2001 年至 2003 年）

第三款（2001 年至 2003 年）

注：第二款和第三款是过渡款，不做过多讲解

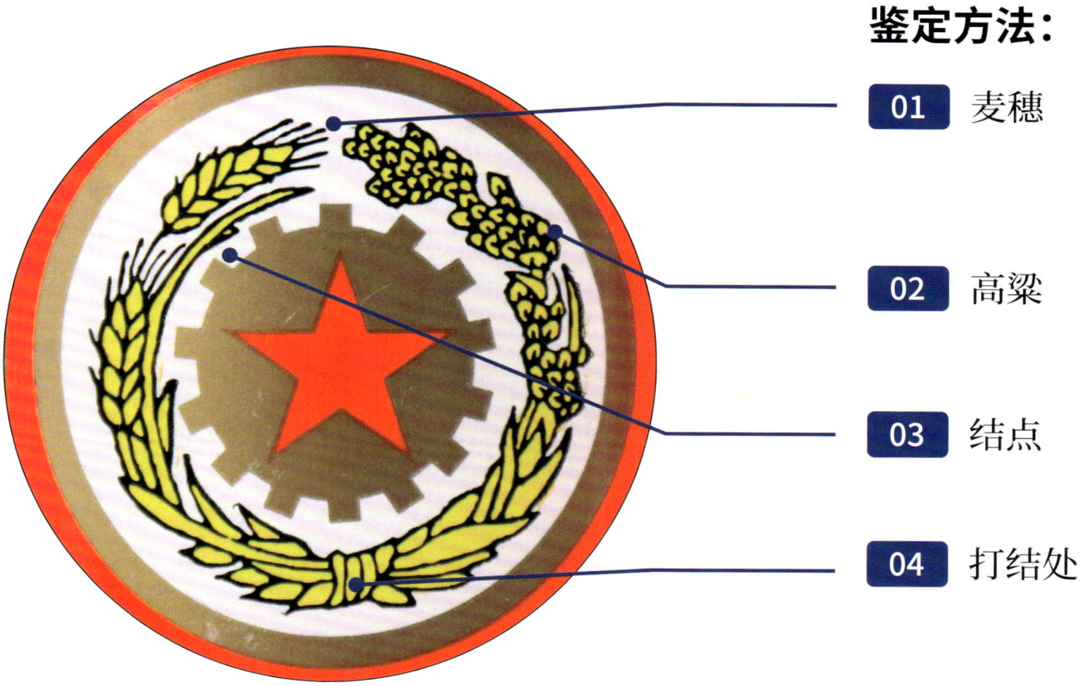

2003 年至今（第四款）

鉴定分析

这款（第四款）五星标从 2003 年定稿之后，到现在基本没改过，鉴定的关键点是高粱和麦穗的形状，还有正下方打结处的特征。

01 麦穗

适用时间：2003 年至今 ★★★★★

真 真的五星标上方的线条轮廓坑坑洼洼不规则

假 如果线条平整光滑，就要注意了

02 高粱

适用时间：2003 年至今 ★★★★★

真 右边高粱有两个高粱颗粒连在一起，形成一个“ml”暗记，另外下方是空白的

假 如果形状不对，而且下方没有留白，可直接确定是假的

03 结点

适用时间：2003 年至今 ★★★★★

真 真的五星标中的麦穗下方的叶子上没有节点

假 如果出现一个小节点，可直接确定是假的

04 打结处

适用时间：2003 年至今 ★★★★★

真 真的五星标打结处是贯通的，整体形状比较自然

假 如果打结处是断开的，整体的形状也不自然，可直接确定是假的

四、背标的演变

第一款（1996年）

从1996年开始，茅台酒厂把背标上的仁怀县改成了仁怀市。

第二款（1997年）

1997年开始，茅台酒厂规定酒的原料都要标注清楚，背标原料由原来的高粱、小麦改成：水、高粱、小麦。

第三款（2000年）

茅台酒厂在2000年下半年修改了标准代号，由Q/MJJ2.1改成了Q/MTJ02.25－2000。

第四款（2002 年）

2002 年 6 月，茅台酒厂更改执行标准，并且标注了“生产许可证号”。

第五款（2004 年）

2004 年，茅台酒厂再次改版背标，把背标的食品标签转移到酒盒上。

在白膜时期，五星茅台的背标出现过很多款，目前统计了 5 款，针对这几款，我们总结出几个比较实用的鉴定点，在鉴定白膜茅台时，记住这几点就可以了。

五、背标暗记及鉴定方法（老款）

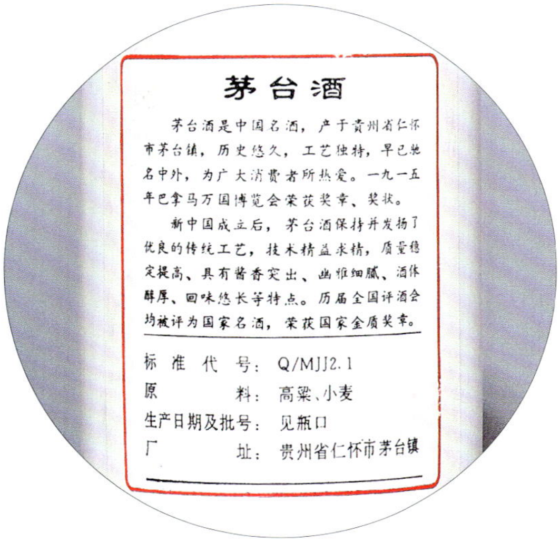

（第一款）

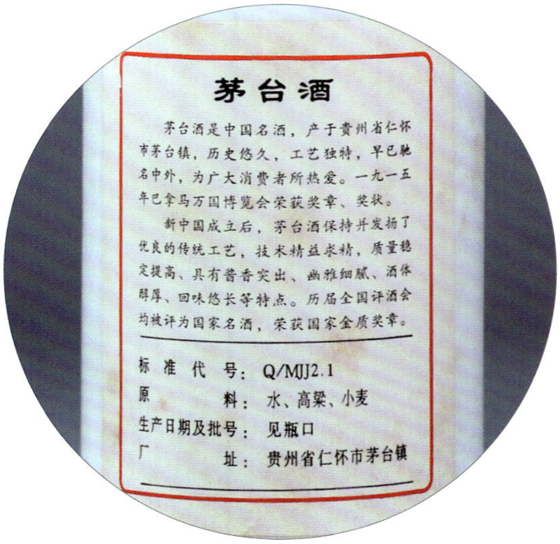

（第二款）

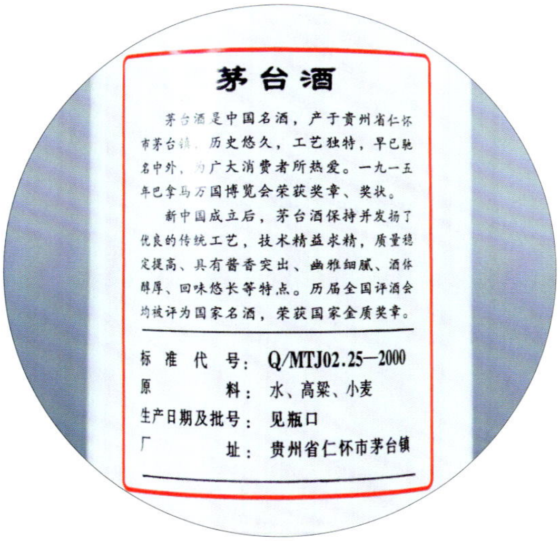

（第三款）

（第四款）

鉴定方法：

01 “冒号”“市”字

在白膜时期，茅台酒厂更新了好几个版本的背标，但笔者在此化繁为简，只需要记住食品标签上的“冒号”和仁怀市的“市”字的特征就可以了。

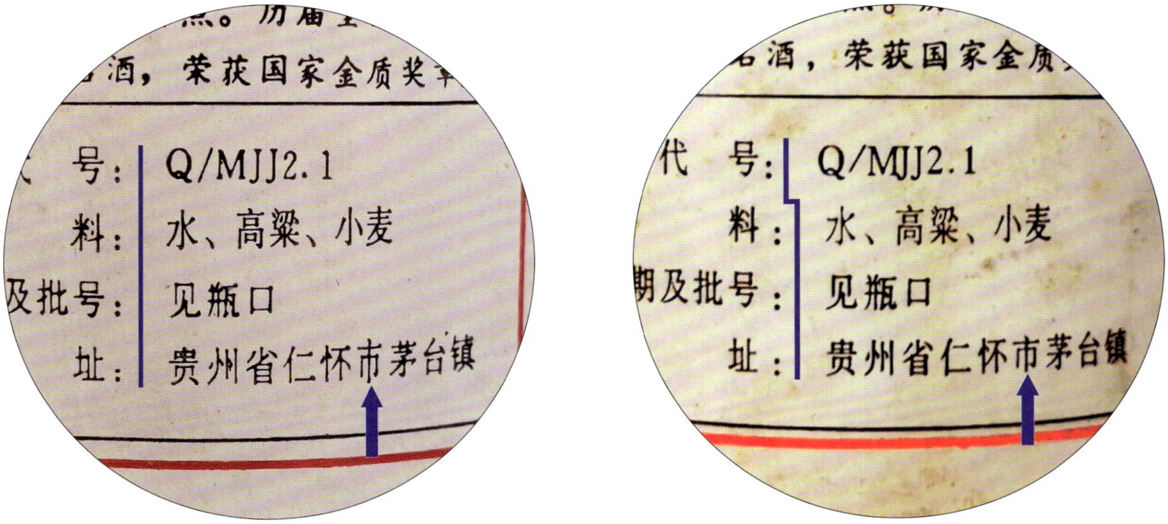

真　如果背标中的“市”字大一点，则冒号对齐；若“市”字和其他字一样大，则冒号不对齐

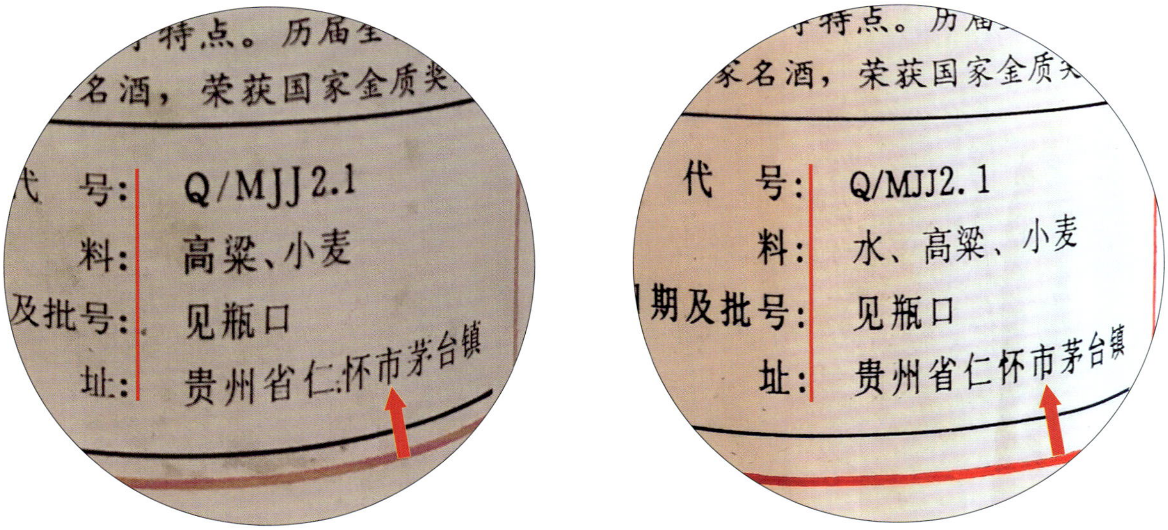

假　如果“市”字一样大，冒号都是对齐的，就要注意了

六、背标暗记及鉴定方法（新款）

第五款背标

这一款五星茅台背标与同时期内销版飞天茅台背标是一样的，关键看整体工艺和背标麦穗。鉴定方法详情可参考 P53~P54。

第四节

瓶帽暗记及鉴定方法

一、瓶帽演变

1996 年 6 月至 2003 年 12 月

2004 年 1 月至 2009 年 2 月

白膜茅台初期是没有物流码的，直到 2004 年，茅台酒厂开始使用物流码。第一代物流码是圆形的，贴在瓶帽顶部，此时的物流码还是一瓶一码，即使是同一箱里面的酒，物流码的数字都是随机的。

茅台官方的物流码防伪操作比较烦琐，需要揭开物流码，拨打电话之后输入底下的数字查询真伪。这个查验方法在实际验酒的过程中需要破坏物流码，而且这个很容易被造假者攻克，所以一般情况下不建议使用这种查验方法。

二、顶部物流码暗记及鉴定方法

鉴定方法：

01 物流码荧光暗记

02 整体色泽

01 物流码荧光暗记

适用时间：2004 年至 2009 年 2 月 ★★★★★

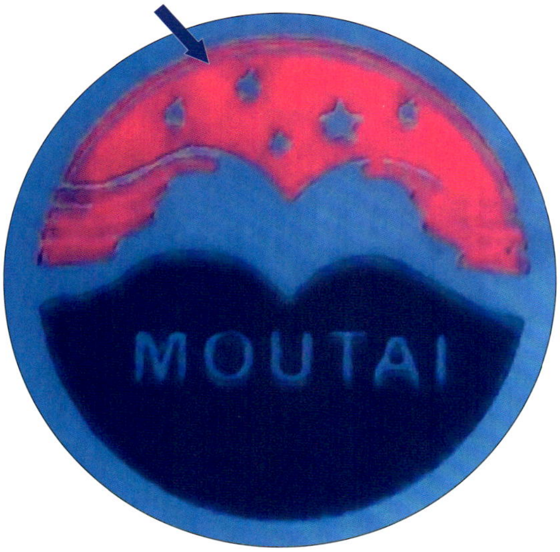

真 物流码中海洋标的红色部分是有荧光暗记的

假 如果没有荧光暗记或者不明显，就要注意了

02 整体色泽

适用时间：2004 年至 2009 年 2 月 ★★★★★

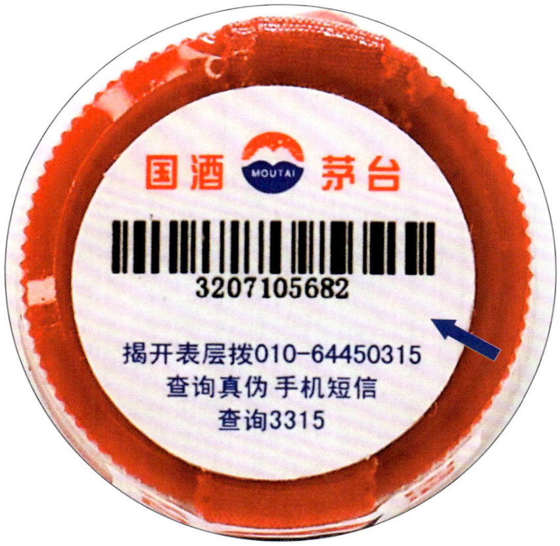

真 物流码整体是白色的，基本不会整体发黄

假 如果整体发黄了，基本可以确定是假的

三、防伪标的演变

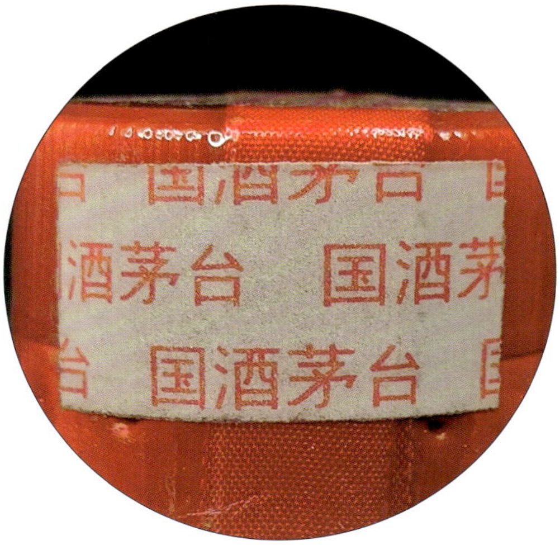

第一代（小白标）

1998 年 1 月至 1999 年 6 月，茅台酒厂采用美国3M公司生产的白色防伪标识，俗称小白标，这也是茅台使用的第一款防伪标。

第二代（小蓝标）

1999 年 6 月至 2000 年初，茅台酒厂选用加拿大的蓝色防伪标，被称为“小蓝标”，防伪功能加上世界比较先进的镂空技术，保留了折光变色技术和隐形图案技术。

第三代（白标）

2000 下半年至 2009 年 2 月，茅台酒厂启用上海天臣防伪标，该防伪标具有隐形图案、镂空技术、动感秘纹、水印反射等防伪功能。（备注：第三代防伪标，其他茅台至今都在使用）

四、防伪标暗记及鉴定方法（第一代）

鉴定方法：

01 “MT”暗记

02 贴标位置

03 拉丝感

04 “茅”字和色泽

05 “酒”字

06 “国”字

01 “MT”暗记

适用时间：1998 年 1 月至 1999 年 6 月 ★★★★☆

真　真的防伪标泛珠光色，比较细腻，而且用识别器观察会有“MT”暗记

02 贴标位置

适用时间：1998 年 1 月至 1999 年 6 月 ★★★★★

真　真的防伪标是贴在透明膜上面的

假　如果在透明膜里面，可直接确定是假的

03 拉丝感

适用时间：1998 年 1 月至 1999 年 6 月 ★★★★★

真 真的防伪标会有拉丝感、有黏性

假 如果是很脆的，一碰就开裂，基本可以确定是假的

04 “茅”字和色泽

适用时间：1998 年 1 月至 1999 年 6 月 ★★★★★

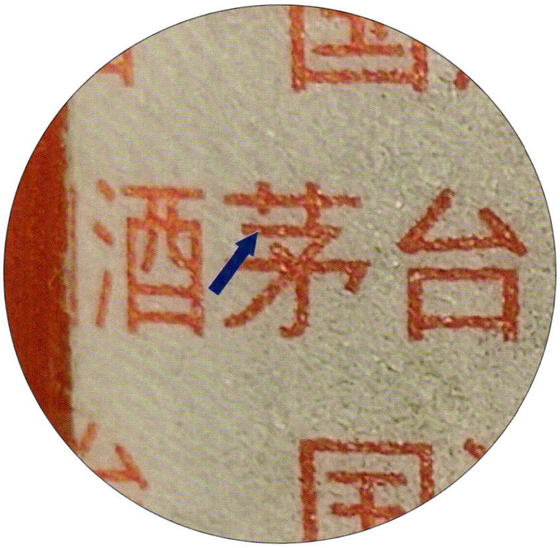

真 真的防伪标中的“茅”字的草字头，一边连着，一边断开，而且整体材质带珠光色

假 如果“茅”字的草字头两个都是连着的，或者两边都是断开的，整体材质不带珠光色，基本可以确定是假的

05 “酒”字

适用时间：1998 年 1 月至 1999 年 6 月 ★★★★★

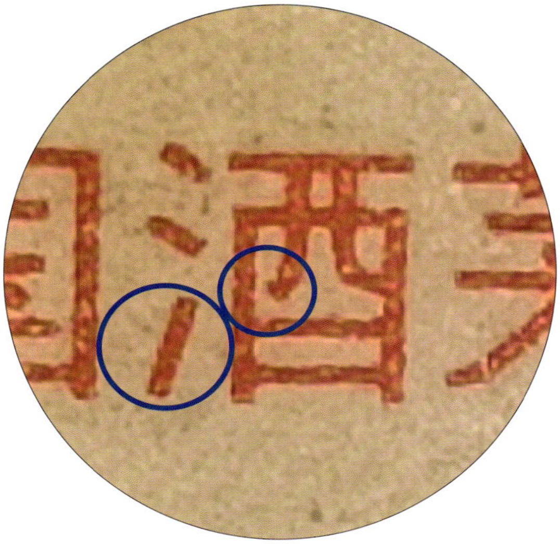

真 “酒”字里面一撇与边上是不相连的，第三点水是直的

假 如果“酒”字里面一撇与边上是连着的，第三点水是带弧度的，基本可以确定是假的

06 “国”字

适用时间：1998 年 1 月至 1999 年 6 月 ★★★★★

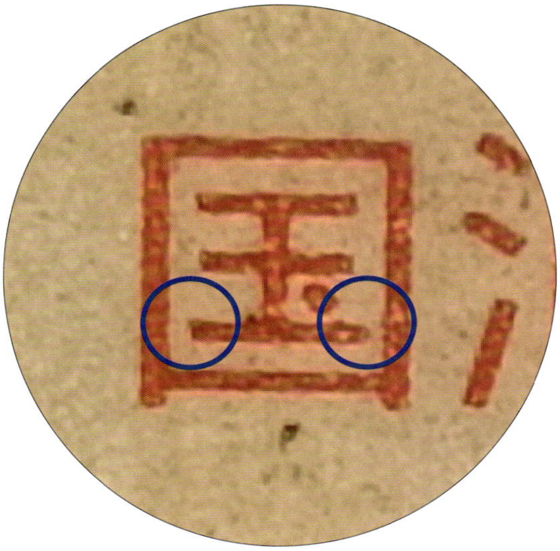

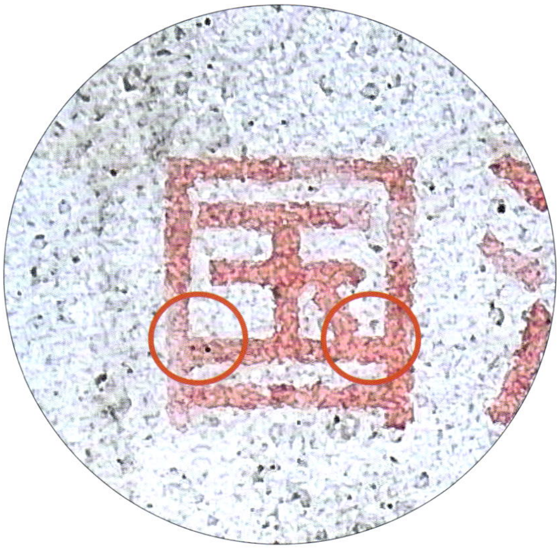

真 “国”字里面的第三横与边框不相连

假 如果连在一起，基本可以确定是假的

五、防伪标暗记及鉴定方法（第二代）

鉴定方法：

01 荧光暗记

02 防伪标工艺

01 荧光暗记

适用时间：1999 年 6 月至 2000 年初 ★★★★★

初期

后期

真 初期无荧光暗记，后期有荧光暗记

02 防伪标工艺

适用时间：1999 年 6 月至 2000 年初 ★★★★★

真 真的防伪标做工精致，字体清晰，镭射层次感强

假 如果做工粗糙，模糊不清，镭射层次感差，可直接确定是假的

六、防伪标暗记及鉴定方法（第三代）

鉴定方法：

- 01 荧光暗记变化
- 02 荧光暗记
- 03 贴标位置
- 04 “MT”暗记

01 荧光暗记变化

第三代（第一款暗记）

第三代（第二款暗记）

第三代（第三款暗记）

2000 年下半年至 2004 年，用荧光灯看第三代的防伪标会出现“作废”两个字荧光暗记，数量相对较多；同时期也会出现“废”字荧光暗记，但是相对较少；2004 年至今，用荧光灯看第三代防伪标有网格状的荧光暗记。

02 荧光暗记

适用时间：2000 年 6 月至 2009 年 2 月 ★★★★★

真 用荧光灯看有“作废”或“废”字荧光暗记（2000 年下半年至 2004 年）

假 如果没有荧光暗记，就要注意了

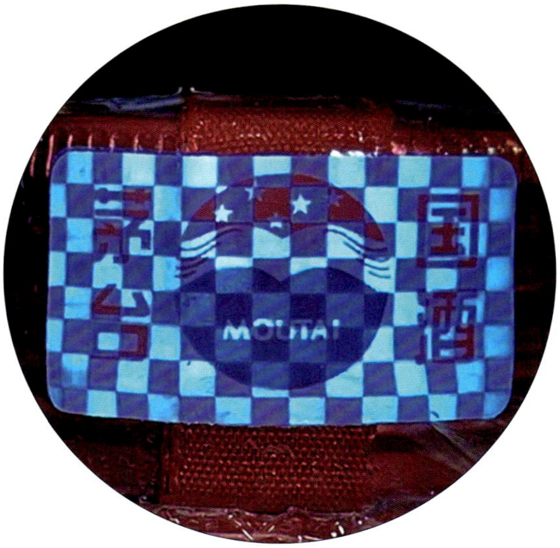

真 用荧光灯看有网格状的荧光暗记，而且网格是在“国酒茅台”字样的下方（2004 年至 2009 年 2 月）

假 如果网格压着字体，可直接确定是假的

03 贴标位置

适用时间：1998 年 1 月至 2009 年 2 月 ★★★★★

真 真的防伪标位置是中间偏上的

假 如果防伪标位置在中间偏下，就要注意了

04 “MT”暗记

适用时间：2000 年下半年至今 ★★★★★

真 用茅台识别器看防伪标，会有银灰色的“MT”暗记

假 如果工艺不对，可以直接确定是假的

七、喷码的演变

铁盖时期

1995 年 2 月茅台酒厂开始启用瓶帽喷码。喷码第一排代表出厂日期，第二排代表生产批次，第三排是编号，每一瓶喷码都是唯一的。但是在 1995 年，茅台还是使用的铁盖，外面有一层红色酒精膜，俗称“红皮铁盖”。

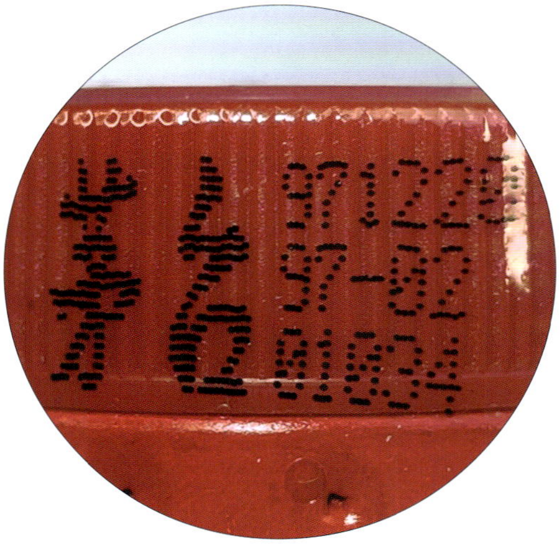

第一个阶段

1996 年下半年开始，茅台酒厂开始换成塑料盖，外面加了一层白色透明膜，喷码的字体特征还是按照铁盖时期的形式，基本没有改变。数字“0”中间有条斜线，数字“1”带脚，数字“2”中间没有“小平台”，数字“7”头上有一个点。

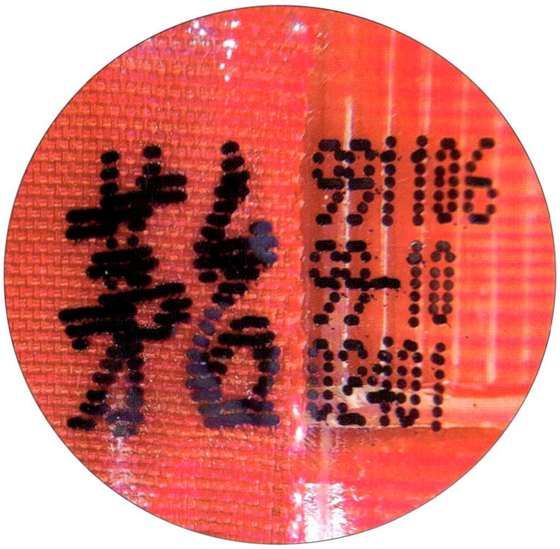

第二个阶段

1999 年 10 月左右，茅台酒厂将喷码的字体改版，数字“0”去掉了中间的斜线，数字“1”不带脚，数字“2”有“小平台”，数字“7”取消头上的点。

第三个阶段

从 2000 年开始，茅台酒厂将茅台喷码的生产日期从六位数“991231”改成八位数“20000101”。

第四个阶段

从 2001 年下半年开始，茅台酒厂给“茅台”两个字中间加了一个小圆点，点的位置偏低，第二排的第三个数字“0”会宽一些，但也有少部分一样宽的。

第五个阶段

2004 年 1 月，茅台酒厂将“茅台”中间的点向上移了一些，第二排的第三个数字“0”和其他的“0”是一样大的；2005 年 6 月至 2009 年 2 月，数字“1”是带脚的，数字“3”是平头的，数字“7”是带折角的。

备注：每个阶段都有交替期，在鉴定过程中需要综合判断。

八、喷码暗记及鉴定方法

鉴定方法：

01 喷码位置

02 6 位数喷码工艺

03 8 位数喷码工艺

04 “茅”和“台”中间的“点”

05 喷码对齐

06 数字“2”

07 数字“0”

08 喷码格式

09 数字“1、3、7”

鉴定分析

虽然喷码变化比较复杂，但是我们可以把它拆分成几个部分来分析：

1. 喷码的位置，真的喷码在瓶帽中上部分，靠近瓶帽顶部。

2. 喷码工艺，虽然喷码的特征会有改变，但是喷码的工艺基本一致，所以看工艺特征更关键。

3. 喷码是否对齐，正常情况第一排和第二排左边的喷码是对齐的。

4. 分析“茅”“台”中间“点”的位置特征，不同时期有没有点以及其位置高度。

5. 分析“0”“1”“2”“3”“7”数字变化。

虽然白皮时期的喷码字体暗记格式调整比较大，但是工艺基本一致，所以看工艺特征是最关键的，其次再看细节变化。

01 喷码位置

适用时间：1995 年 2 月至 2009 年 2 月 ★★★★★

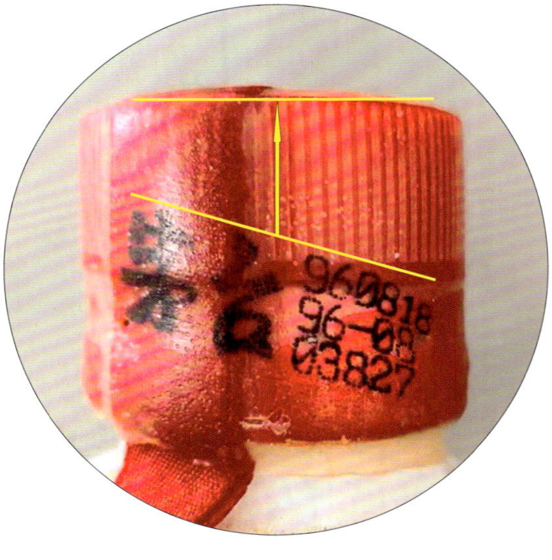

真 喷码的位置一般是中间偏上的

假 如果喷码在中间偏下的位置，就要注意了

02 6 位数喷码工艺

适用时间：1995 年 2 月至 2009 年 2 月 ★★★★★

真 真的喷码做工精致，颗粒清晰，每个小点都很圆

假 如果做工粗糙，颗粒不清晰，边缘毛糙，可直接确定是假的

03 8 位数喷码工艺

适用时间：2000 年至 2009 年 2 月 ★★★★★

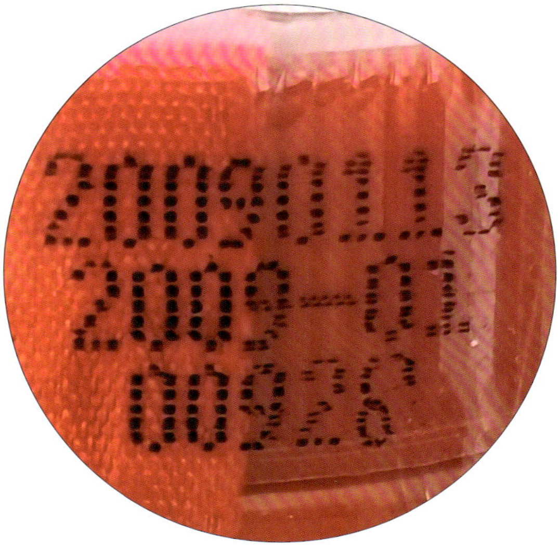

真 喷码做工精致，颗粒清晰，每个小点都很圆

假 如果做工粗糙，颗粒不清晰，边缘毛糙，可直接确定是假的

04 “茅”“台”中间的“点”

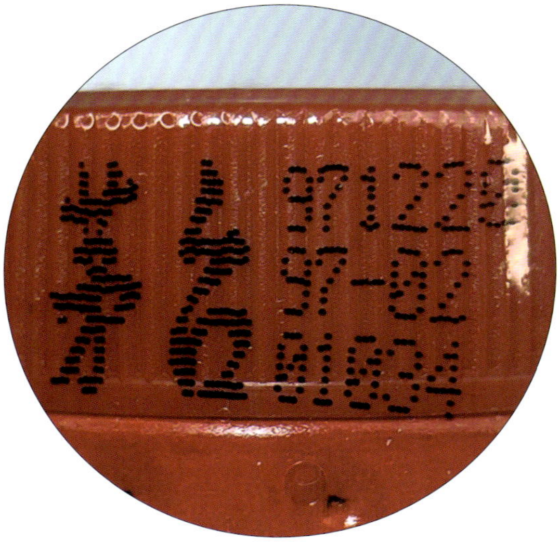

1996 年 6 月至 1999 年 12 月

2000 年 1 月至 2001 年 6 月

真 2001 年 6 月之前的喷码“茅”和“台”中间没有“点”

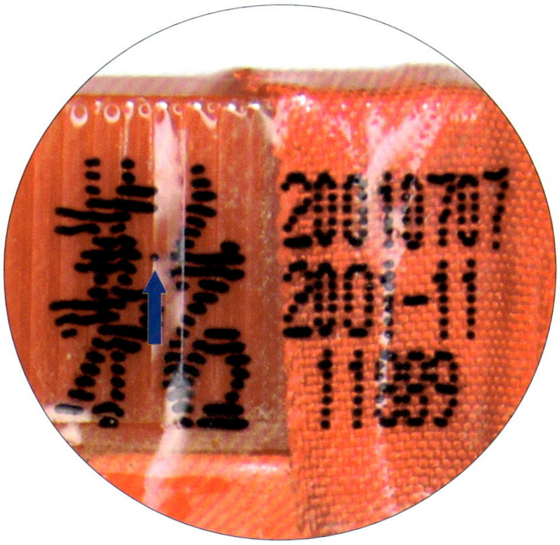

2001 年 6 月至 2004 年 1 月

2004 年 1 月至 2009 年 2 月

真 “茅”和“台”中间的“点”偏低

真 “茅”和“台”中间的“点”偏高

真　真的“茅”和“台”中间这个“点”是偏上的

假　如果偏下一行，就要注意了

05 喷码对齐

适用时间：2000 年至 2009 年 ★★★★★

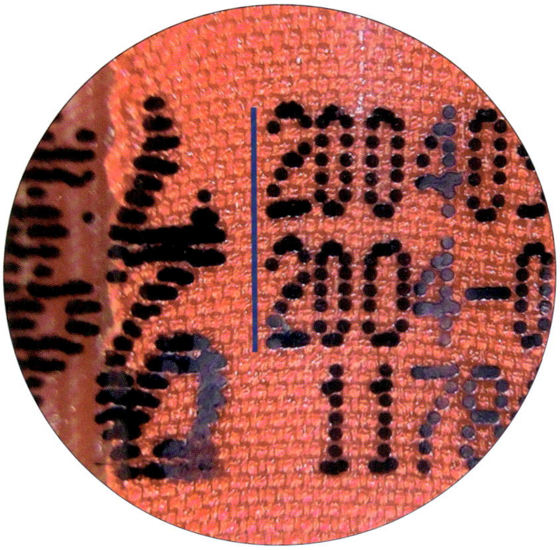

真　真的喷码第一排和第二排是对齐的

假　如果出现错位，可直接确定是假的

06 数字“2”

适用时间：2000 年至 2009 年 ★★★★★

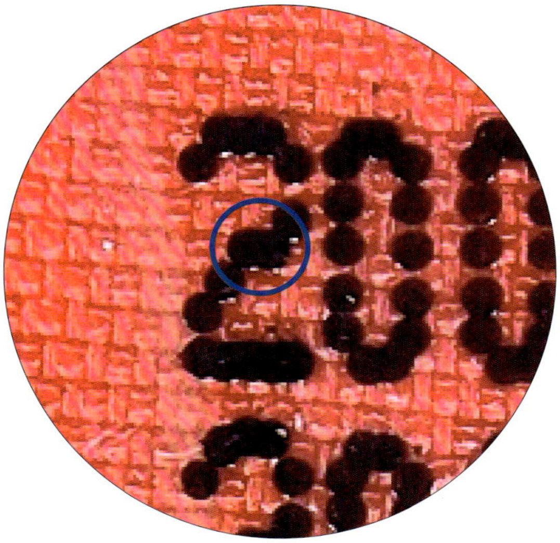

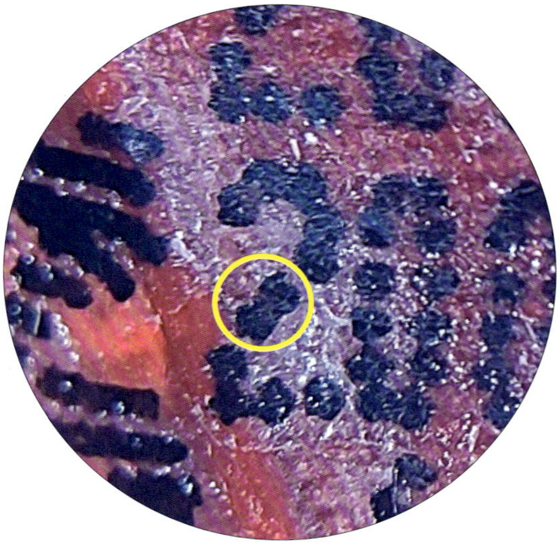

真 数字“2”中间有个“小平台”

假 如果数字“2”中间是直接顺下去的，没有“小平台”，可直接确定是假的

07 数字“0”

适用时间：2001 年 6 月至 2005 年 ★★★★★

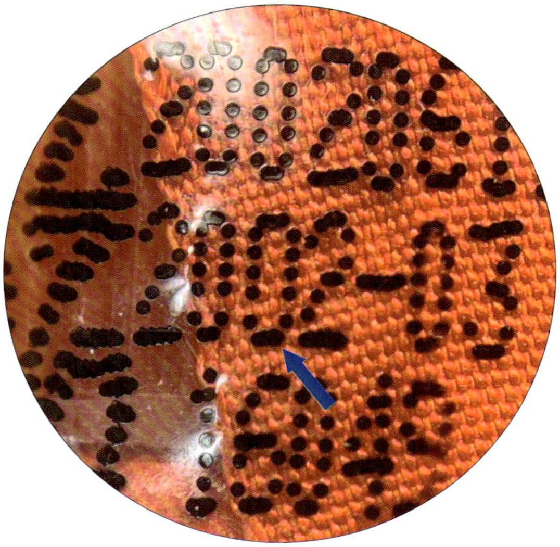

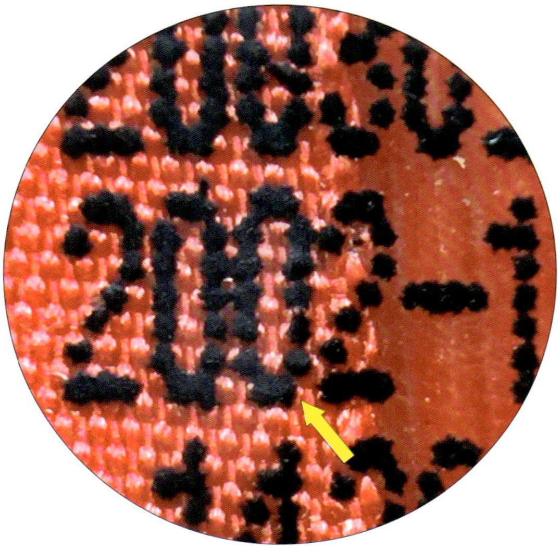

真 真的喷码第二排的第三个数字“0”比其他的“0”要宽一些，每个点相对比较圆润

假 如果“0”是一样宽的，数字边缘比较毛糙，就要注意了

08 喷码格式

适用时间：2001 年 6 月至 2005 年 ★★★★★

喷码格式 1

喷码格式 2

真 如果数字“1”是不带脚的，数字“3”就是圆头的，数字“7”是无折角

真 如果“1”带脚，那么“3”是平头的，“7”是带有折角的

备注：整个白膜时期的喷码是变化比较大的，所以比较复杂，直到 2005 年下半年之后，整个白膜时期的喷码字体基本没有改动了。数字“1、3、7”只有一种形式：“1”带脚，“3”是平头的，“7”是有折角的。

09 数字“1、3、7”

适用时间：2005 年下半年至 2009 年 2 月 ★★★★★

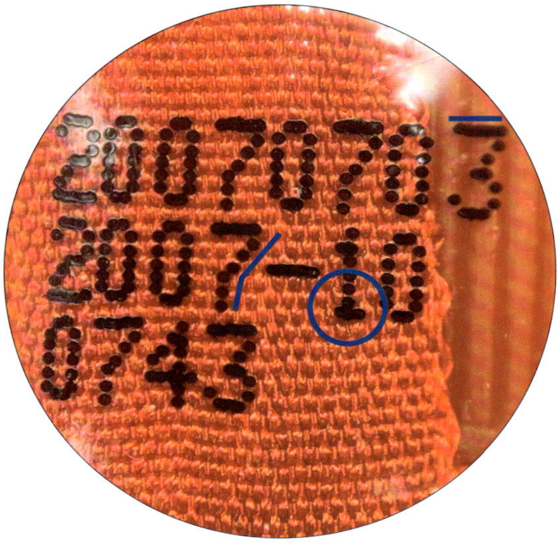

真 数字“1”是带脚的，数字“3”是平头的，“7”是带折角的

假 如果数字“1”不是带脚的，数字“3”不是平头的，可直接确定是假的

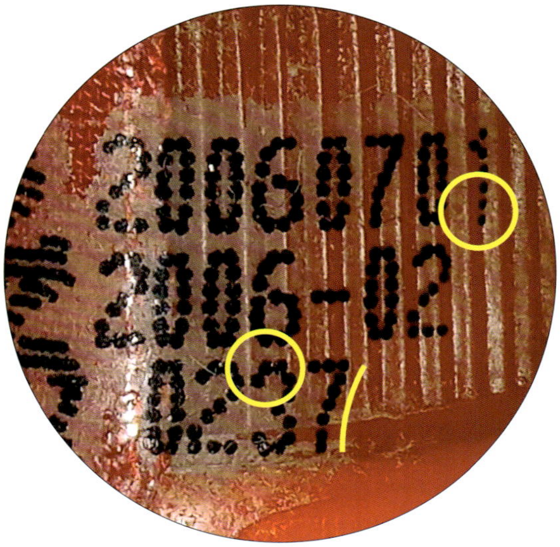

假 如果数字“1”不是带脚的，数字“3”不是平头的，“7”不是带折角的，可直接确定是假的

九、瓶帽的包浆特征及鉴定方法

酒行业所指的包浆，是指经过岁月的沉淀，包装材料的老化、发黄，产生霉斑等一系列特征，都可以称之为包浆。

第七章

1985 年 —1996 年铁盖茅台鉴定方法

第一节

介绍

一、铁盖茅台（飞天）

年份：1985 年至 1996 年 6 月
度数：53%vol
容量：500mL

1985 年，“茅台”最先开始在外销版的飞天茅台上使用铝制金属瓶帽，外面喷了一层红色防锈漆，俗称“铁盖”（在 1984 年有少部分试验品流入市场）。刚开始的时候瓶帽没有飘带和红色酒精膜，直到 1987 年开始使用飘带和红色酒精膜。

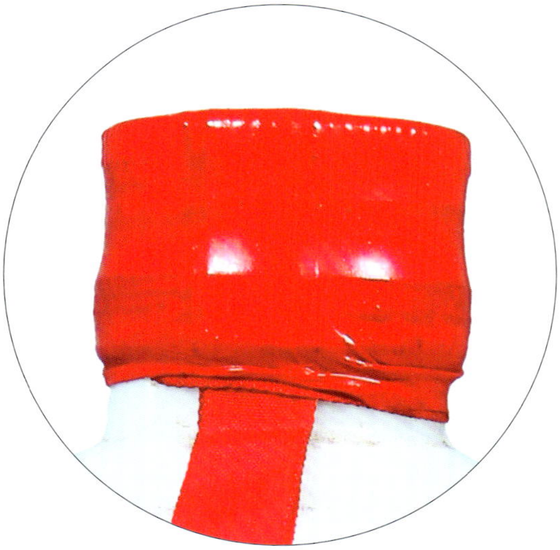

二、主要的造假方式

一、全套造假

二、回收瓶造假

三、换标升级

四、打孔造假

五、撬盖造假

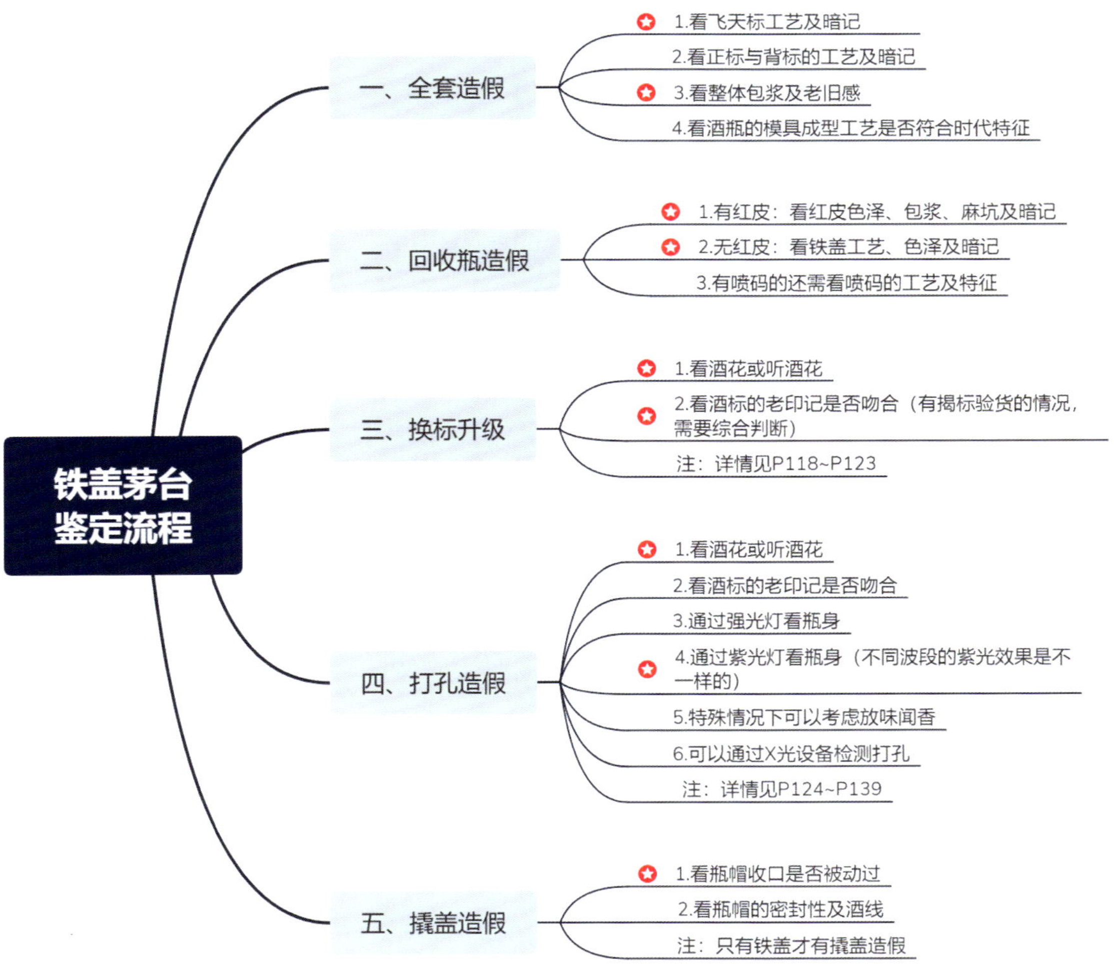

第二节

飞天茅台酒标暗记及鉴定方法

一、飞天标特征及鉴定方法

正标除了看酒标的工艺特征和整体的包浆之外，最关键的是看飞天标，而飞天标在整个铁盖时期都没有改变过，与初期白皮茅台的飞天标是一样的，鉴定方法详细可以参考 P206~P209。

二、正标右下角特征及鉴定方法

鉴定方法：

01 正标右下角

1. 年份区分

从 1975 年茅台酒厂重启飞天标开始，飞天茅台的酒瓶和瓶帽上是没有生产日期的（生产日期在装箱单或酒盒上），这个时候我们只能通过瓶帽、酒标、瓶身等一些特征判断老酒的年份，以下是我们总结出来的各年份特征，可以协助判断老酒的年份。

1.1985 至 1987 年，无膜铁盖。
2.1987 至 1995 年 2 月，有膜铁盖（无喷码）。
3.1988 年开始使用清玻，背标的“仁怀县”被改成“仁怀市”。
4.1989 年正标“中国茅台酒厂出品”改为“中国贵州茅台酒厂出品”，字体被改成繁体字。
5. 从 1990 年开始，日期被印刷在酒盒上的食品标签上。
6.1990 年，正标右下角的容量单位“ML”被改成“mL”。
7.1993 年，出现“景玻”瓶底，与“美工”同时使用至 1995 年。
8.1992 年 6 月 22 日，茅台酒的度数“53%VOL”被改为“53%（v/v）”。
9.1994 年 10 月之后顶部“贵州茅台酒”字体被改为凸起样式。
10.1995 年 2 月 21 日，茅台酒厂开始使用喷码。

1985 年至 1989 年
酒厂名称：简体字
容量：ML（大写）
度数：VOL

1989 年至 1992 年 6 月
酒厂名称：繁体字 +“贵州”
容量：ml（小写）
度数：VOL

1992 年 6 月至 2000 年 8 月
酒厂名称：繁体字 +“贵州”
容量：mL（小写 + 大写）
度数：(v/v)

01 正标右下角

适用时间：铁盖茅台 ★★★★★

真 真的正标右下角做工精致，字体轮廓清晰

假 如果做工粗糙，中文字体太细，基本可以确定是假的

假 如果做工粗糙，字体出现很多残缺，基本可以确定是假的

三、背标的演变

简体字

1975 年，茅台酒厂重启飞天标，背标也重新设计，为中英文对照，而且中文字体是简体字。

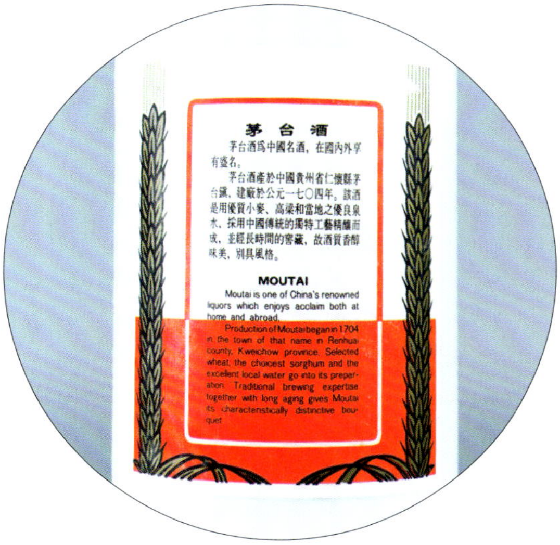

繁体字

1989 年，茅台酒厂将飞天茅台背标再次改版，中文字体由原来的简体字，改成了繁体字，左边麦穗的第七个麦芒增加了一个小倒刺暗记。

在鉴定过程中，新老款工艺特征是差不多的，所以鉴定逻辑一样，只是简体字基本没有什么暗记，而繁体字暗记会多一些。

四、背标特征及鉴定方法（第一款）

鉴定方法：

01 麦穗做工

02 背标字体

鉴定分析

老款的简体标在鉴定过程中主要看工艺，因为很多老假酒做工都很粗糙，很难达到真的工艺水平，而现在做旧造假的包浆不自然，也很容易鉴定。

01 麦穗做工

适用时间：1975 年至 1989 年 ★★★★★

真 做工精美，麦穗清晰，印刷完整，金色在红色上面，不透色

假 如果做工粗糙，麦穗模糊，印刷不完整，表面透色，就要注意了

02 背标字体

适用时间：1975 年至 1989 年 ★★★★☆

真 真的酒标字体做工精致，印刷清晰，每个字体边缘干净利落

假 如果做工粗糙，字体不清晰，基本可以确定是假的

五、背标特征及鉴定方法（第二款）

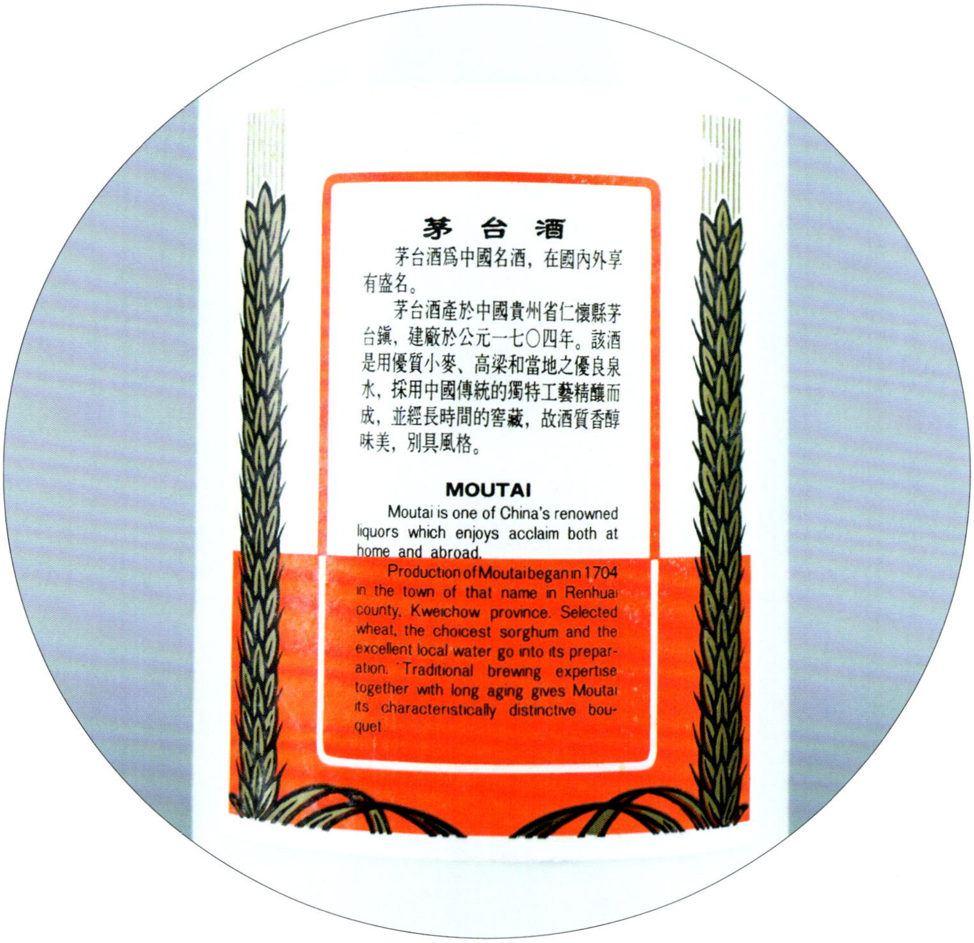

繁体字的背标和白皮初期背标是一样的，这里就不再赘述，详细可以参考白皮时期的背标鉴定讲解（P214~P220）。

六、食品标签特征及鉴定方法

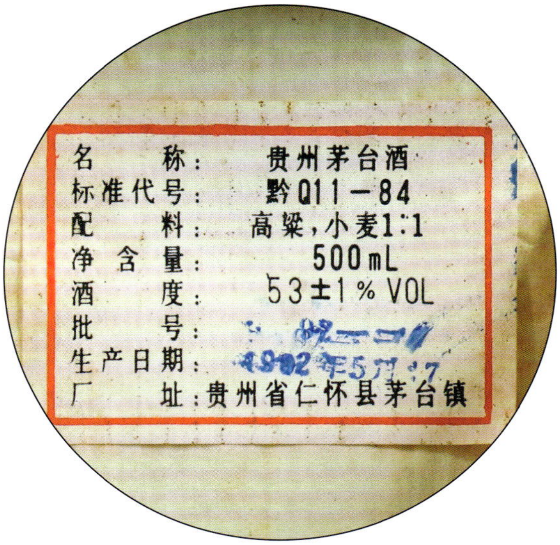

五星茅台（8 行内容，有净含量和酒度，无准印证）
1991 年至 1993 年

飞天茅台（7 行内容，无净含量和酒度，有准印证）
1990 年至 1994 年

五星茅台：在 1991 年之前背标上是有生产日期的，但是 1991 年 至 1993 年背标改版，取消了背标上的生产日期，转而印刷在盒子的食品标签上。

飞天茅台：在 1990 年之前，外销飞天茅台的酒瓶和酒盒上都没有生产日期，当时的生产日期是在装箱单上。从 1990 年开始，飞天茅台的生产日期印在酒盒的食品标签上，所以通过食品标签识别真假，也是一个辅助判断的方法。

鉴定分析

在 20 世纪 90 年代，印刷是铅字印刷，字体会出现残缺，有“缺胳膊少腿”的情况，生产日期是人工用印章盖上去的，所以看工艺特征尤为重要。鉴定方法详情可参考 P305~P307。

第三节

瓶帽暗记及鉴定方法

一、瓶帽的演变

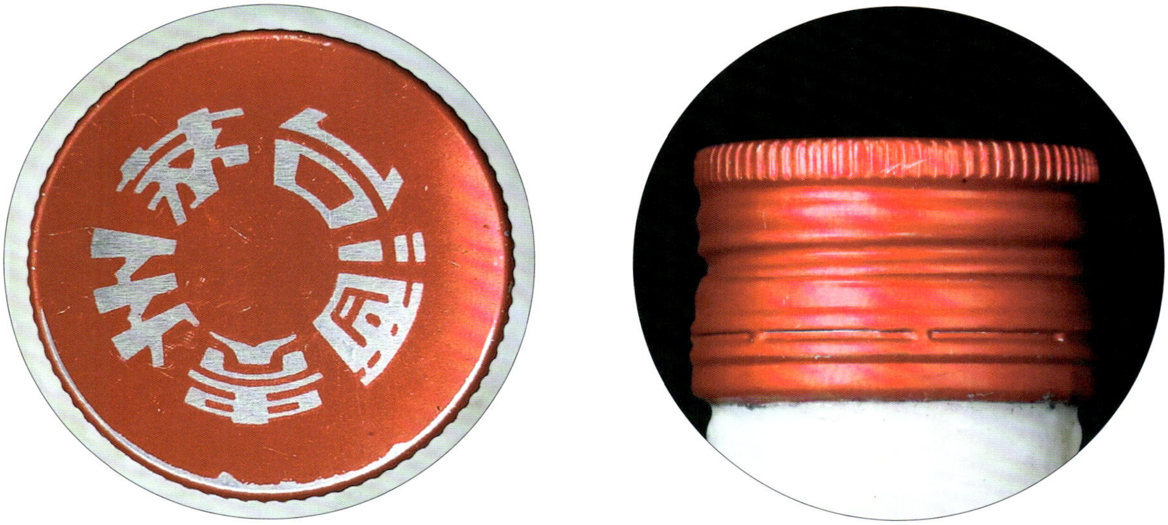

第一代“无膜铁盖”

真 飞天茅台从 1985 年开始使用铝制螺旋盖（俗称“铁盖”），刚开始的铁盖没有膜，没有飘带，俗称“无膜铁盖”

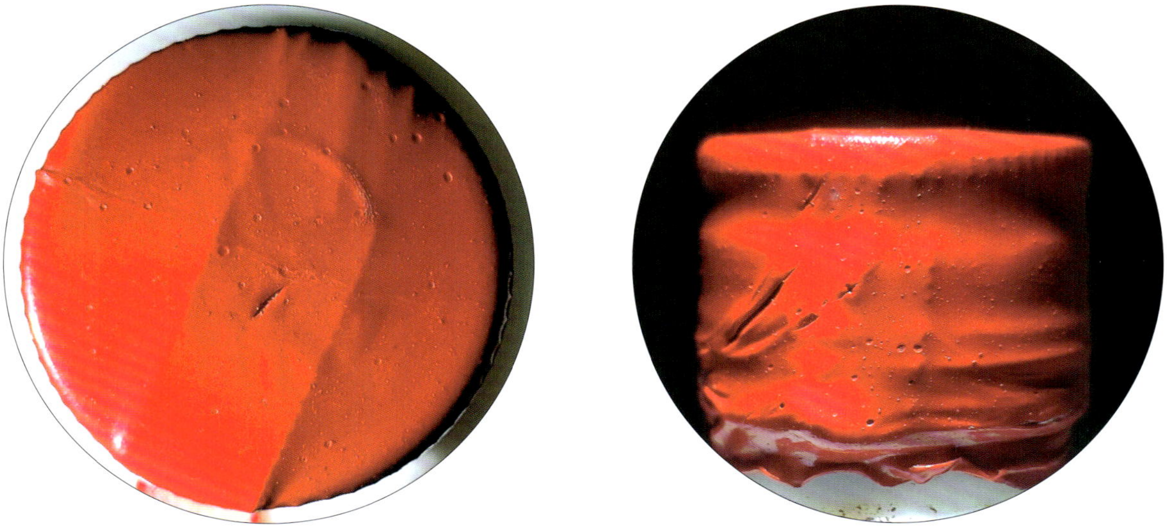

第二代“红皮铁盖”

真 1987 年，飞天茅台在瓶帽上加装一个红色的酒精封膜，再加两条飘带，俗称“红皮铁盖”

二、瓶帽介绍（无膜）

1. 颜色和字体特征

第一种：银色三角茅

第二种：金色三角茅

第三种：银色梯形茅

真的瓶帽字体颜色有两种，一种是银色，一种是金色。字体特征也有两种，第一种“茅”字中间镂空的部分是三角形，称其为“三角茅”；还有一种“茅”字中间镂空部分是梯形，我们称为“梯形茅”。

2. 瓶帽工艺特征

银色字体：量多

第一种金色：量少

第二种金色：最少

银色字体工艺：从瓶帽的工艺来说，银色瓶帽的工艺是喷一层红色的防锈漆，把字体的位置留白，就形成了银色的字体。

金色的工艺有两种：

一种是在铝帽上先喷一层金色的防锈漆，再喷红色漆，把字体的位置留白，漏出的就是第一层金色漆的颜色，就形成了金色的字体；另一种是先喷红色的漆，再把金色的字体喷上去。

三、瓶帽工艺及鉴定方法（无膜）

鉴定方法：

01 瓶帽工艺——字体

02 瓶帽工艺——侧面

01 瓶帽工艺——字体

适用于银色字体 ★★★☆☆

真 真的瓶帽顶部字体是镂空的，白色是铝帽的原色

假 如果顶部字体工艺不对，就要注意了

02 瓶帽工艺——侧面

适用时间：铁盖茅台 ★★★★★

真 真的瓶帽颜色纯正，做工精致

假 如果工艺粗糙，有明显人为做旧的痕迹，可直接确定是假的

四、瓶帽顶部鉴定方法（三角茅）

鉴定方法：

01 三角茅“贵”字

02 三角茅“茅”字

03 三角茅“台”字

01 三角茅“贵”字

适用时间：1985 年至 1994 年 10 月 ★★★★★

真 “贵”字的“人”字底下方是弧形的，类似于两个鸡腿的形状

假 如果形状不对，基本可以确定是假的

02 三角茅“茅”字

适用时间：1985 年至 1994 年 10 月 ★★★★★

真 真的瓶帽顶部的“茅”字的“艹”左边断开，右边连着

假 如果“茅”字两边都是断开的，基本可以确定是假的

03 三角茅“台”字

适用时间：1985 年至 1994 年 10 月 ★★★☆☆

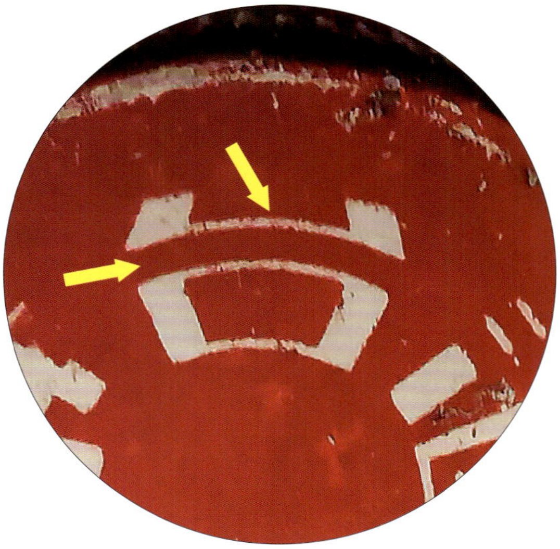

真 真的瓶帽顶部的“台”字做工精致，规整，横向笔画与间隙的宽度基本一致

假 如果做工粗糙，字体不规整，笔画与间隙宽度相差太大，基本可以确定是假的

五、瓶帽顶部鉴定方法（梯形茅）

鉴定方法：

01 梯形茅“贵”字

02 梯形茅“州”字

03 梯形茅“茅”字

01 梯形茅“贵”字

适用时间：1985 年至 1994 年 10 月 ★★★★☆

真 “贵”字做工精致规整，中间有个弧形的小凸起

假 如果形状不对，没有小突起，基本可以确定是假的

02 梯形茅“州”字

适用时间：1985 年至 1994 年 10 月 ★★★★★

真 “州”字中间的点呈规整的长方形，宽度比较匀称，三个连接处比较小

假 如果“州”字中间的三个点太细了，连接点不对，基本可以确定是假的

03 梯形茅“茅”字

适用时间：1985 年至 1994 年 10 月 ★★★★★

真 “茅”字做工精致，比例匀称，“艹”两端都是分开的

假 如果一边连着，一边断开，基本可以确定是假的

六、瓶帽介绍（红膜）

1. 红皮铁盖的发展

无喷码（1987 年至 1995 年 1 月）

有喷码（1995 年 2 月之后）

初期的红皮铁盖瓶帽上没有喷码，直到 1995 年 2 月茅台酒厂开始启用喷码，第一排为生产日期，第二排为生产批次，第三排为编号。

2. 红皮铁盖的内盖演变

1987 年至 1994 年 10 月

1994 年 10 月至 1996 年 6 月

取掉红皮铁盖的酒精膜之后，与无膜的铁盖是一样的。直到 1994 年 10 月左右，茅台酒厂将瓶帽顶部的“贵州茅台酒”几个字工艺做了改进，由原来平面的改成从内往外凸起。

说明

一、红皮铁盖关键看：

1. 膜的工艺特征，包括色泽和质感。

2. 膜的老化特征以及整体包浆。

3. 瓶帽顶部的“茅台”暗记。

4. 喷码的字体以及工艺特征（1995 年 2 月之后）。

二、如果红膜坏了，没有红膜了：

1. 如果顶部字体是平的，可以参考无膜铁盖的鉴定方法。

2. 如果顶部字体是凸起的，看整体瓶帽的工艺特征。

总结

1. 老酒首要看包浆，看岁月的痕迹。因为铁盖毕竟放了三十几年了，岁月的痕迹，时间的沉淀，是后期很难模仿的。

2. 看工艺特征。在 20 世纪 90 年代，对于当时的制作工艺来说，喷码已经是比较先进的工艺了，造假者基本做不出来；如果是现在新做的，那么整体的包浆，岁月的痕迹是造假者模仿不了的。

七、红皮工艺及鉴定方法

鉴定方法：

01 红皮顶部

02 小麻坑

03 “茅台”暗记

04 红皮侧面

05 喷码位置

01 红皮顶部

适用于红皮铁盖 ★★★★★

真 真的红色酒精膜颜色鲜艳，有光泽

假 如果太透了，而且颜色与材质不对，就要注意了

02 小麻坑

适用于红皮铁盖 ★★★★★

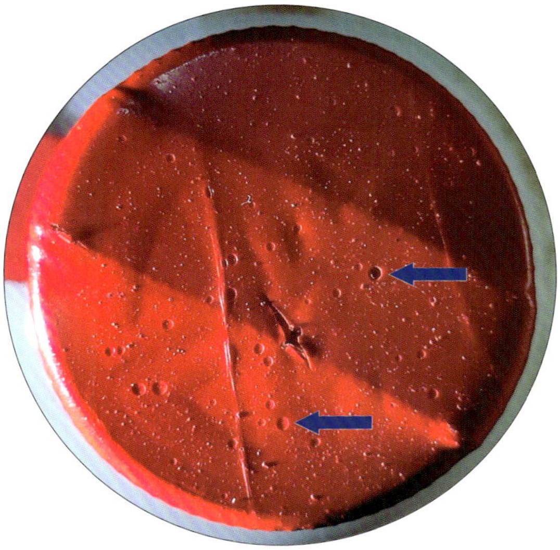

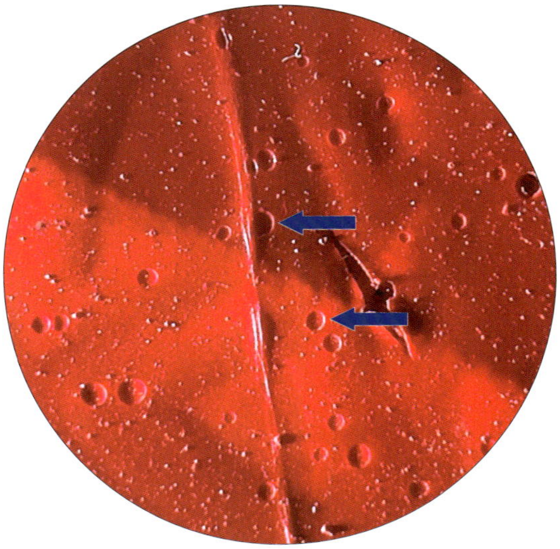

真 真的酒精膜会有很多小麻坑（像陨石坑），分布得非常自然

03 "茅台"暗记

适用于红皮铁盖 ★★★★★

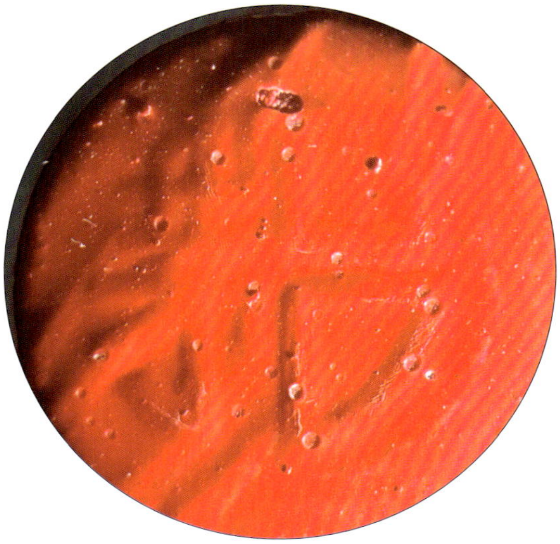

真 真的"茅台"暗记是由内向外凸出来的，字体表面比较圆润

假 如果字体轮廓不对，工艺不对，可直接确定是假的

假 如果是高温烫上去的，或字体轮廓不对，可直接确定是假的

04 红皮侧面

适用于红皮铁盖 ★★★★★

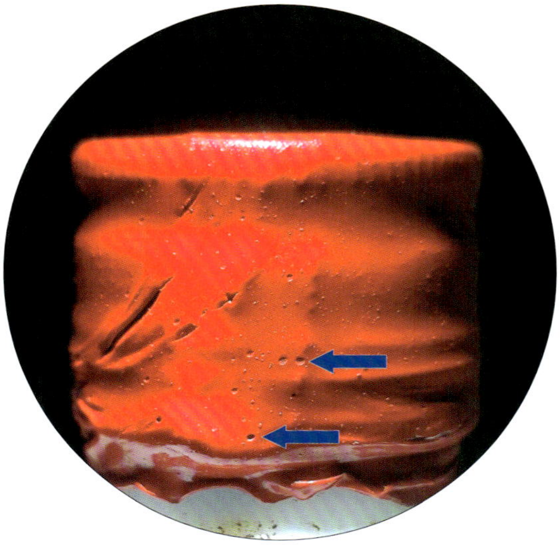

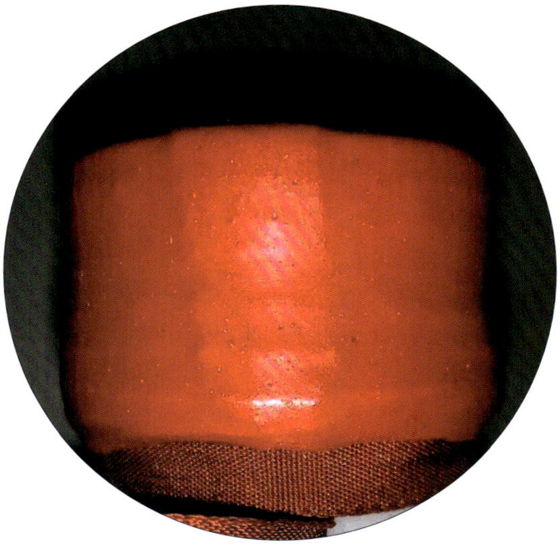

真 真的红色酒精膜颜色纯正、有光泽，而且有明显的小麻坑

假 如果呈哑光，红皮较厚，没有麻坑，就要注意了

05 喷码位置

适用于有喷码的红皮铁盖 ★★★★★

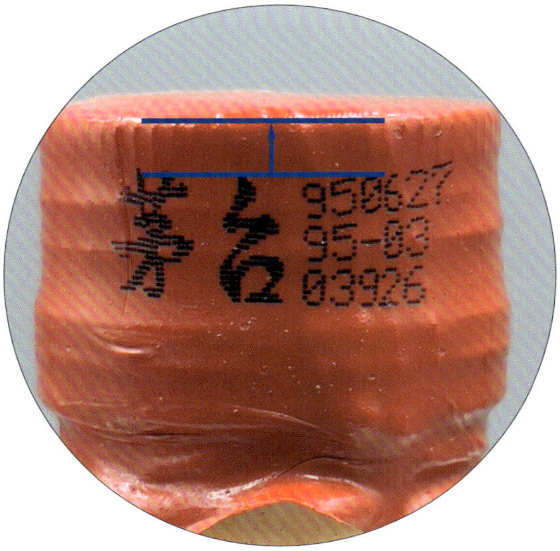

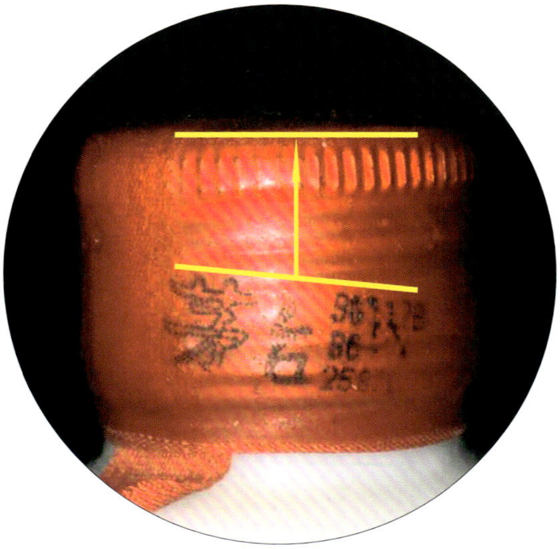

真 喷码位于瓶帽中间偏上

假 如果位置明显是在中间偏下，就要注意了

八、内盖工艺及鉴定方法

鉴定方法：

顶部字体凸起

顶部字体凸起

适用时间：1994 年 10 月至 1996 年上半年 ★★★★★

真 真的瓶帽做工精致，颜色比较纯正

假 如果不是红色，可直接确定是假的

假 如果颜色太深，字体轮廓不对，就要注意了

第四节

撬盖造假鉴定方法

一、撬盖造假鉴定方法

撬盖造假针对的是铁盖类老酒，不仅茅台会出现，同时期的习酒、五粮液、剑南春、汾酒等都会出现被撬盖的情况。老酒撬盖的主要目的是为了注酒，因为老酒储存了几十年，很容易跑酒，导致价值大打折扣，这个时候一些造假者就会把瓶帽底部撬开，把酒注满，从“喝品”变成“全品”，以牟取更大的利益。

瓶帽收口

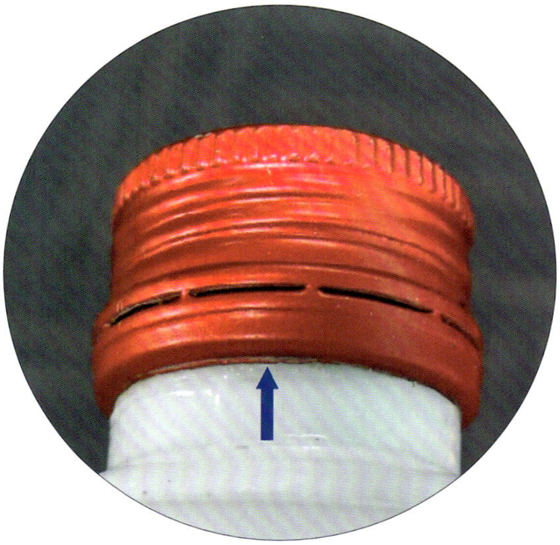

真　真的瓶帽底部为机器封口，收口干净利落

假　如果发现收口被撬过，就要注意了

假　撬盖之后，需要使用工具把瓶帽底部收口压回去，很容易导致大面积掉漆，并有明显压痕，就要注意了

备注：如果出现以上情况，可通过放味、看酒花或听酒花等方式综合判断。

第五节

五星茅台酒标暗记及鉴定方法

铁盖茅台（五星）

年份：1986 年底至 1996 年
度数：53%vol
容量：500mL

1986 年底，内销版的五星茅台也开始使用铝制金属盖的瓶帽，工艺特征与外销版的飞天茅台一样。刚开始的时候也是没有飘带，没有酒精膜，直到 1991 年才开始使用飘带与红色酒精膜，所以鉴定方法也是一样的，详细可参考 P276~P293。

1986 年底至 1991 年

1991 年至 1996 年

一、五星标特征及鉴定方法

茅台酒厂在 1983 年至 2002 年之间基本没有调整五星标，所以铁盖时期就只有一款五星标，详细可以参考白皮时期的第一款五星标鉴定方法（P226~P228）。

二、正标右下角特征及鉴定方法

鉴定方法：

01 正标右下角（老款）

02 正标右下角（新款）

正标右下角变化

1986 年底至 1991 年

1991 年至 1996 年

茅台酒厂将五星茅台的正标右下角，由原来的“中国贵州　茅台酒厂出品”改为“中国贵州茅台酒厂出品”，并在下方添加了酒精度和容量。

01 正标右下角（老款）

适用时间：1986 年底至 1991 年 ★★★★★

真 真的正标印刷清晰，字体饱满；“国”字那一点是矩形，与上下是分开的

假 如果印刷不清晰，字体有红色描边，“国”字那一点不是矩形，基本可以确定是假的

02 正标右下角（新款）

适用时间：1991 年至 1996 年 ★★★★★

真 真的做工精致，字体清晰，“国”字中间的点是菱形的，与上下是连着的

假 如果印刷粗糙，字体不清晰，“国”字中间的点不对，基本可以确定是假的

三、背标的演变

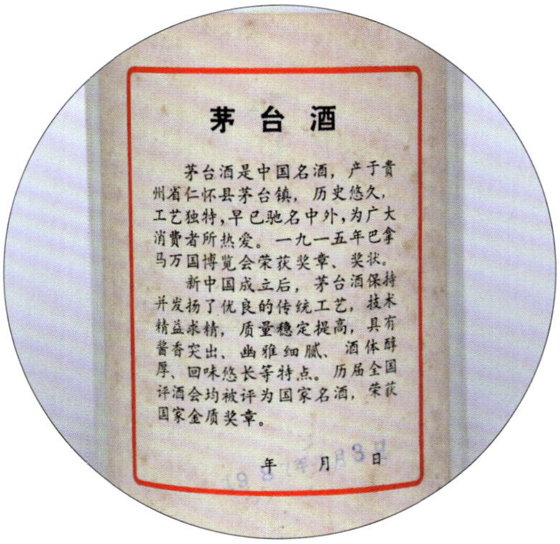

第一款（1983 年）

1983 年，茅台酒厂将内销版的五星茅台由“三大革命”背标，改成“一九一五”背标。

第二款（1991 年）

1991 年，茅台酒厂将五星茅台背标改版，去掉右下角的生产日期。

备注：生产日期印刷在酒盒的食品标签上，“茅台酒”三个字由黑体改成隶书。

第三款（1993 年）

1993 年，茅台酒厂将五星茅台背标再次改版，背标加上了食品标签，生产日期和批次加印在背标上，字体颜色为红色（1993 年至 1995 年）。

四、背标特征及鉴定方法（第一、二款）

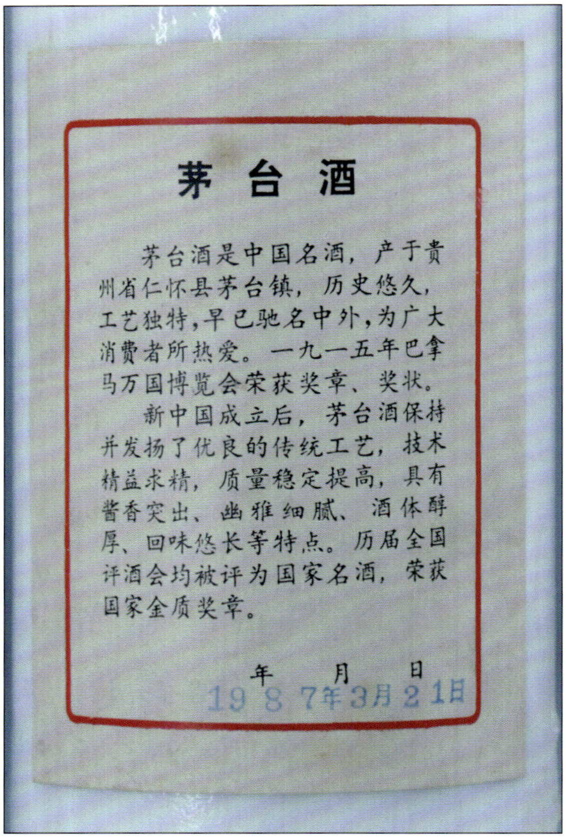

第一款

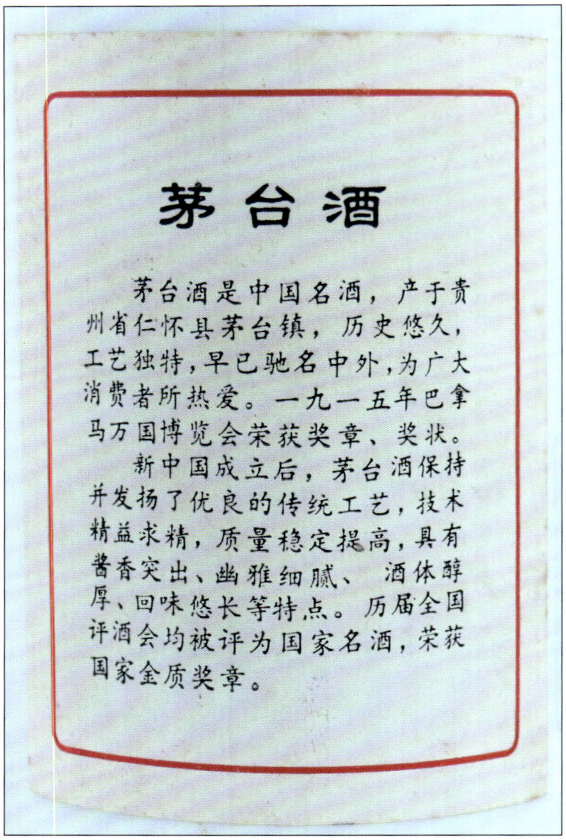

第二款

鉴定方法：

01 “茅台酒”三个字

02 “酒”与“届”字

03 生产日期

01 “茅台酒”三个字（第一款）适用时间：1983 年至 1991 年 ★★★★★

真 真的背标做工精致，“茅台酒”三个字轮廓饱满、清晰

假 如果字体不对，做工差，可直接确定是假的

01 “茅台酒”三个字（第二款）适用时间：1991 年至 1993 年 ★★★★★

真 真的“茅台酒”三个字是隶书简体字，做工精致

假 如果字体不对，做工差，基本可以确定是假的

02 “酒”与“届”字

适用时间：1983 年至 1993 年 ★★★★★

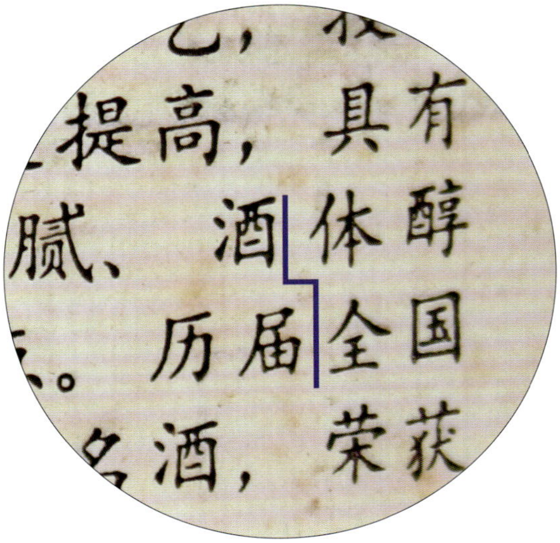

真 真的背标中的“酒”字与“届”字错位半个字符（大背标除外）

假 如果发现位置不对，字体不对，基本可以确定是假的

03 生产日期

适用时间：1983 年至 1991 年 ★★★★★

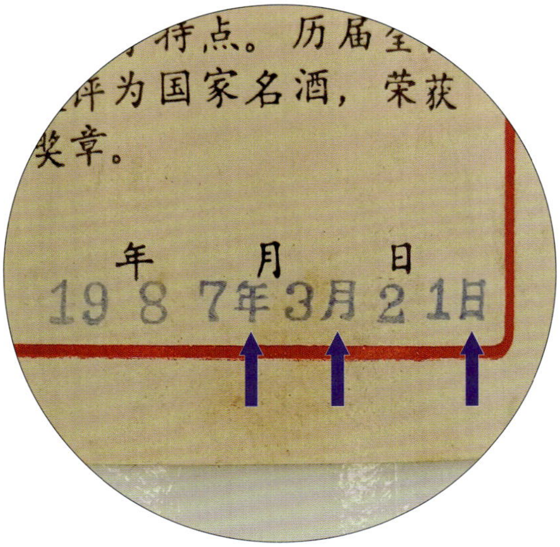

真 生产日期是蓝色字体，并且带年、月、日

假 如果生产日期不带年、月、日，可直接确定是假的

五、背标特征及鉴定方法（第三款）

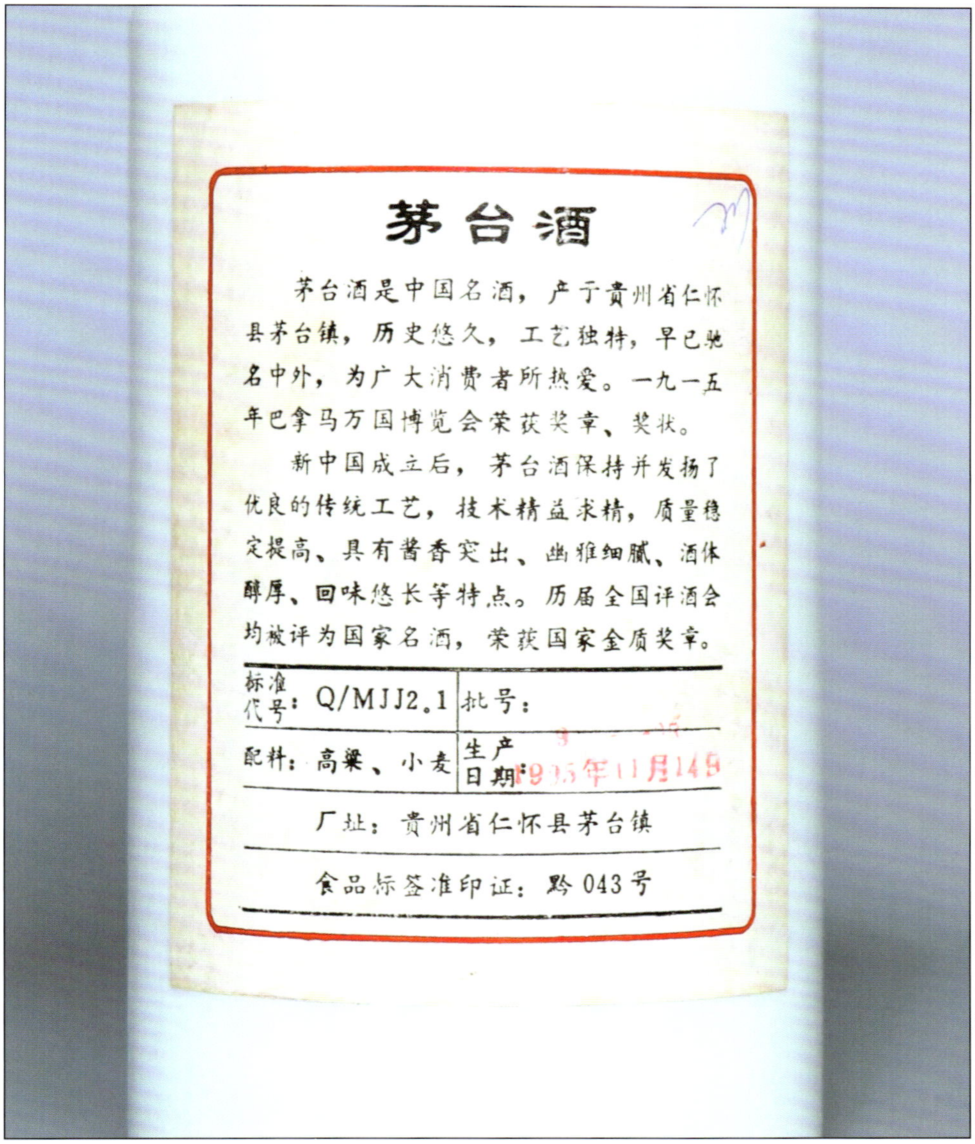

鉴定方法：

01 生产日期

02 标点符号

01 生产日期

适用时间：1993 年至 1995 年 ★★★★★

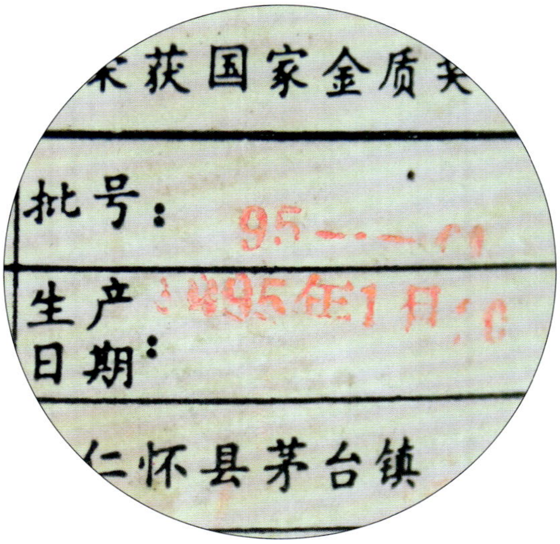

真 真的背标上有生产日期与批次，为红色字体

假 如果是蓝色，可直接确定是假的

02 标点符号

适用时间：1993 年至 1995 年 ★★★★★

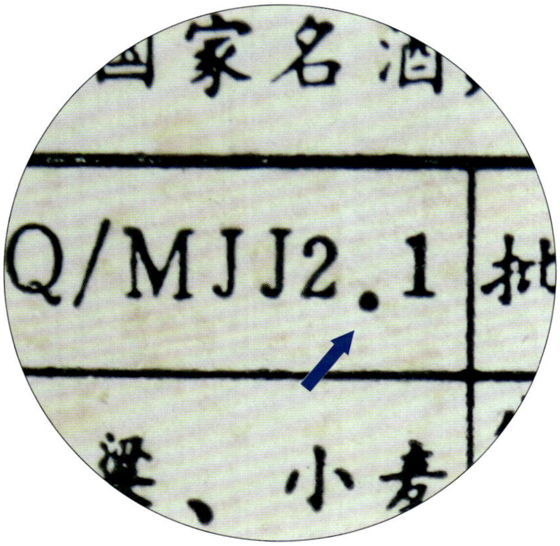

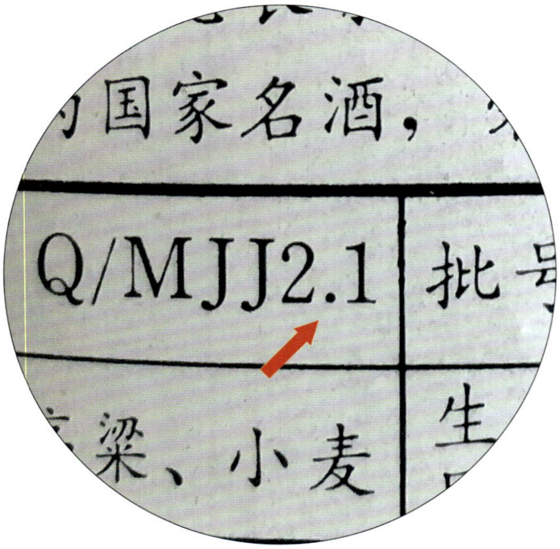

真 真的背标上（左下图箭头所示）的点偏下

假 如果点（右下图箭头所示）是对齐的，可直接确定是假

六、食品标签特征及鉴定方法

五星茅台（8 行内容，有净含量和酒度，无准印证）
1991 年至 1993 年

飞天茅台（7 行内容，无净含量和酒度，有准印证）
1990 年至 1994 年

五星茅台在 1991 年之前背标上是有生产日期的，但是茅台酒厂将 1991 年至 1993 年背标改版，取消了背标上的生产日期，转而印刷在盒子的食品标签上。

鉴定分析

五星茅台相对于飞天茅台内容有少许差异，但工艺特征和原理都是一样的，鉴定方法也是大同小异的，主要还是看印刷工艺和生产日期的格式。

鉴定方法：

01 “±”正负号

02 生产日期

03 印刷工艺

01 “±”正负号

适用时间：1990 年至 1993 年 ★★★★★

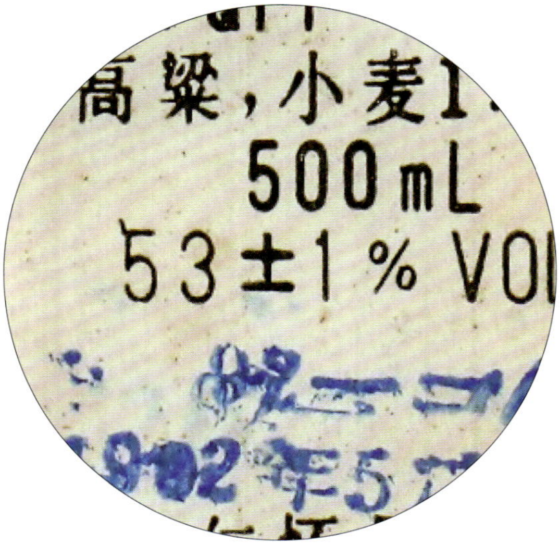

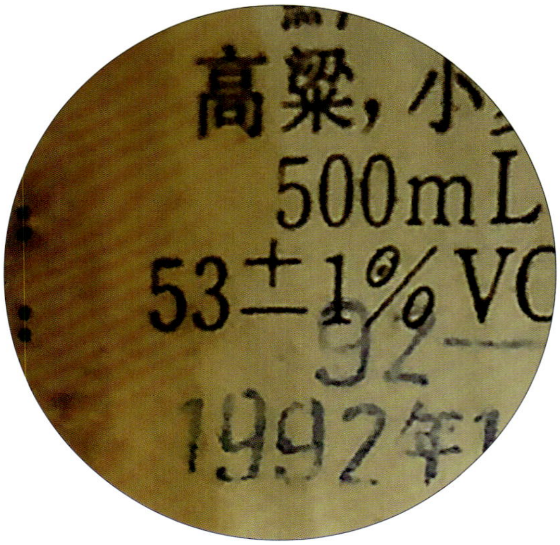

真 真的食品标签上的度数是有“±”的，而且上下是连着的

假 如果符号的格式不对，“+”和“–”是分开的，那就要注意了

02 生产日期

适用时间：1990 年至 1993 年 ★★★★★

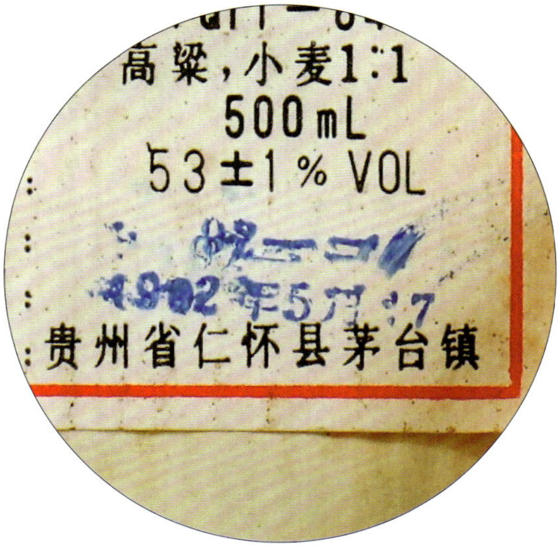

真 真的生产日期年份为 4 位数，蓝色字体，下面是生产日期，上面是批次

假 如果年份是两位数，没有批次或颜色不对，可直接确定是假的

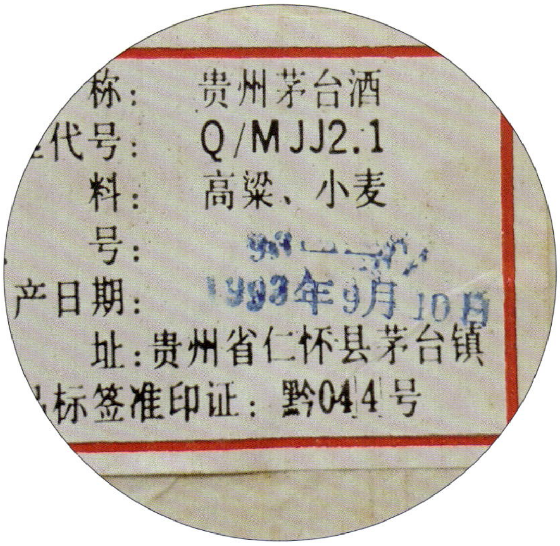

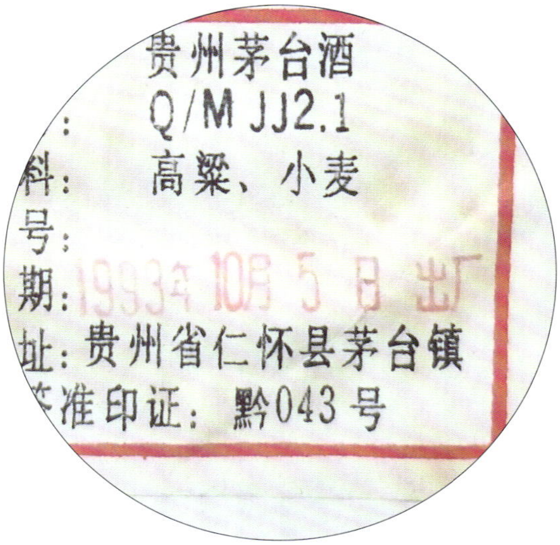

真 生产日期是蓝色字体

假 如果是红色的，基本可以确定是假的

03 印刷工艺

适用时间：1990 年至 1993 年 ★★★★★

真 真的是铅字印刷，非电脑字体，偶尔出现残缺是正常的

假 如果是电脑字体，笔画太清晰，就要注意了

第八章

1983 年—1986 年地方国营茅台鉴定方法

第一节

介绍

一、地方国营茅台

年份：1983 年至 1986 年

度数：53%vol

容量：540mL

地方国营茅台是 1983 年至 1986 年底，因为正标右下角标注有“地方国营　茅台酒厂出品”，背标为“一九一五年”，故行业内都称之为“地方国营茅台”。

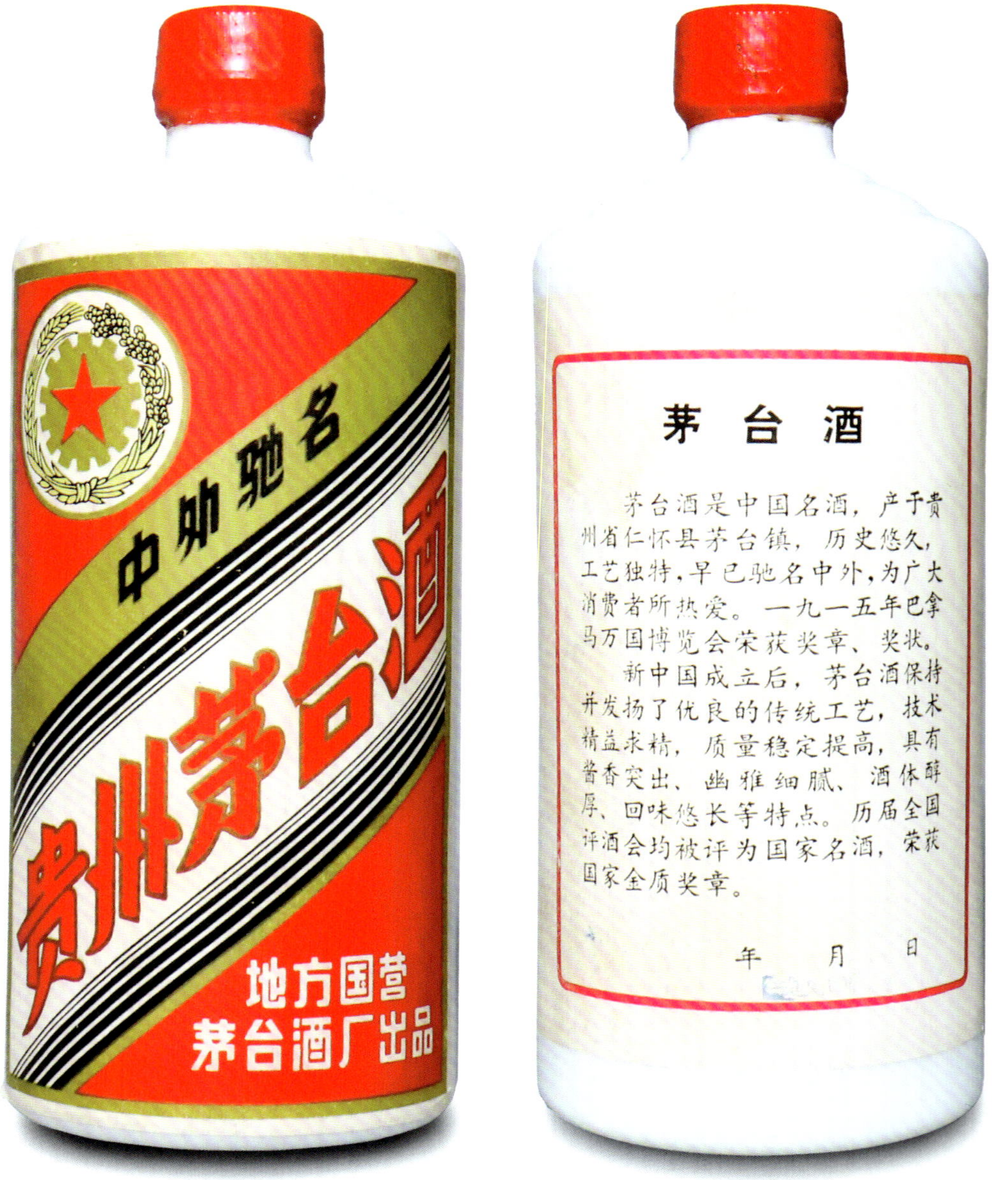

二、主要的造假方式

一、全套造假（老假酒）

二、回收瓶造假（后封膜）

三、打孔造假

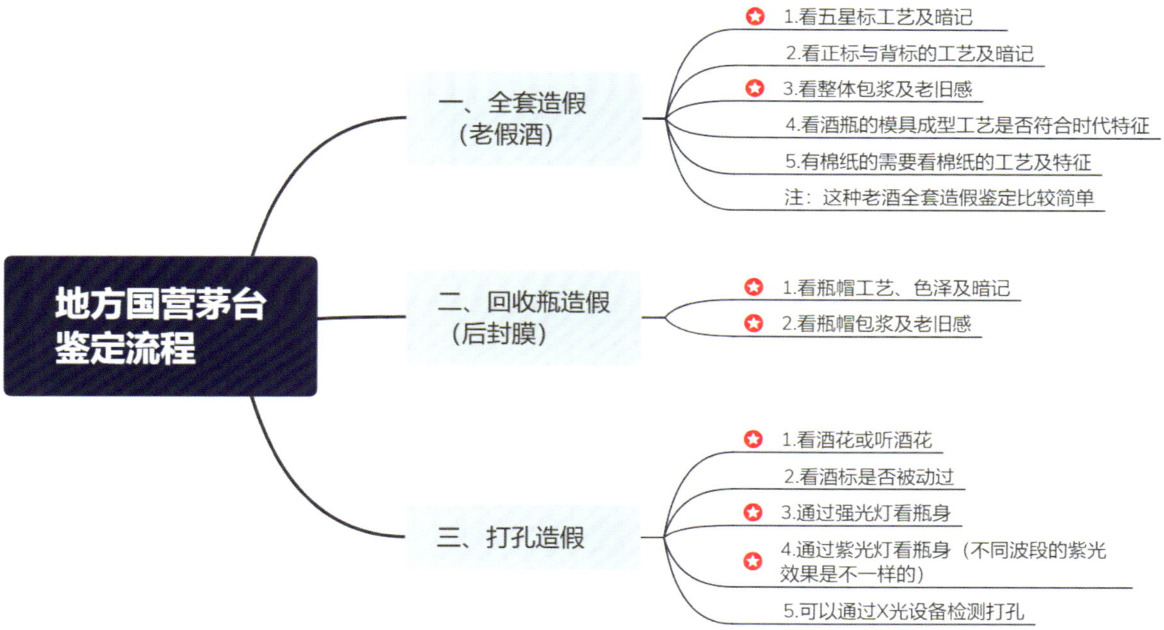

第二节

酒瓶与酒标的特征及鉴定方法

一、酒瓶特征

适用于地方国营茅台 ★★★★★

真 真的酒瓶由于当时模具工艺限制，瓶身上凹凸不平，坑坑洼洼的，这个是当时的工艺特征

假 如果是光滑的，那就是现在的工艺，基本可以确定是做旧造假的

二、五星标鉴定方法

五星标在 1983 年至 2002 年之间基本没有调整，所以“地方国营”时期就只有一款五星标，详细的鉴定方法也可以参考白皮时期的第一款五星标（P226~P228）。

三、背标特征及鉴定方法

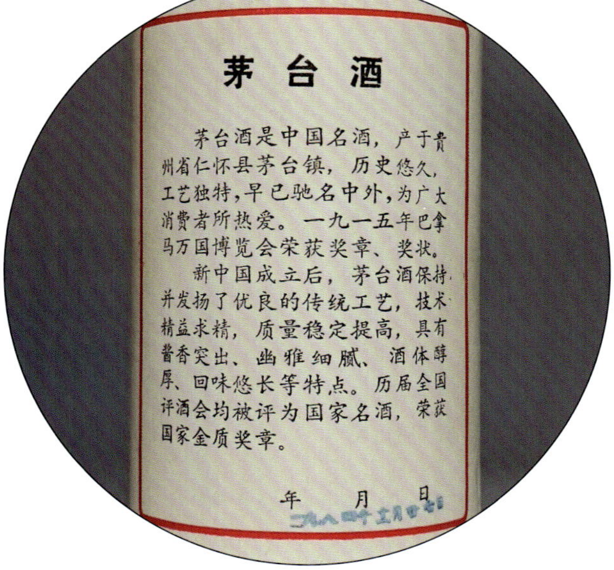

鉴定方法：

- **01** “茅台酒”三个字
- **02** 印刷工艺
- **03** 生产日期

01 “茅台酒”三个字

适用于地方国营茅台 ★★★★★

真 真的背标“茅台酒”三个字做工精致，字体颜色为黑色

假 如果做工粗糙，字体颜色不是黑色，可直接确定是假的

02 印刷工艺

适用于地方国营茅台 ★★★★★

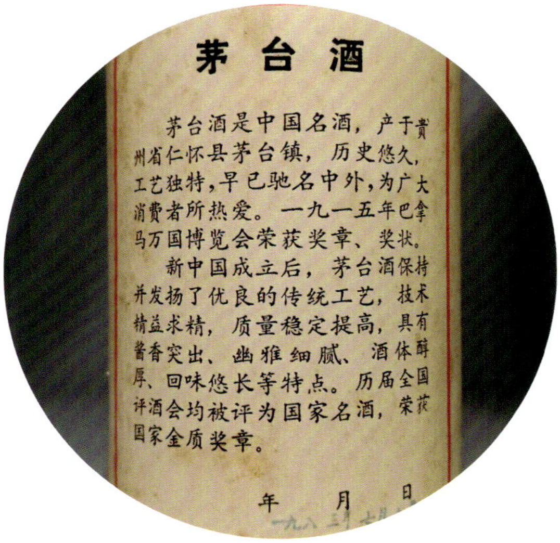

真 真的背标字体清晰，做工精致，包浆自然

假 如果做工粗糙，包浆不自然，有明显做旧痕迹，基本可以确定是假的

03 生产日期

适用于地方国营茅台 ★★★★★

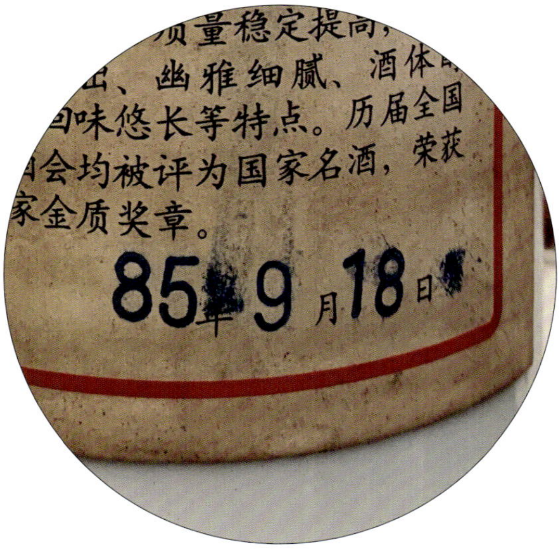

真 真的生产日期为蓝色，而且带有年、月、日（数字字体大写小写都有）

假 如果做工粗糙，不带年、月、日，可直接确定是假的

第三节

棉纸工艺特征及鉴定方法

一、棉纸茅台（前期）

年份：50 年代 ~70 年代
度数：53±1%vol
容量：540mL

棉纸茅台，顾名思义就是瓶身上包裹一层棉麻纸的茅台酒，因为茅台酒最初没有盒子，为了保护瓶身与酒标，酒厂就采用了棉麻纸包裹。

备注：外销版的飞天茅台、葵花茅台在 70 年代便开始使用盒子，五星茅台在铁盖时期（1986 年底）才开始使用盒子。

20 世纪 50 年代至 20 世纪 70 年代棉纸茅台的显著特征

二、棉纸茅台（后期）

年份：80 年代左右

度数：53±1%vol

容量：540mL

茅台酒厂将 80 年代左右的棉纸茅台材料做了调整，棉纸上的“贵州茅台和生产日期”被取消了，棉纸的材料和包裹方式与早期一致。

备注：此案例外层的热缩膜是后期加的，原厂没有。

20 世纪 80 年代棉纸茅台的显著特征

01 瓶帽

适用于棉纸茅台 ★★★★★

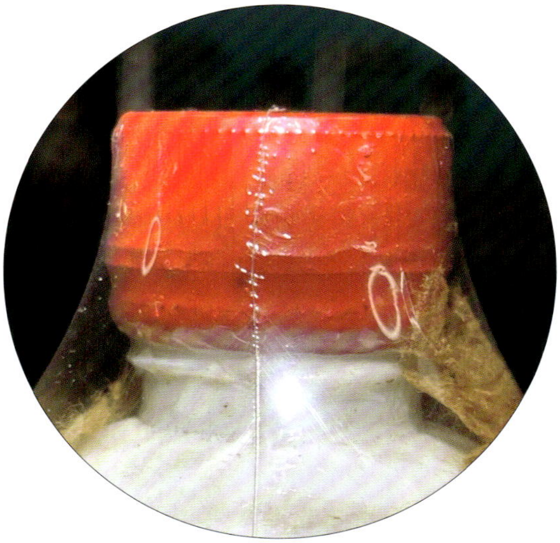

真 真的棉纸下面包裹的是“三大革命”“地方国营”等老茅台

假 如果棉纸下面是黑色的胶帽，或者是铁盖，可直接确定是假的

三、棉纸茅台鉴定方法

鉴定方法：

01 棉纸材质

02 棉纸纤维

03 棉纸包法

04 包裹方向

01 棉纸材质

适用于棉纸茅台

真 真的棉纸纤维清晰可见，符合当时的工艺特征

假 如果材质纤维不对，基本可以确定是假的

02 棉纸纤维

适用于棉纸茅台

真 真的棉纸纤维清晰可见，而且比较轻柔

假 如果材质、颜色不对，没有明显的纤维纹理，基本可以确定是假的

03 棉纸包法

适用于棉纸茅台 ★★★★★

真 真的瓶帽顶部的棉纸不会打结

假 如果瓶帽顶部打结，就要注意了

04 包裹方向

适用于棉纸茅台 ★★★★★

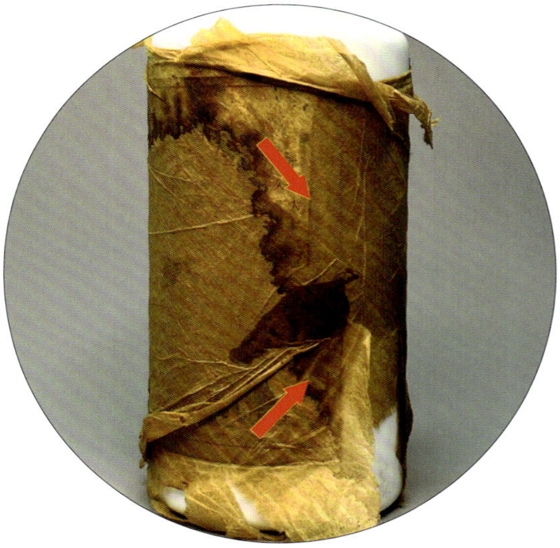

真 真的棉纸包裹方向是顺时针的

假 如果是逆时针的，基本可以确定是假的

第四节

瓶帽暗记及鉴定方法

一、瓶帽的演变

无茅台暗记

有茅台暗记

真　在 1983 年地方国营之前，瓶帽顶部是没有“茅台”暗记的，从 1983 年开始使用茅台暗记

圆形

多棱形

真　地方国营时期的茅台瓶帽有两种，一种是圆形的，另一种是多棱形，俗称八角盖。两种形状在 20 世纪 80 年代都有出现

二、瓶帽特征及鉴定方法

鉴定方法：

01 材质与色泽

02 顶部麻点

03 茅台暗记

01 材质与色泽

适用于地方国营茅台 ★★★★★

真 真的瓶帽色泽红润有光泽，包浆自然

假 如果色泽暗沉，包浆不自然，基本可以确定是假的

02 顶部麻点

适用于地方国营茅台 ★★★★★

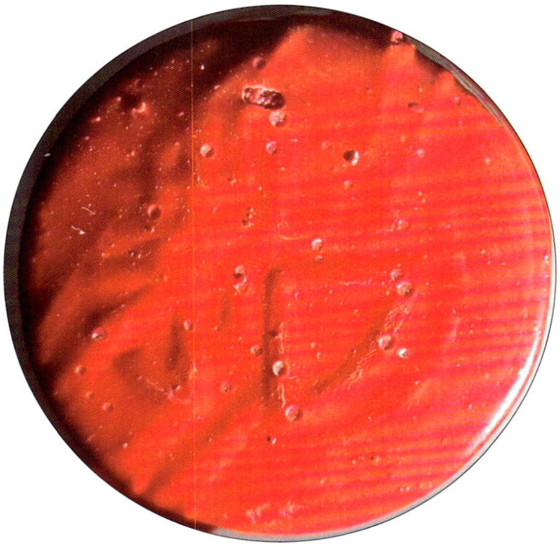

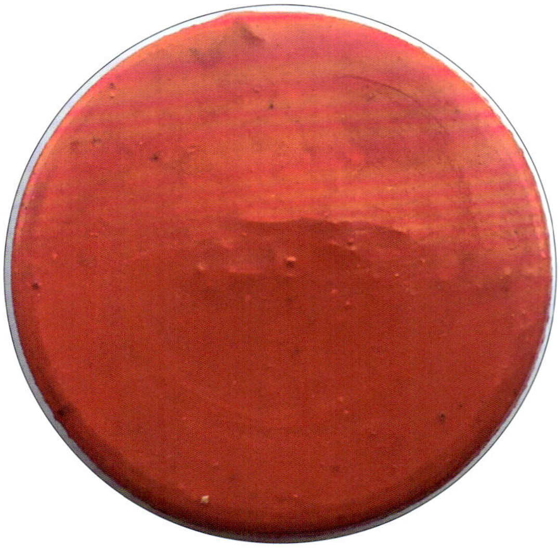

真 真的瓶帽麻坑自然、清晰，瓶帽色泽红润有光泽

假 如果麻坑不自然、色泽暗沉，就要注意了

03 茅台暗记

适用于地方国营茅台 ★★★★★

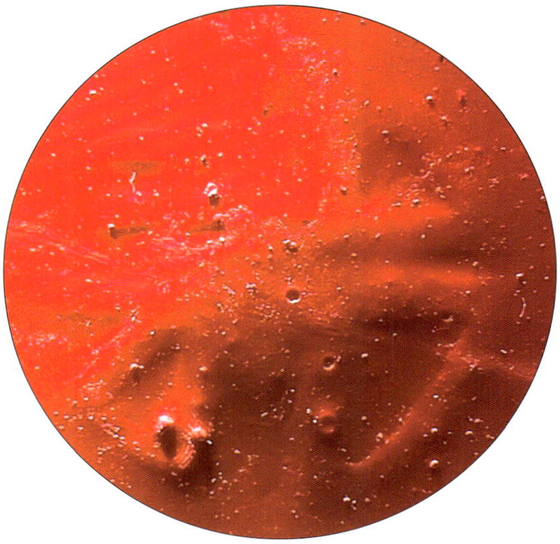

真 真的瓶帽顶部“茅台”两个字的暗记饱满，字体表面是圆润的，由内往外凸起，麻坑分部自然

假 如果字体、工艺及麻坑不对，基本可以确定是假的

第九章

1966 年—1982 年
“三大革命茅台”鉴定方法

第一节

介绍

一、“三大革命茅台”

年份：1966 年至 1982 年

度数：54±1%vol

容量：540mL

1966 年，由于特殊的历史原因，茅台酒厂将五星茅台的酒标做了调整，背标的文字由原来的竖排改成了横排，而且背标含有“三大革命”字样，所以行业内称之为“三大革命茅台”。

备注：此案例瓶帽的透明封膜是后期封的，原厂没有。

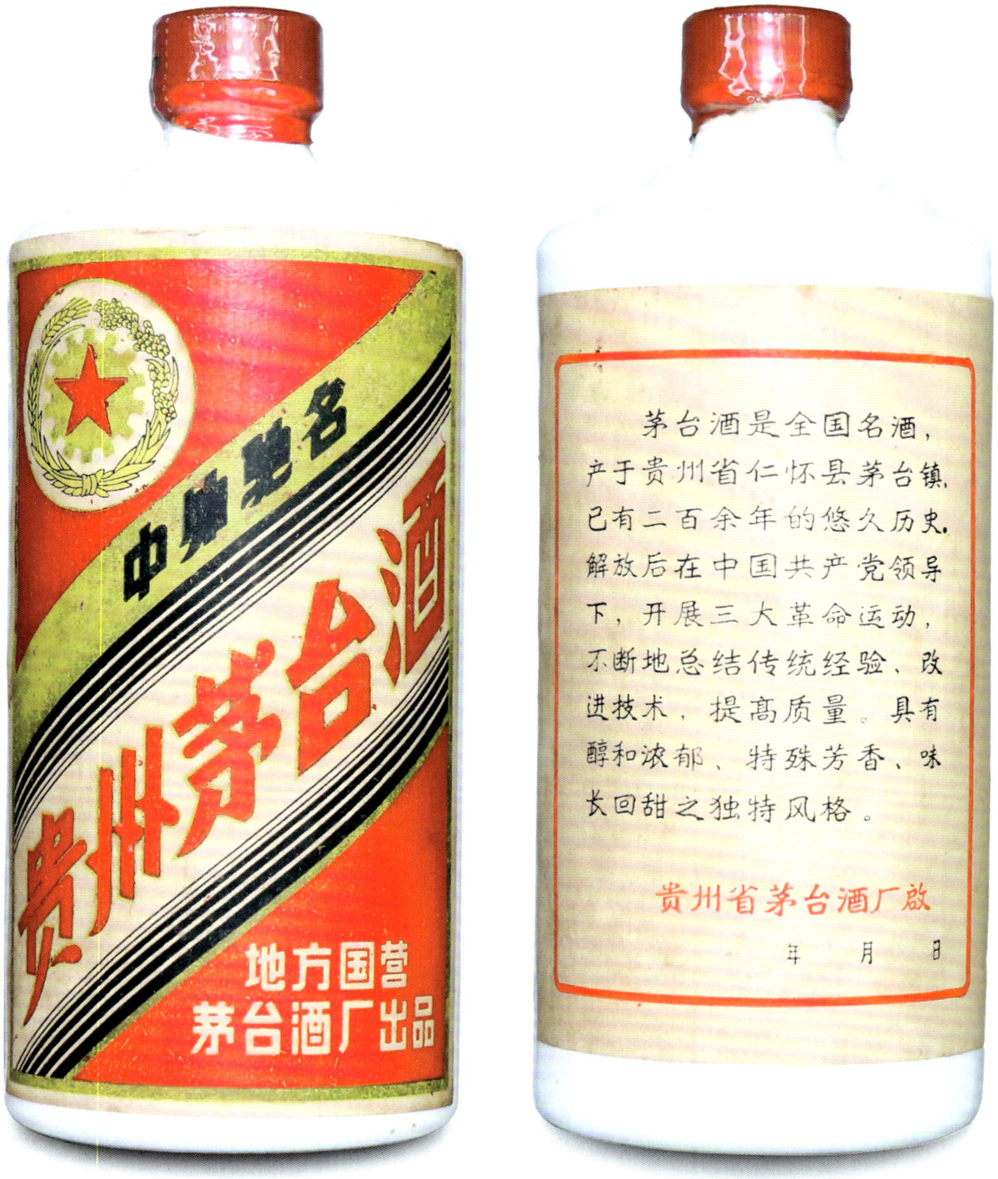

二、主要的造假方式

一、全套造假（老假酒）

二、回收瓶造假（后封膜）

三、换标升级

四、打孔造假

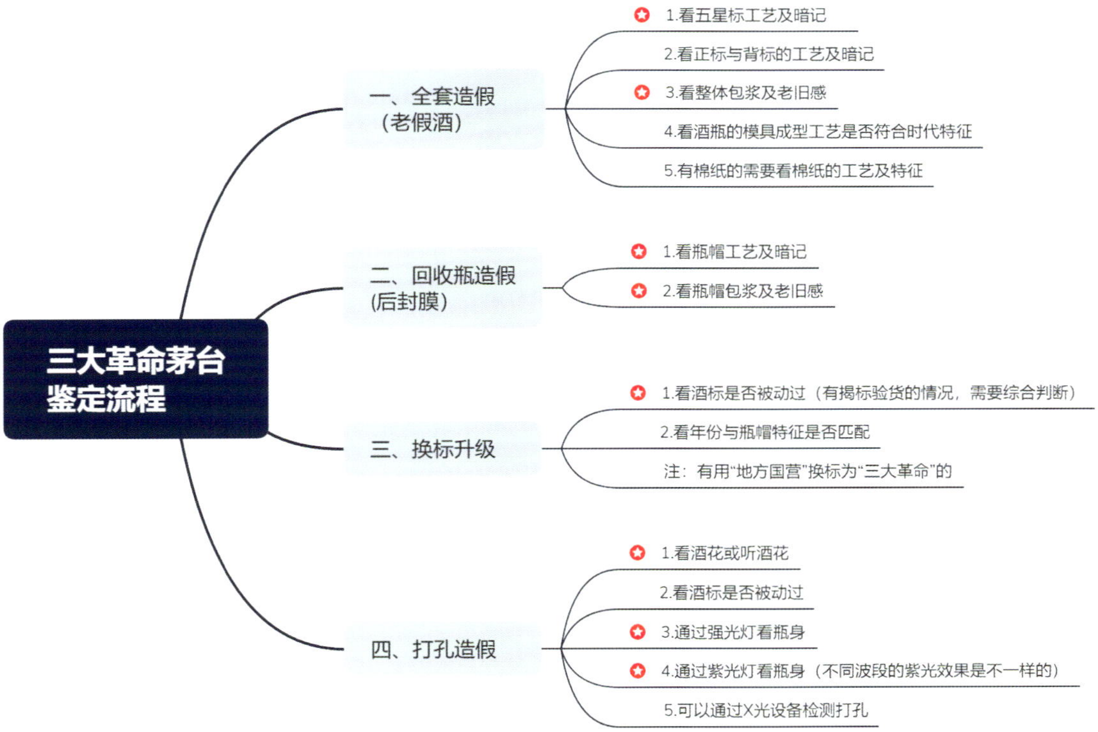

第二节

酒瓶与酒标特征及鉴定方法

一、酒瓶特征

真 真的酒瓶由于当时模具工艺限制，瓶身上凹凸不平，坑坑洼洼，这个是当时的工艺特征

假 如果是光滑的，那就是现在的工艺，基本可以确定是做旧造假产品

真 真的分膜线比较粗糙，比较明显

假 如果分膜线做工细腻，不明显，基本可以确定的是假的

二、五星标特征及鉴定方法

五星标特征

1966 年至 1982 年

1983 年至 2002 年

真 “三大革命”和地方国营时期的五星标整体工艺特征是一样的，区别在于右上角的高粱颗粒，“三大革命”是 3 颗，“地方国营”为 2 颗，整体的鉴定方法是一样的

假 如果做工粗糙，图案不对，高粱都糊在一起了，可直接确定是假的

三、背标特征及鉴定方法

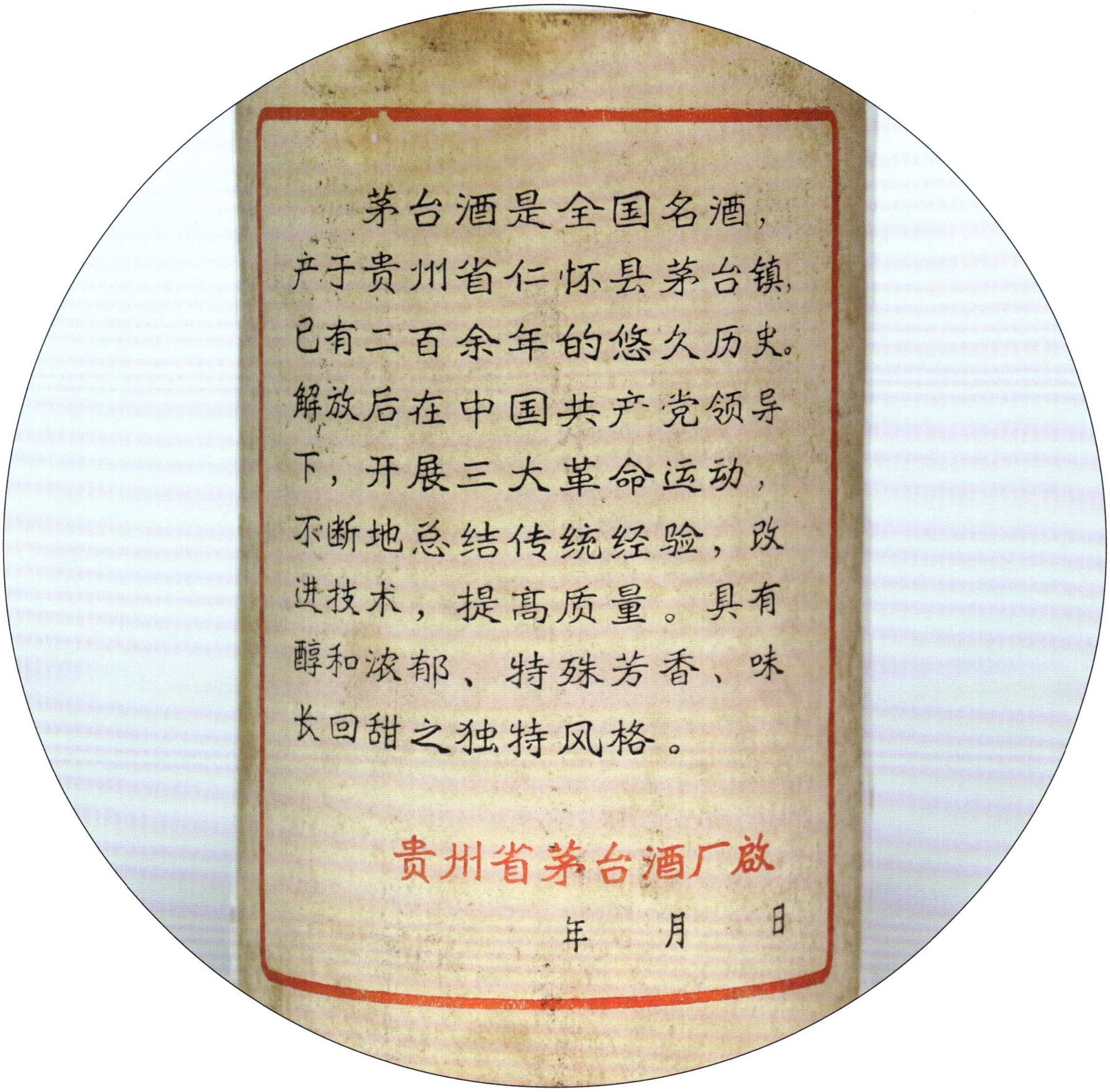

鉴定方法：

01 背标暗记

02 印刷工艺

03 酒厂名称

04 “茅”字

05 生产日期

01 背标暗记

适用时间：1966 年至 1983 年 ★★★★★

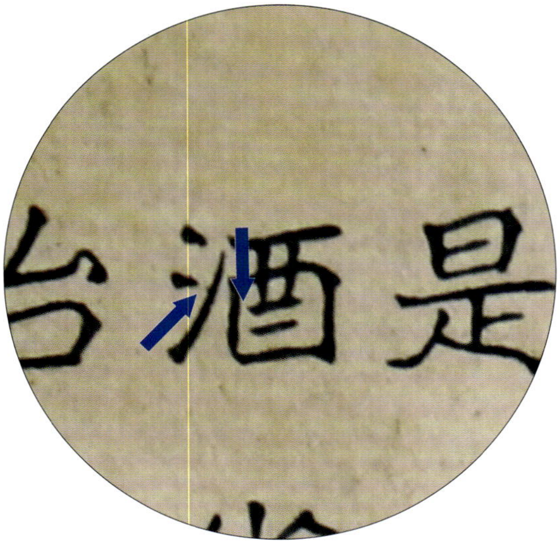

真 真的背标第一行两个“酒”字不一样，第一个“酒”字这两个地方（见左上图箭头所指）是断开的，另一个“酒”字这两个地方（见右上图箭头所指）是连着的

真 两个“州”字字体不一样，一个里面的断开的，另一个是连着的

02 印刷工艺

适用时间：1966 年至 1983 年 ★★★★★

真 真的背标是非电脑字体，做工精致，包浆自然

假 如果字体不对，有明显做旧的痕迹，基本可以确定是假的

03 酒厂名称

适用时间：1966 年至 1983 年 ★★★★★

真 真的背标右下角有“贵州省茅台酒厂啟”一排字

假 如果没有，可直接确定是假的

04 “茅”字

适用时间：1966 年至 1983 年 ★★★★☆

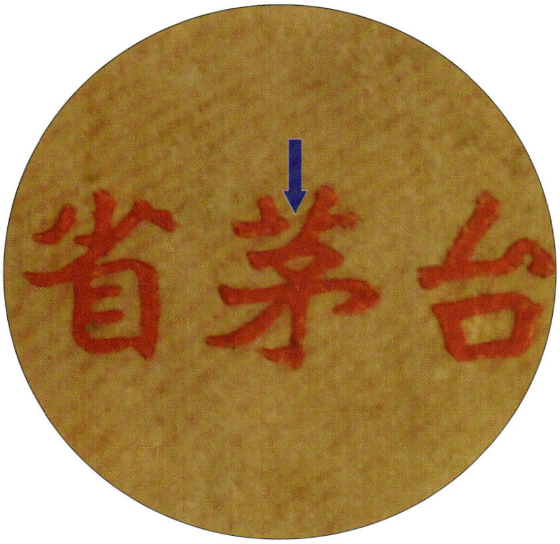

真 “茅”字的草字头是断开的

假 如果是连着的，基本可以确定是假的

05 生产日期

适用时间：1966 年至 1983 年 ★★★★☆

真 生产日期字体是蓝色的，而且带有年、月、日（数字字体大写小写都有）

假 如果生产日期不带年、月、日，或字体是红色的，可直接确定是假的

第三节

瓶帽暗记及鉴定方法

一、瓶帽的演变

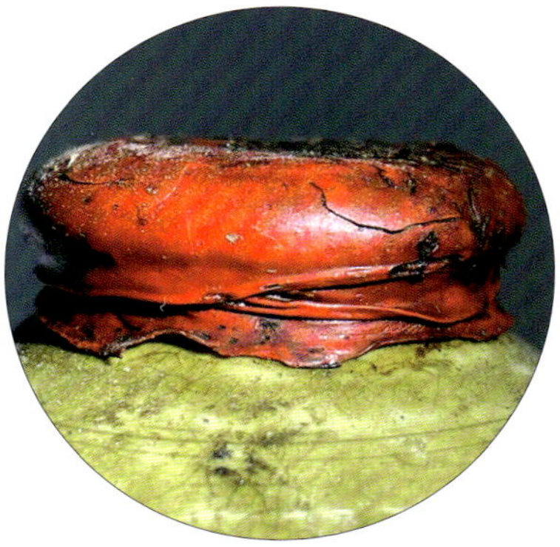

矮嘴酒精膜（初期）

酒精膜（透色）

酒精膜（不透色）

1966 年至 1970 年左右，茅台酒厂使用的瓶嘴比较矮，最外层包裹一层酒精膜，内部为木塞，俗称“矮嘴茅台”；1970 年，茅台酒厂逐渐使用塑料盖，最外层也使用酒精膜，但是膜偏薄，会有不透明与半透明两种情况；20 世纪 80 年代之后，茅台酒厂使用瓶帽的酒精膜偏厚，基本不透明。

二、瓶帽工艺及鉴定方法

真 真的瓶帽酒精膜颜色纯正，老化开裂包浆自然

假 如果色泽不对，没有明显的包浆，就要注意了

01 做工

适用时间：1983 年左右 ★★★★☆

真 真的瓶帽侧面麻点自然，色泽红润有光泽

假 如果麻点不自然，色泽暗沉，基本可以确定是假的

02 顶部麻点

适用时间：1983 年左右 ★★★★★

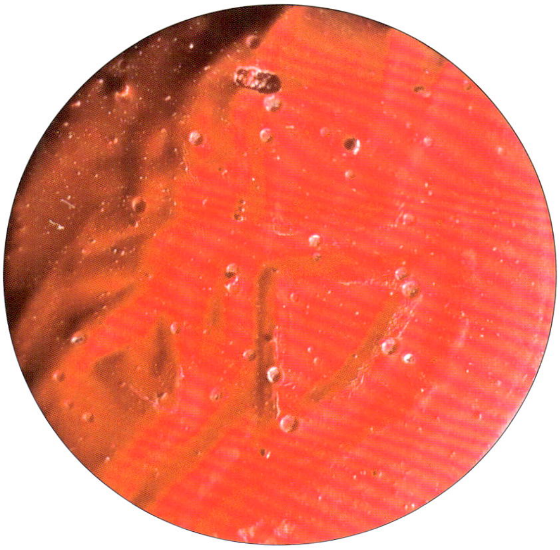

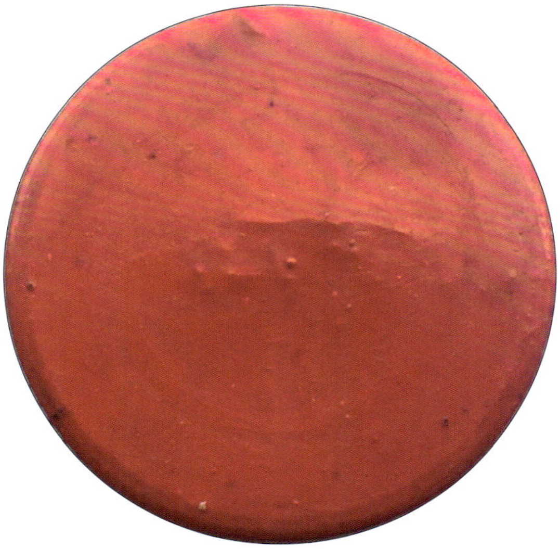

真 真的瓶帽顶部麻点自然，色泽红润有光泽

假 如果麻点不自然，色泽暗沉，基本可以确定是假的

备注：以上两点需要一定的经验，如果把握不准，建议综合判断。

第十章

1975 年—1985 年老飞天茅台鉴定方法

第一节

介绍

一、飞天茅台（第一代）

年份：1958 年至 1968 年
度数：54±1%vol
容量：540mL

1958 年，为适应国际市场需求，茅台酒厂决定采用敦煌壁画中“飞仙献酒”的图案，将茅台酒外销商标更改为“飞天牌”。当年，香港五丰行在中国香港地区、新加坡地区以及马来西亚注册了该商标，名称为“飞仙牌”，大陆地区称为“飞天牌”。

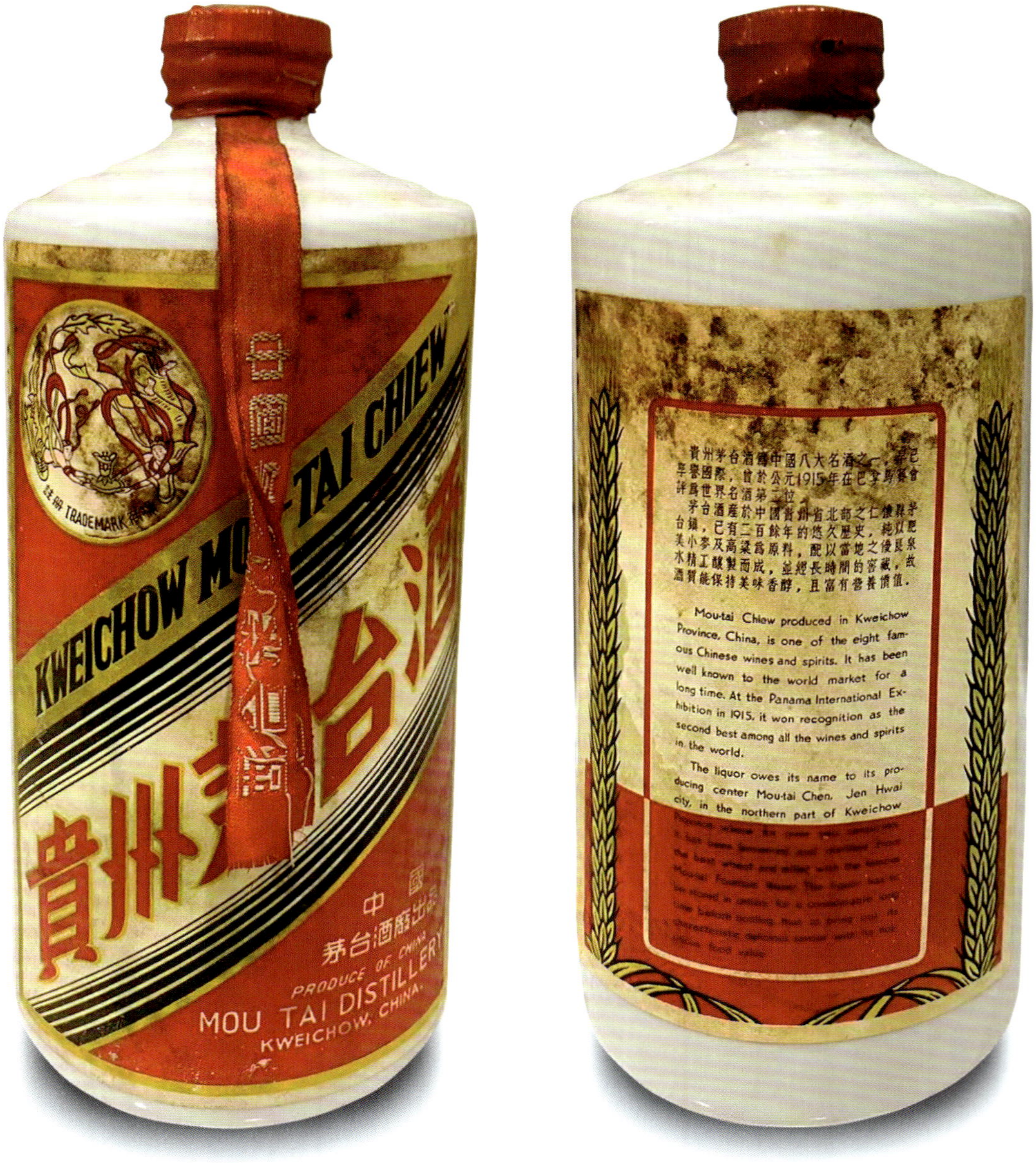

二、飞天茅台（第二代）

年份：1975 年至 1985 年
度数：53%vol
容量：540mL

1975 年，茅台酒厂重新启用飞天标，外销商标由原来的“葵花牌”改为“飞天牌”，这一代与老版本的飞天标相比，线条更加流畅，仙女的表情更加自然。

三、主要的造假方式

一、全套造假（老假酒）

二、回收瓶造假（后封膜）

三、打孔造假

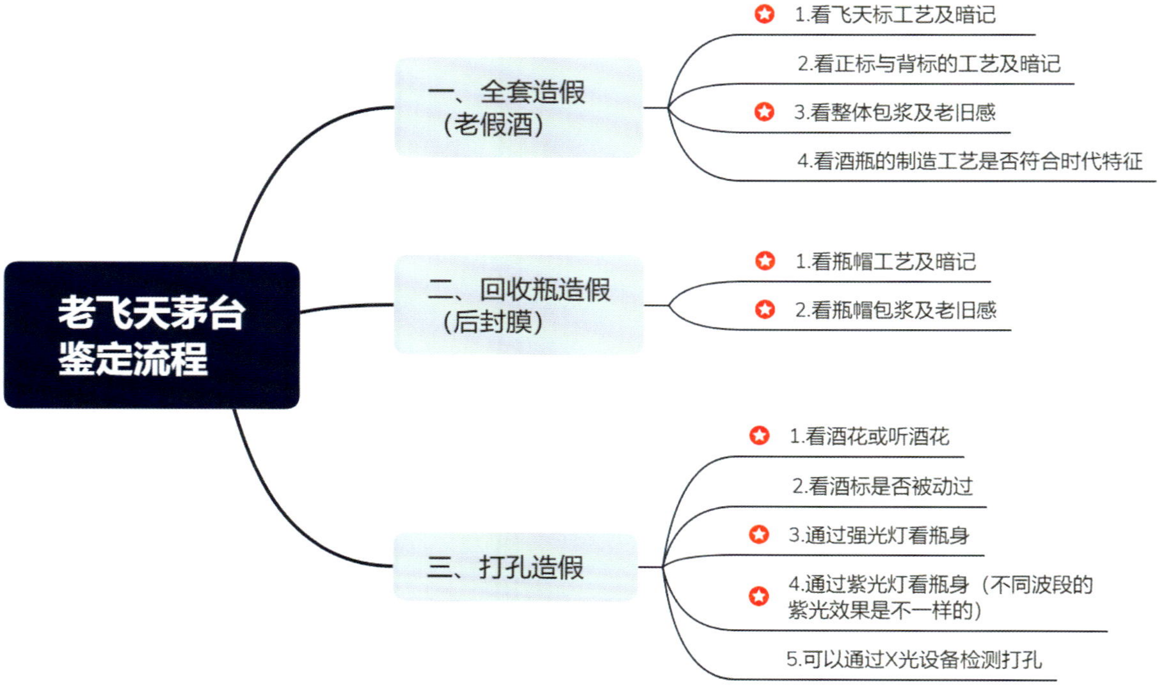

第二节

酒标特征及鉴定方法

一、正标

01 第一代飞天标特征

适用时间：1958 年至 1968 年 ★★★★★

真 真的飞天标线条清晰分明，仙女的脚趾轮廓清晰

假 如果做工粗糙，线条凌乱，仙女的脚趾轮廓不清晰，基本可以确定是假的

02 第二代飞天标特征

适用时间：1975 年至 1985 年 ★★★★★

真 真的飞天标做工精致，线条清晰，流畅自然

假 如果做工粗糙，线条不流畅，基本可以确定是假的

03 正标右上角

适用时间：1975 年至 1985 年 ★★★★★

真 真的酒标做工精致，包浆自然，颜色鲜艳

假 如果做工粗糙，颜色暗淡，有明显做旧痕迹，就要注意了

04 正标右下角

适用时间：1975 年至 1985 年 ★★★★★

真 真的正标右下角，做工精致，字体清晰，有明显包浆

假 如果字体轮廓不对，无明显包浆，就要注意了

二、背标的演变

第一代
（1958 年至 1975 年）

第二代
（1975 年至 1989 年）

1958 年飞天茅台背标为中英文对照，而且中文部分使用的是繁体字，到 1975 年背标内容进行改版，中文字体由原来的繁体字改为简体字。

三、背标特征及鉴定方法（第一代）

鉴定方法：

01 背标中文字

02 背标英文字

01 背标中文字

适用时间：1958 年至 1975 年 ★★★★★

真 真的背标是非电脑字体，做工精致，有明显包浆

假 如果背标是电脑字体，或字体不对，就要注意了

02 背标英文字

适用时间：1958 年至 1975 年 ★★★★★

真 真的背标是非电脑字体，做工精致，有明显包浆

假 如果背标是电脑字体，或字体不对，就要注意了

四、背标特征及鉴定方法（第二代）

鉴定方法：

01 麦穗做工

02 背标字体

茅台酒厂 1975 年改版背标之后，一直到 1989 年才做调整，所以这一款背标与前期的飞天铁盖是一样的，鉴定方法也是一样的，详细可以参考 P271~P273。

01 麦穗做工

适用时间：1975 年至 1989 年 ★★★★★

真 真的背标中麦穗做工精美，色泽饱满，金色在红色上面，不透色

假 如果麦穗做工粗糙，麦穗模糊，印刷不完整，表面透色，就要注意了

02 背标字体

适用时间：1975 年至 1989 年 ★★★★★

真 真的酒标字体做工精致，印刷清晰，字体边缘干净利落

假 如果背标字体做工粗糙，字体不对，基本可以确定是假的

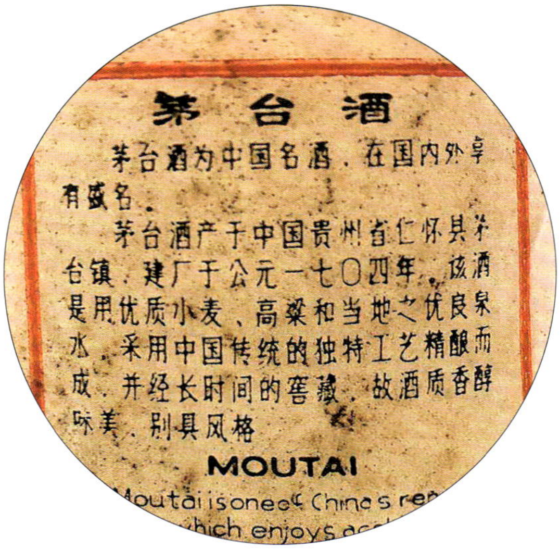

假 如果背标字体做工粗糙，字体不对，基本可以确定是假的

第三节

瓶帽暗记及鉴定方法

一、瓶帽的演变

短盖

长盖

初代飞天茅台的瓶帽比较短，外层用红色酒精膜包裹，并带有两根红色飘带，内部为塑料盖加木塞，后期由短盖换变成了长盖。1983 年开始，瓶帽顶部增加了“茅台”暗记。

二、瓶帽工艺及鉴定方法

鉴定方法：

01 瓶帽顶部

02 茅台暗记

03 瓶帽侧面

详情请参考 P323~P327

第十一章

葵花茅台鉴定方法

第一节

介绍

一、葵花茅台

年份：1967 年至 1974 年

度数：54±1%vol

容量：540mL

1967 年，茅台酒厂成立“革委会”，决定将有“四旧”嫌疑的外销“飞天牌”商标更换为“葵花牌”，选择由中国粮油进出口总公司拥有的“葵花牌”商标，“葵花牌”商标被使用到 1974 年。

二、葵花茅台（三大葵花）

年份：1978 年至 1980 年
度数：54±1%vol
容量：540mL

据《茅台酒厂志》载，1978 年在整理仓库时发现尚有 25.8 万张“葵花牌”商标未使用，由于外销商标“葵花牌”已经恢复为“飞天牌”，因此经有关部门同意用于内销包装。这期间生产的内销茅台有“葵花牌”和“五星牌”两种，背标均为“三大革命”背标，同属内销酒，这就是我们所熟知的“三大革命葵花茅台”。

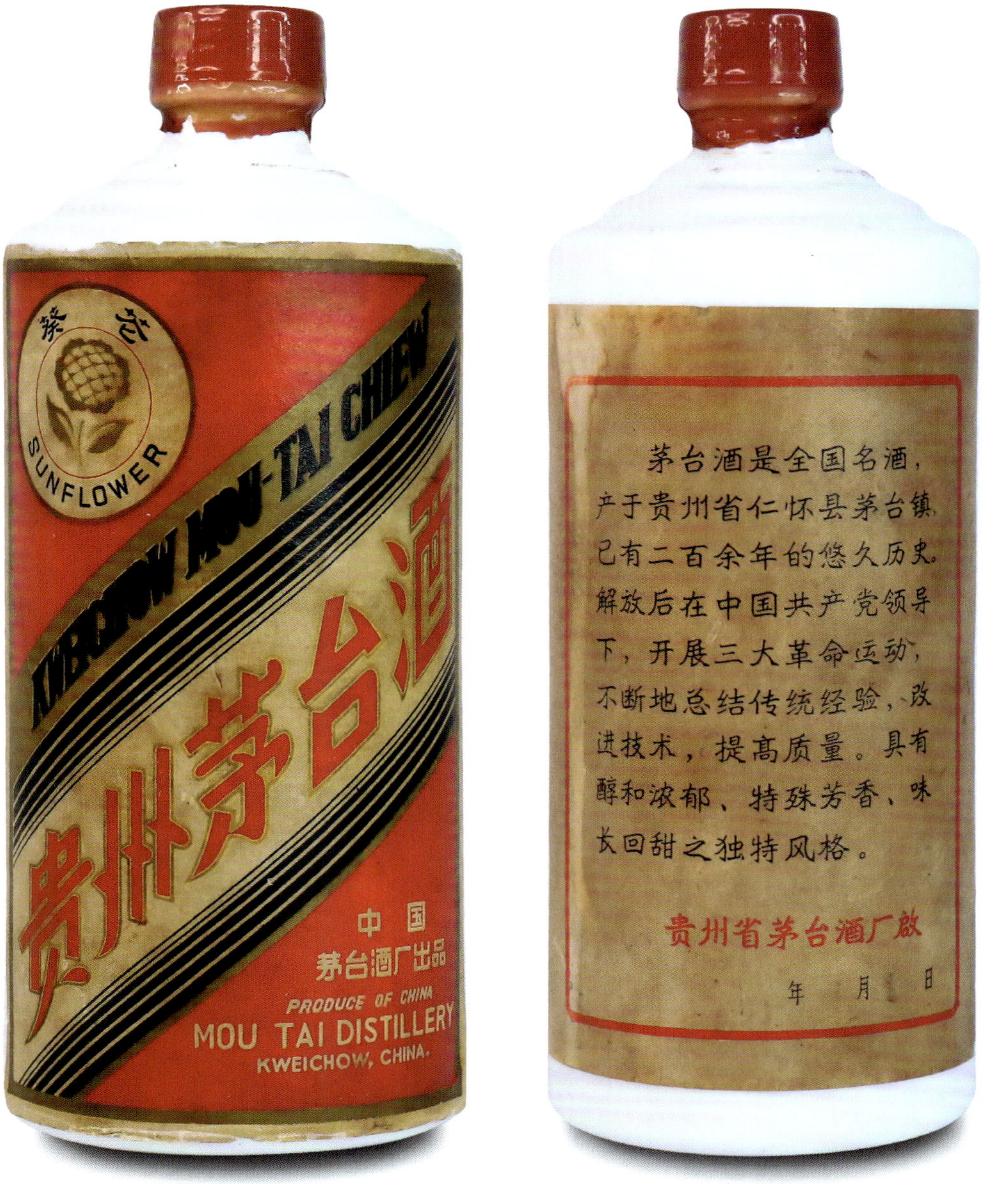

三、主要的造假方式

一、全套造假（老假酒）

二、回收瓶造假（后封膜）

三、打孔造假

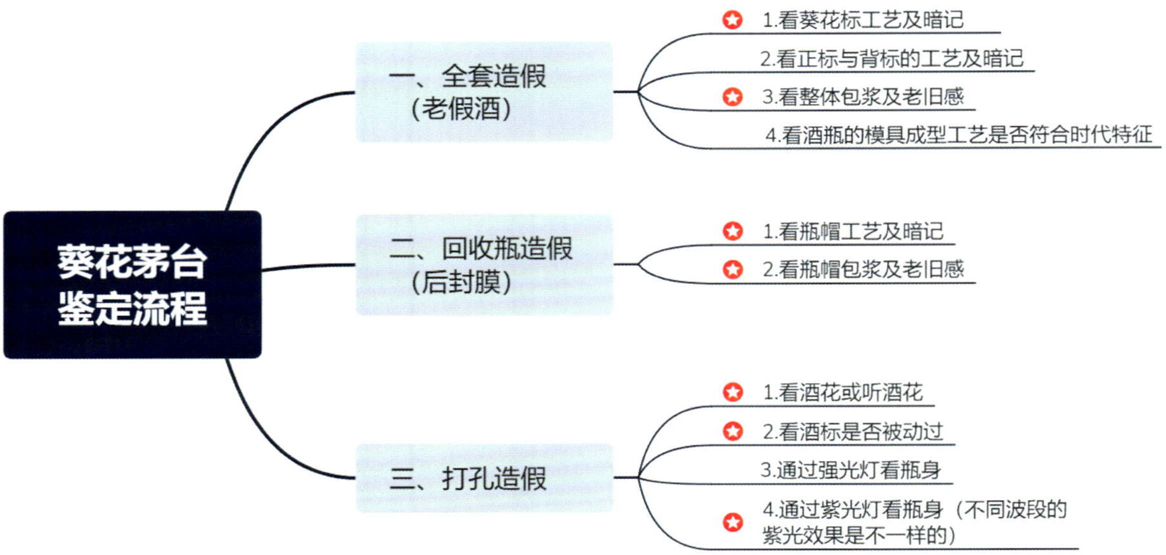

第二节

酒标特征及鉴定方法

一、正标工艺及鉴定方法

鉴定方法：

01 整体工艺

02 葵花标色泽

03 葵花网格

04 “葵”字

05 正标

06 正标右上角

07 正标右下角

01 整体工艺

适用于葵花茅台 ★★★★★

有凹凸感

无凹凸感

真 真的葵花标包浆自然，做工精致，字体有的有凹凸感，有的没有凹凸感，这两种情况都出现过

02 葵花标色泽

适用于葵花茅台 ★★★★★

真 真的葵花标做工精致，轮廓清晰，红色圆圈的线条比较细

假 如果做工粗糙，颜色偏暗，字体及圆圈线条轮廓有差异，就要注意了

03 葵花网格

适用于葵花茅台 ★★★★☆

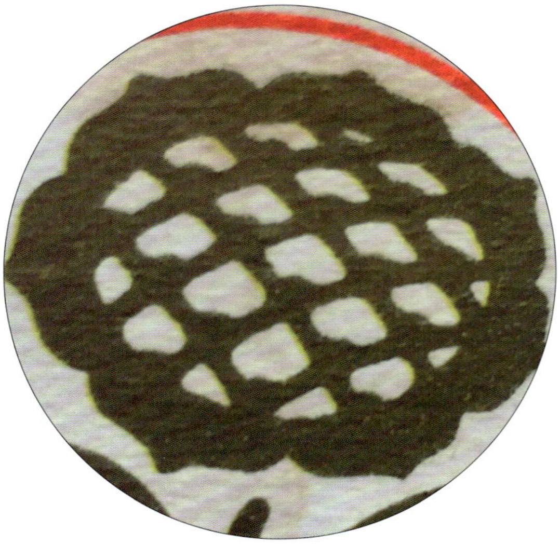

真 葵花网格棱角比较分明

假 如果网格轮廓不对，比较圆润，就要注意了

04 “葵”字

适用于葵花茅台 ★★★★★

真 真的“葵”字“草字头”和下面是断开的

假 如果是连在一起，就要注意了

05 正标

适用于葵花茅台 ★★★★★

真 真的酒标自然老化，有明显的年代感

假 如果颜色暗淡、不自然，就要注意了

06 正标右上角

适用于葵花茅台 ★★★★★

真 真的正标右上角的英文字体比较粗

假 如果字体比较细，有明显做旧的痕迹，就要注意了

07 正标右下角

真 真的正标右下角的字体间隙紧凑，字体较粗

假 如果字体较细，间隔较大，就要注意了

二、背标的演变

第一款

第二款

1967 年，茅台酒厂使用最新的葵花标代替飞天标，但是背标没有改动，沿用了老飞天的背标，详细鉴定技巧也可以参考 P350~P351。三大革命葵花茅台是用于内销的，所以背标与同时期五星茅台是一样的，都是三大革命背标，详细鉴定技巧也可以参考 P335~P338。

三、背标特征及鉴定方法（第一款）

鉴定方法：

01 背标中文字

02 背标英文字

01 背标中文字

适用于葵花茅台 ★★★★★

真 真的背标是非电脑字体，字体清晰，有明显的年代感，包浆自然

假 如果背标是电脑字体，而且字体不对，可直接确定是假的

02 背标英文字

适用于葵花茅台 ★★★★★

真 真的背标做工精致，字体清晰，有明显的年代感，包浆自然

假 如果背标是电脑字体，而且字体不对，可直接确定是假的

第三节

瓶帽暗记及鉴定方法

一、瓶帽工艺及鉴定方法

鉴定方法：

01 瓶帽顶部

02 瓶帽侧面

01 瓶帽顶部

适用于葵花茅台 ★★★★★

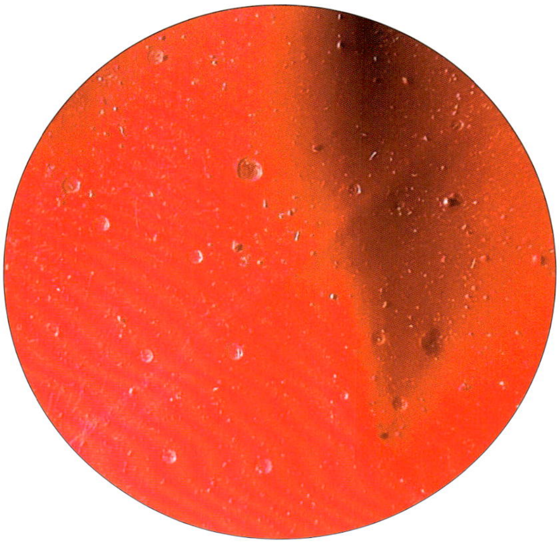

真 真的瓶帽色泽红润，有光泽，包浆自然

假 如果瓶帽色泽不对，工艺不对，包浆不自然，就要注意了

02 瓶帽侧面

适用于葵花茅台 ★★★★★

不透色

半透色

真 真的瓶帽是红色酒精膜，色泽红润，有光泽，包浆自然，也有部分颜色偏浅呈半透明状

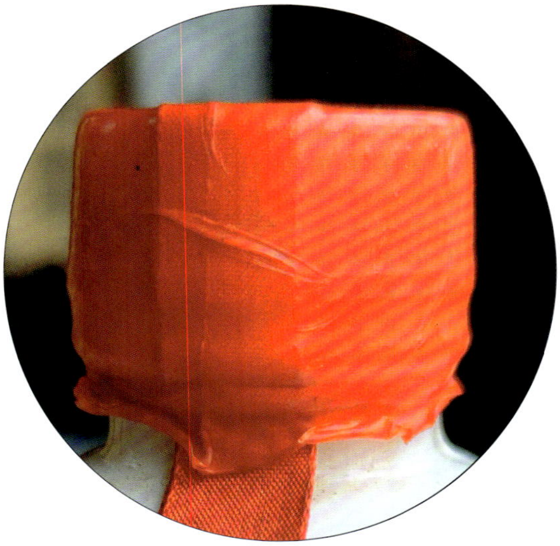

假 如果颜色暗淡，包浆不自然，就要注意了

第十二章

1953 年—1966 年 老茅台鉴定方法

第一节

介绍

一、“金轮牌”茅台

年份：1953 年至 1966 年

度数：54±1%vol

容量：540mL

茅台酒厂在 1953 年合并完成正式建厂之后，推出第一款茅台，使用的是“金轮牌”商标，也就是五星标的前身，瓶身使用土陶瓶。

二、主要的造假方式

一、全套造假（老假酒）

二、回收瓶造假（后封膜）

三、打孔造假

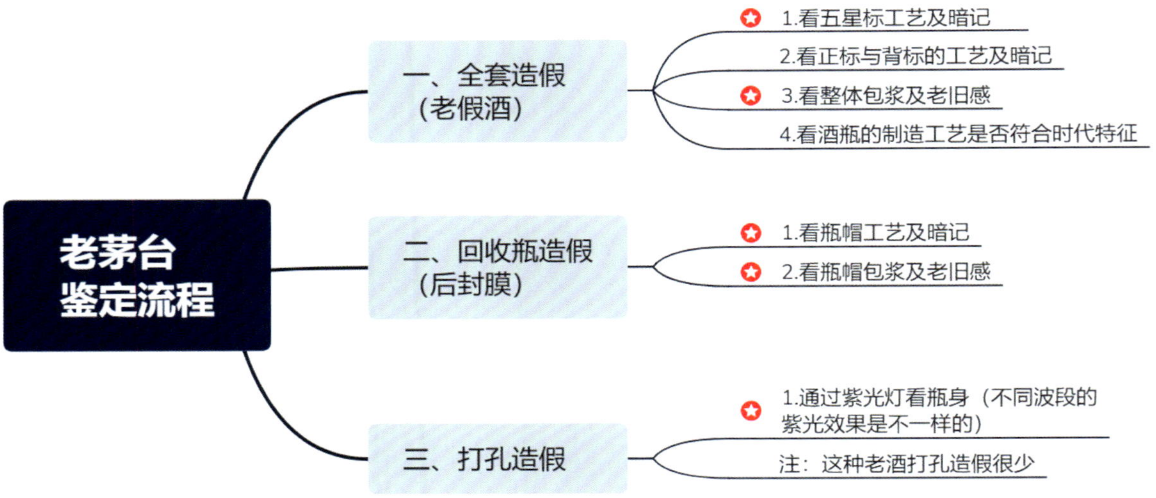

第二节

正标、背标特征及鉴定方法

一、正标特征及鉴定方法

鉴定方法：

01 五星标

02 正标右上角

03 正标右下角

01 五星标

适用时间：1953 年至 1966 年 ★★★★★

真 真的金轮标做工精致，小麦和高粱的颗粒饱满，轮廓清晰

假 如果做工粗糙，颗粒不饱满，轮廓都糊在一起了，可直接确定是假的

02 正标右上角

适用时间：1953 年至 1966 年 ★★★★★

真 真的正标右上角自然老化，线条颜色偏深，呈深灰色

假 如果颜色不对，有明显污水做旧痕迹，可直接确定是假的

03 正标右下角

适用时间：1955 年至 1966 年 ★★★★★

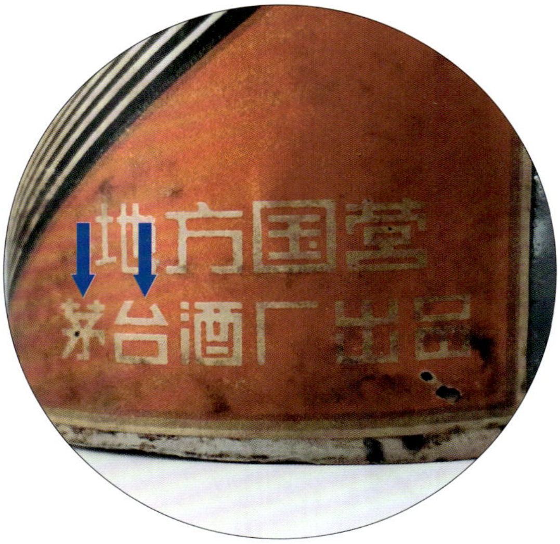

真 真的“茅”字的“艹”是断开的，“台”字没有“艹”

假 如果“茅”字的“艹”是连着的，“台”字有“艹”，可直接确定是假的

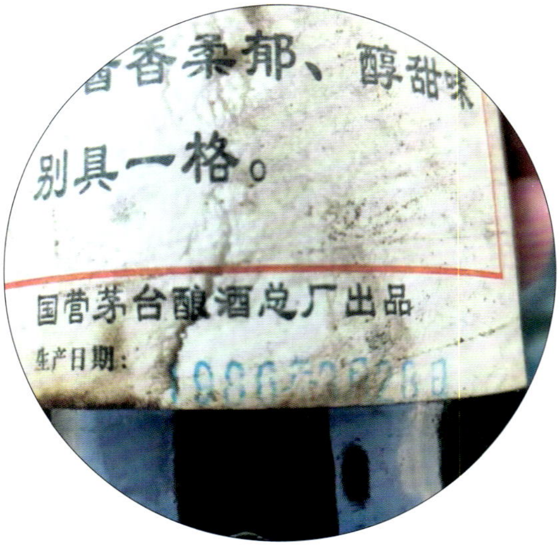

假 如果茅台酒厂的公司名称出现“一分厂”“二分厂”“酿酒总厂”“酿酒厂”可直接确定是假的

二、背标特征及鉴定方法

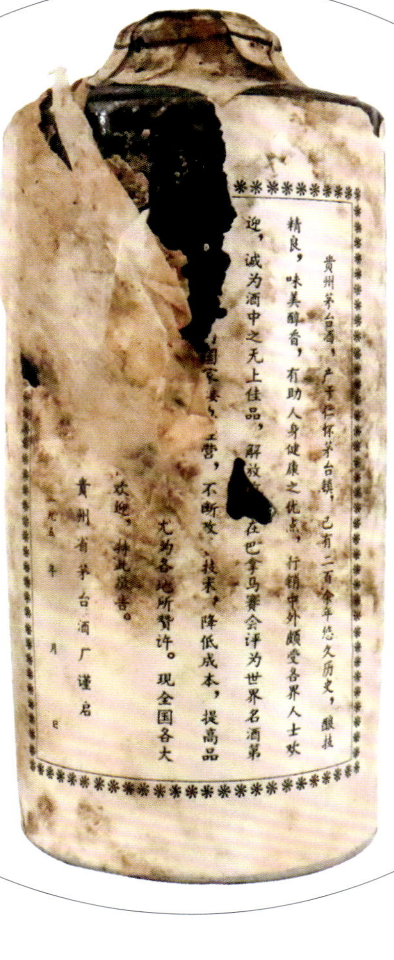

鉴定方法：

01 生产日期

02 背标字体

03 包浆

01 生产日期

适用时间：1953 年至 1966 年 ★★★★★

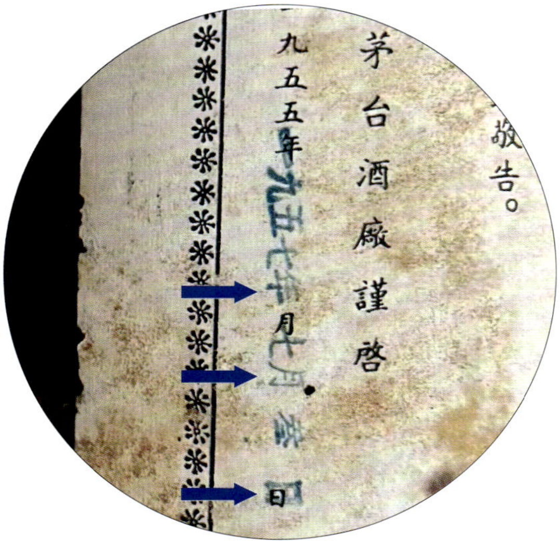

真 真的背标上盖上去的生产日期是带有年、月、日的，并且排版方式是竖排横写的

假 如果背标上盖上去的生产日期不含年、月、日，或者是竖写的，可直接确定是假的

02 背标字体

适用时间：1953 年至 1966 年 ★★★★★

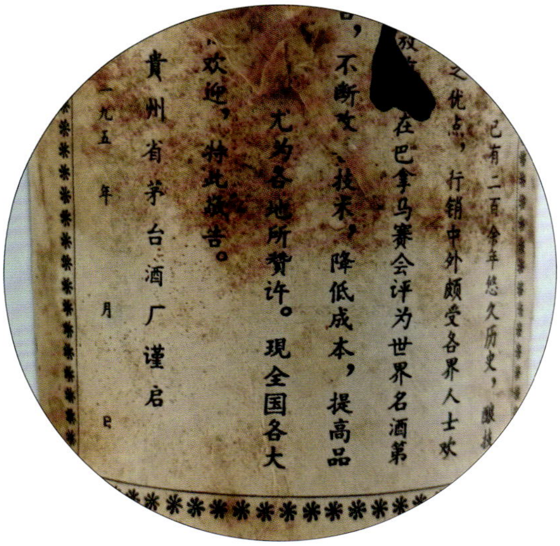

真 真的背标包浆自然，字体是铅字印刷，字体相对比较细

假 如果背标没有明显包浆，是电脑字体，或者字体不对，可直接确定是假的

03 包浆

适用时间：1953 年至 1966 年 ★★★★★

真 酒标经过长时间的岁月沉淀，会有明显的包浆，由于当时工艺的原因，瓶身粗糙不平整，再加上刷的是糨糊，会导致酒标上有些凸起的小点

假 如果没有明显包浆，而且有人为做旧的痕迹，可直接确定是假的

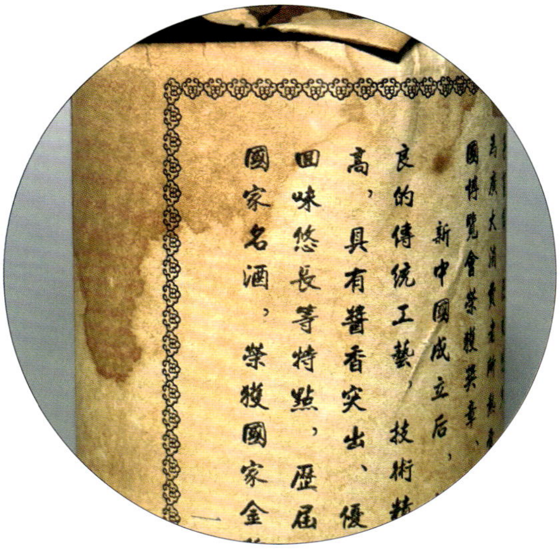

真 真的酒标经过长时间储存，会出现自然老化、虫咬、脱胶等情况，都是正常的

假 如果纸张很新，并带有明显做旧的痕迹，可直接确定是假的

三、工艺特征及鉴定方法

鉴定方法：

01 酒标特征

02 瓶身特征

01 酒标特征

适用时间：1953 年至 1966 年 ★★★★☆

真 真的正标和背标是分开的

假 如果酒标的正标和背标是一体的，可直接确定是假的

02 瓶身特征

适用时间：1953 年至 1966 年 ★★★★☆

真 土陶瓶做工比较粗糙，表面有点凹凸不平

假 如果酒瓶比较光滑，而且瓶身很规整，反而就要注意了

第三节

瓶帽暗记及鉴定方法

一、瓶帽工艺及鉴定方法

鉴定方法：

01 瓶帽顶部

02 瓶帽工艺

01 瓶帽顶部

适用时间：1953 年至 1966 年 ★★★★★

真　真的瓶帽顶部图案左边为小麦，右边为齿轮，中间是“贵州”两个字的繁体

假　如果顶部是五角星，可直接确定是假的

02 瓶帽工艺

适用时间：1953 年至 1966 年 ★★★★★

真　真的瓶帽是用纸包裹的，瓶口没有麻绳

假　如果有麻绳，可直接确定是假的

第十三章

生肖茅台鉴定方法

第一节

介绍

一、生肖茅台

马年生肖茅台

羊年生肖茅台

猴年生肖茅台

鸡年生肖茅台

狗年生肖茅台

猪年生肖茅台

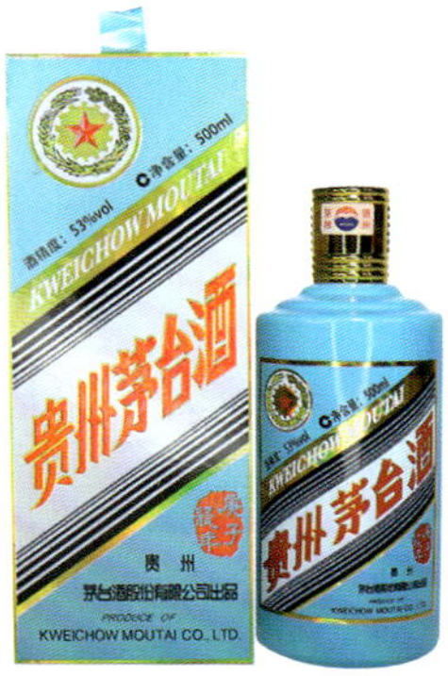

鼠年生肖茅台

牛年生肖茅台

虎年生肖茅台

兔年生肖茅台

龙年生肖茅台

二、主要的造假方式

一、全套造假

二、回收瓶造假

三、拔头造假

四、拔头造假

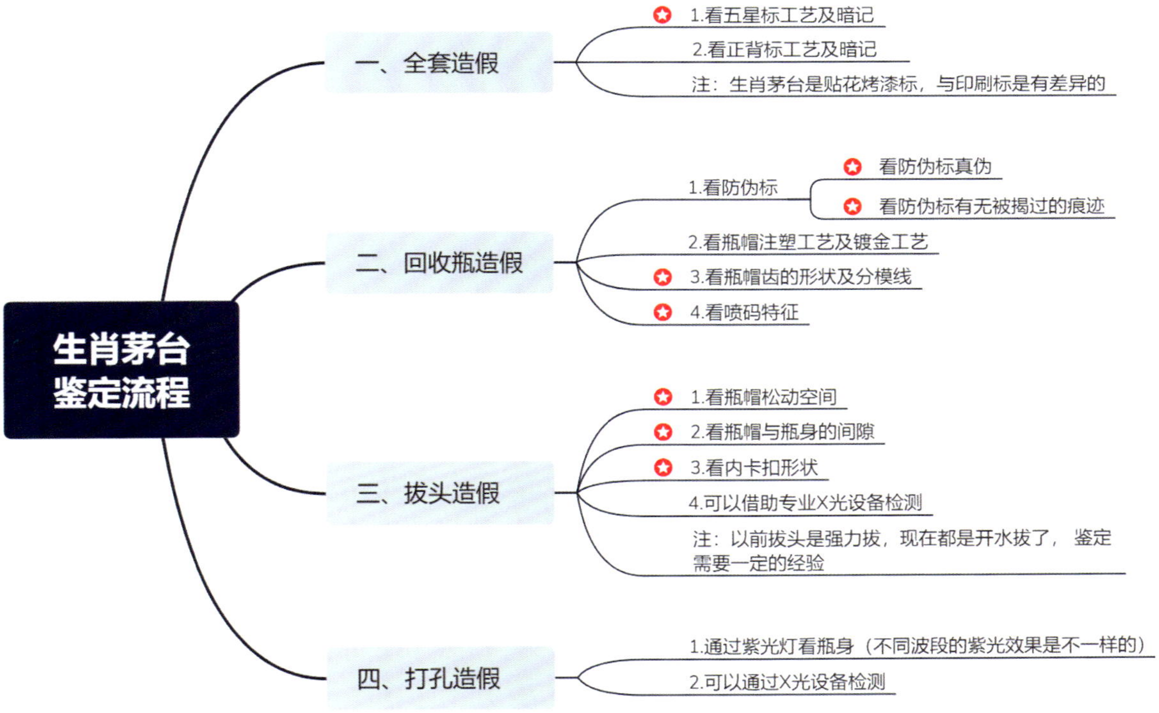

第二节

马、羊、猴年生肖茅台及鉴定方法

（这 3 款生肖茅台鉴定方法比较接近，所以一起分析）

马年生肖茅台简介

年份：2014
度数：53%vol
发行总量：350 吨
容量：500mL、1.5L、2.5L

2014 年，茅台酒厂推出第一款生肖茅台——马年生肖茅台。瓶身整体为大红色，背标为著名画家徐悲鸿的弟子刘勃舒绘制的《春风得意马蹄疾图》。马年茅台是茅台酒厂在 2014 年在年底才推出的，酒标有三种，一种是常规的烤漆标，还有两种印刷标。瓶帽也有两种，一种是带齿的，一种是不带齿的。

羊年生肖茅台简介

年份：2015 年
度数：53%vol
发行总量：250 吨
容量：500mL、1.5L、2.5L

2015 年，茅台酒厂推出第二款生肖茅台——羊年生肖茅台。瓶身颜色为明黄色，背标为中国美术家协会主席刘大为的画作《三羊开泰图》。酒标分两类：一种是传统的烤漆标，一种是印刷标；瓶帽也有两种：一种是带齿的，一种是不带齿的。

猴年生肖茅台简介

年份：2016 年
度数：53%vol
发行总量：650 吨
容量：500mL、1.5L、2.5L

2016 年，茅台酒厂推出第三款生肖茅台——猴年生肖茅台。瓶身整体为金色，背标配以国画大家李燕的《献寿图》。猴年生肖茅台的酒标和瓶帽的工艺只有一种，酒标为烤漆标，瓶帽底座带齿。

一、正标工艺及鉴定方法

马年生肖茅台

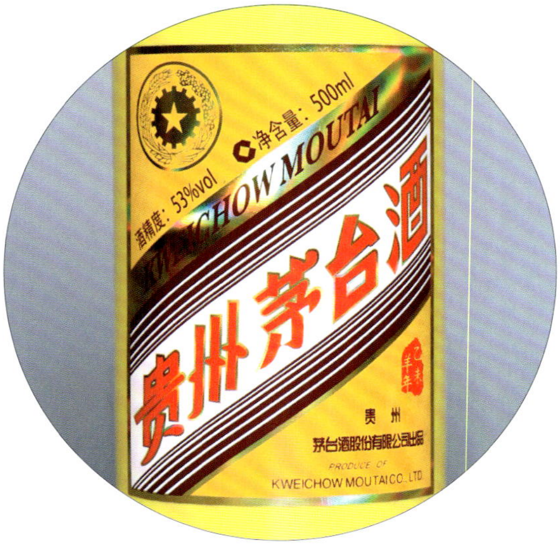

羊年生肖茅台

猴年生肖茅台

鉴定方法：

01 麦穗

02 “精度”两个字

03 字体做工

01 麦穗

适用于马、羊、猴年生肖茅台 ★★★★★

真 真的酒标第四根和第五根麦芒是往上翘的，而且下方叶子上会有一个节点

假 如果第四和第五根麦芒是向下斜的，没有节点，可直接确定是假的

02 “精度”两个字

适用于马、羊、猴年生肖茅台 ★★★★★

真 “精”“度”字体里面左右是分开的

假 如果“精”“度”字体里面是连着的，基本可以确定是假的

03 字体做工

适用于马、羊、猴年生肖茅台 ★★★★★

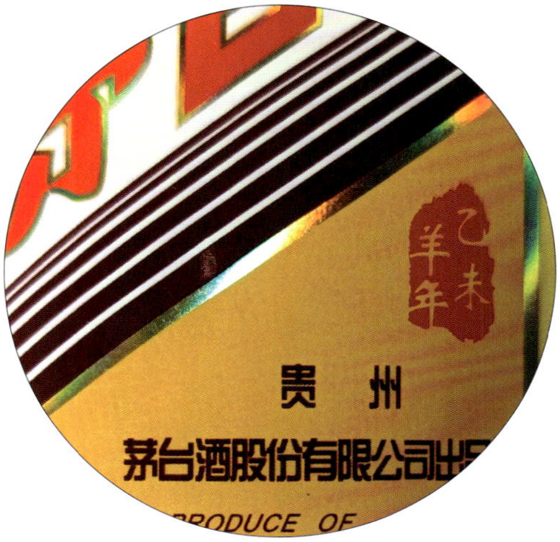

真 真的酒标做工精致，无明显的水纹

假 如果做工粗糙，有明显的水纹，基本可以确定是假的

二、背标工艺及鉴定方法

马年生肖茅台

羊年生肖茅台

猴年生肖茅台

鉴定方法：

01 背标工艺

02 背标左下角

01 背标工艺

适用于马、羊、猴年生肖茅台 ★★★★☆

真 真的背标图案做工精致，无明显水纹

假 如果做工粗糙，有明显水纹，颜色不对，就要注意了

适用于马、羊、猴年生肖茅台 ★★★★★

真 真的背标麦穗做工精致，无明显水纹

假 如果做工粗糙，有明显的水纹，就要注意了

三、瓶帽工艺及鉴定方法

马年生肖茅台

羊年生肖茅台

猴年生肖茅台

鉴定方法：

01 瓶帽喷码

02 防伪标位置

03 防伪标荧光暗记

04 “MT”暗记

备注：还有瓶帽顶部字体轮廓，齿的形状，都能作为鉴定关键点。

01 瓶帽喷码

适用于马、羊年生肖茅台 ★★★★★

真 马年和羊年生肖茅台的喷码，右上图①处和右上图②处是齐平的

01 瓶帽喷码

适用于猴年生肖茅台 ★★★★★

真 从猴年生肖茅台开始，右上图①处是齐平的，右上图②处有齐平的，也有斜进去的

01 瓶帽喷码

适用于马、羊、猴年生肖茅台 ★★★★★

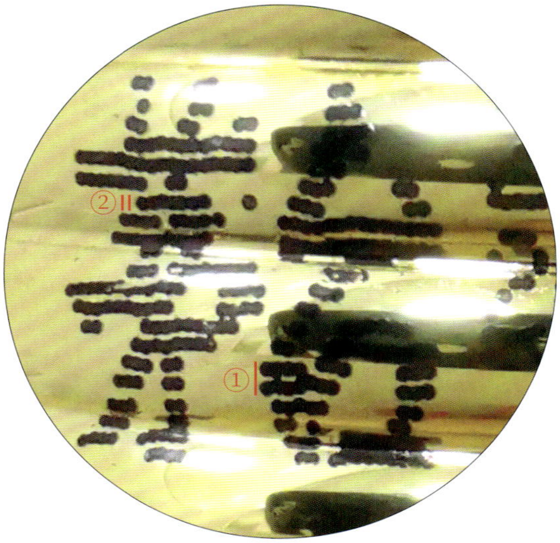

真 左上图①处“台”字这里两行齐平，左上图②处缩进 1 个空格

假 如果右上图①处两行齐平，右上图②处缩进去 2 个空格，就要注意了

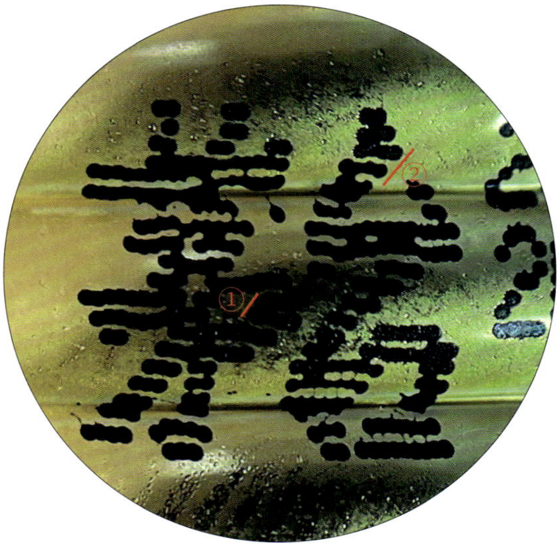

真 左下图①处和②处都是齐平的

假 如果右下图①处和②处都是斜的，就要注意了

02 防伪标位置

适用于马、羊、猴年生肖茅台 ★★★★★

真 真的防伪标贴在中间偏上的位置，离顶部间距还有 1.5~2 圈左右

假 如果位置差距比较大，就要注意了

03 防伪标荧光暗记

适用于马、羊、猴年生肖茅台 ★★★★★

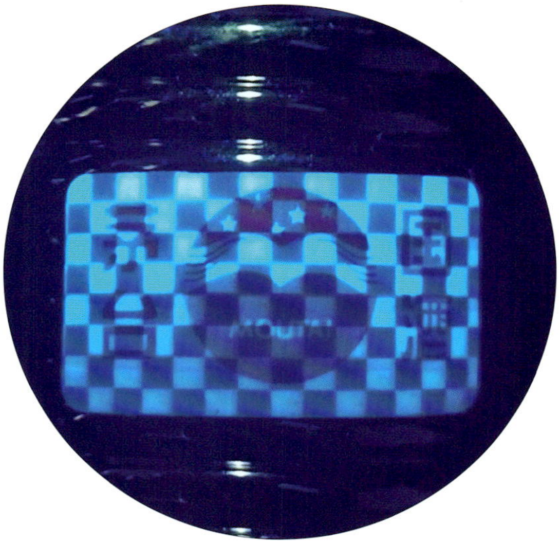

真 真的防伪标荧光网格是在文字和商标的下层

假 如果荧光网格在最上层，那就要注意了

04 “MT”暗记

适用于马、羊、猴年生肖茅台 ★★★★★

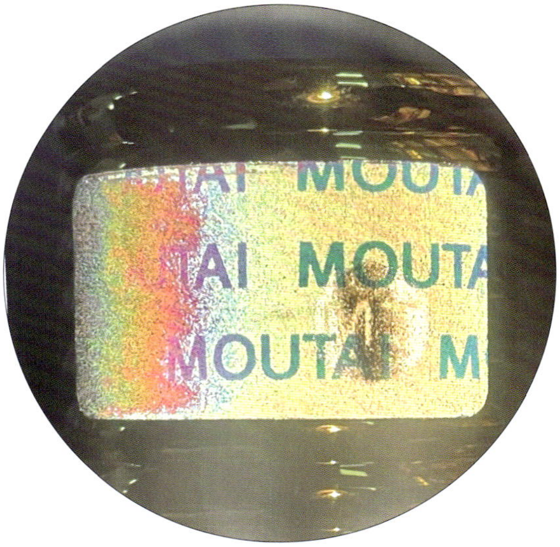

真 用茅台识别器看防伪标，会有银色的圆圈，里面有镂空的“MT”暗记

假 如果暗记工艺不对，就要注意了

第三节

鸡、狗、猪、鼠年生肖茅台及鉴定方法

（这 4 款生肖茅台鉴定方法比较接近，所以一起讲解）

鸡年生肖茅台简介

年份：2017 年
度数：53%vol
容量：375mL、500mL、1.5L、2.5L

2017 年，茅台酒厂推出第四款生肖茅台——鸡年生肖茅台，并增大了市场投放量。鸡年生肖茅台瓶身为蓝色，背标为国画大家陈永锵先生精心绘制的《司晨》。茅台酒厂并对瓶帽做了升级，齿口由原来的瓶帽底部改为瓶帽中间。

狗年生肖茅台简介

年份：2018 年
度数：53%vol
容量：375mL、500mL、1.5L、2.5L

2018 年，茅台酒厂推出第五款生肖茅台——狗年生肖茅台，瓶身颜色为灰色。背标为中国著名画家纪连彬所画的《狗年生肖国画》，酒标及瓶帽的工艺与鸡年生肖茅台的工艺一致。

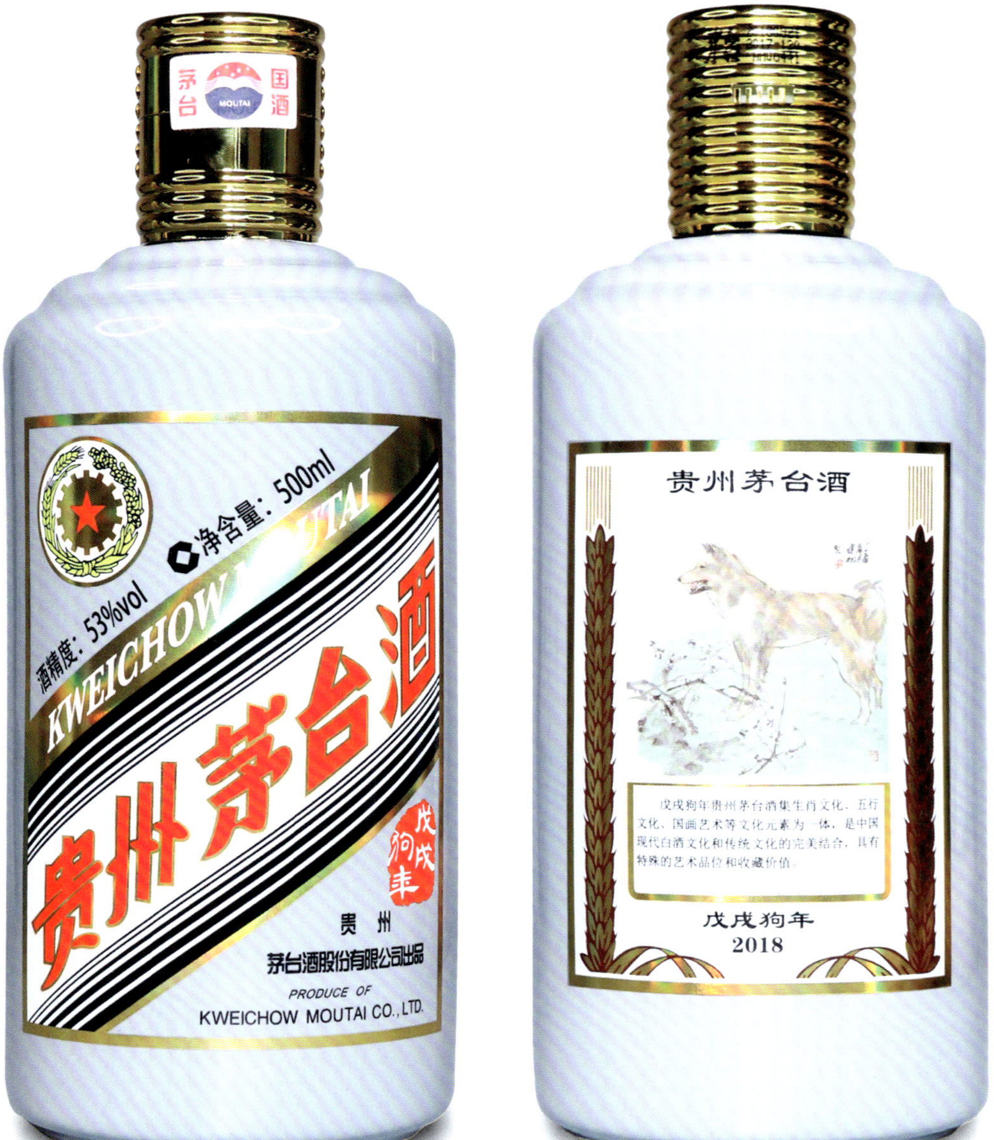

猪年生肖茅台简介

年份：2019 年
度数：53%vol
容量：375mL、500mL、1.5L、2.5L

2019 年，茅台酒厂推出第六款生肖茅台——猪年生肖茅台。瓶身颜色为黑色，背标出自国家一级美术师史国良先生之手，图案具有中国传统水墨风格，赐名《五福拱门》，酒标和瓶帽工艺与狗年生肖茅台的工艺一致。

鼠年生肖茅台简介

年份：2020 年
度数：53%vol
容量：375mL、500mL、1.5L、2.5L

2020 年，茅台酒厂推出第七款生肖茅台——鼠年生肖茅台。瓶身颜色为天青蓝，背标为方楚雄先生妙手绘就的《富贵香色空无味图》。酒标及瓶帽的工艺特征与猪年生肖茅台的工艺一致。

一、正标工艺及鉴定方法

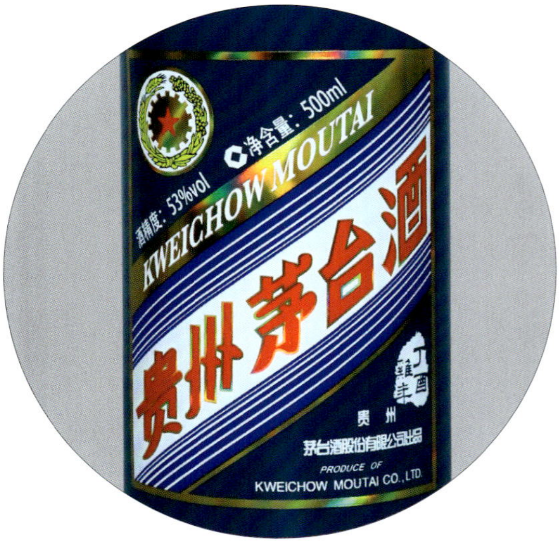

鸡年生肖茅台

狗年生肖茅台

猪年生肖茅台

鼠年生肖茅台

鉴定方法：

01 麦穗

02 “%”符号

03 “精度”两个字

04 整体做工

五星标工艺特征

第一款（GC 瓶底）

第二款（HG 瓶底）

真 鸡年生肖茅台比较特殊，它有两款标，区别如上面两图所示，其他生肖只有一款

01 麦穗

适用于鸡、狗、猪、鼠年生肖茅台 ★★★★★

真 真的酒标中第四根和第五根麦芒是往上翘的，左边的麦叶有个节点

假 如果发现是向下斜的，没有节点，基本可以确定是假的

备注：除了瓶底是“HG”标识的鸡年生肖茅台之外都适用。

02 “%”符号

适用于鸡、狗、猪、鼠年生肖茅台 ★★★★☆

真 正标的“%”中的“/”与上下两个部分（左上图已标出）相比，更细一些

假 如果“%”中“/”和上下两个部分（右上图已标出）一样粗，基本可以确定是假的

03 “精度”两个字

适用于鸡、狗、猪、鼠年生肖茅台 ★★★★☆

真 真的生肖茅台正标的“精”和“度”字左右是分开的

假 如果“精”和“度”字体里面是连着的，基本可以确定是假的

04 整体做工

适用于鸡、狗、猪、鼠年生肖茅台 ★★★★★

真 真的酒标做工精致，无明显水纹

假 如果酒标有明显的水纹，基本可以确定是假的

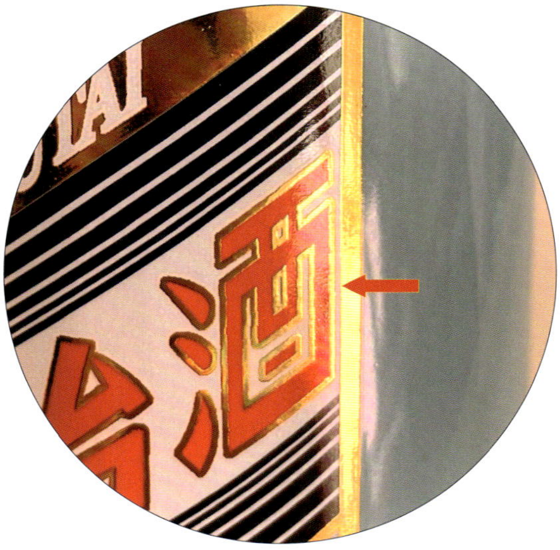

真 真的做工精致，金色色泽丰富，字体轮廓清晰

假 如果做工粗糙，金色色泽呆板，基本可以确定是假的

二、背标工艺及鉴定方法

鸡年生肖茅台

狗年生肖茅台

猪年生肖茅台

鼠年生肖茅台

鉴定方法：

01 背标工艺

02 背标左下角

03 “茅”字

04 “文”字

01 背标工艺

适用于鸡、狗、猪、鼠年生肖茅台 ★★★☆☆

真 真的背标图案做工精致，无明显水纹

假 如果做工粗糙，有明显的水纹，基本可以确定是假的

02 背标左下角

适用于鸡、狗、猪、鼠年生肖茅台 ★★★☆☆

真 真的背标做工精致，无明显水纹，上面没有膜

假 如果做工粗糙，有明显的水纹，而且多一层薄膜，基本可以确定是假的

03 “茅”字

适用于狗、猪、鼠年生肖茅台 ★★★★★

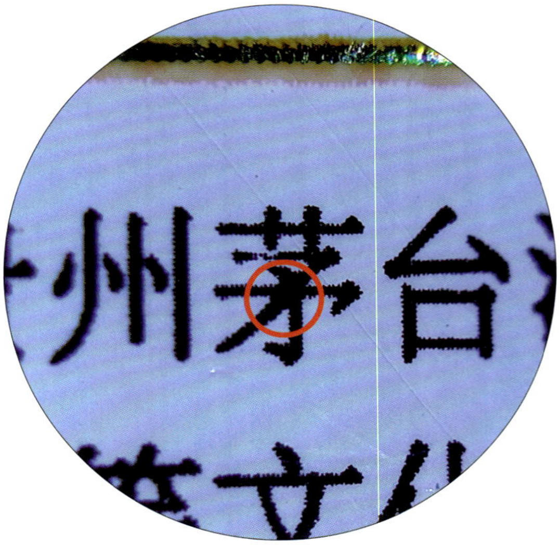

真 真的背标第一排的“茅”字的一撇偏左

假 如果“茅”字的一撇在中间位置，基本可以确定是假的

04 “文”字

适用于狗、猪、鼠年生肖茅台 ★★★★★

真 真的背标第一排的“文”字一点与下面的一横是分开的

假 如果“文”字一点与下面的一横是连着的，基本可以确定是假的

备注：以上两个鉴定点从 2018 年 3 月份开始（狗年生肖茅台）。

三、瓶帽工艺及鉴定方法

鸡年生肖茅台

狗年生肖茅台

猪年生肖茅台

鼠年生肖茅台

鉴定方法：

01 瓶帽顶部

02 瓶帽工艺

03 瓶帽喷码

04 瓶帽齿口

05 防伪标位置

06 荧光暗记

07 “MT”暗记

08 字母组合“UT”“AI”

01 瓶帽顶部

适用于鸡、狗、猪、鼠年生肖茅台 ★★★★★

真 真的瓶帽顶部镀金工艺做工精致，没有明显的杂质颗粒

假 如果瓶帽顶部做工粗糙，有明显的杂质颗粒，就要注意了

02 瓶帽工艺

适用于鸡、狗、猪、鼠年生肖茅台 ★★★★★

真 真的瓶帽注塑饱满，镀金工艺做工精致，没有明显的杂质颗粒

假 如果注塑不饱满，镀金有明显的杂质颗粒，就要注意了

03 瓶帽喷码

适用于猪、鼠年生肖茅台 ★★★★★

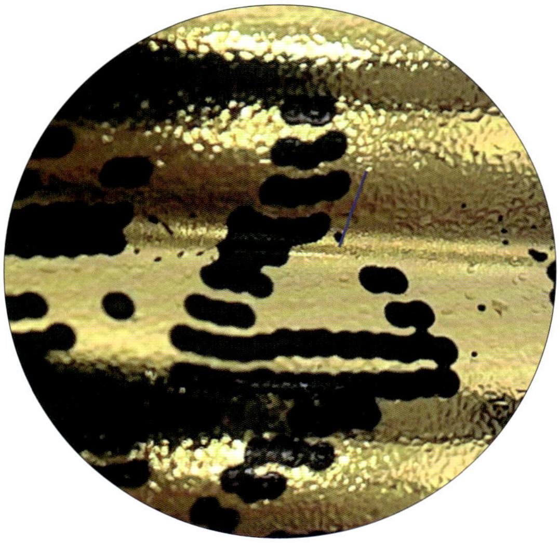

真 从猪年茅台开始，“台”字有齐平的（见左上图标线处），也有斜进去的（见右上图标线处）

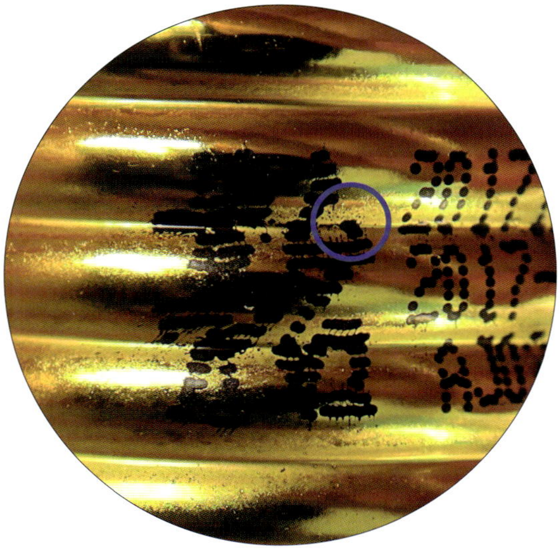

真 真的瓶帽喷码的“台”字这一点是向内斜的，是“2+2”组合

假 如果是三角形“1+3”组合，可直接确定是假的

04 瓶帽齿口

适用于鸡、狗、猪、鼠年生肖茅台 ★★★★★

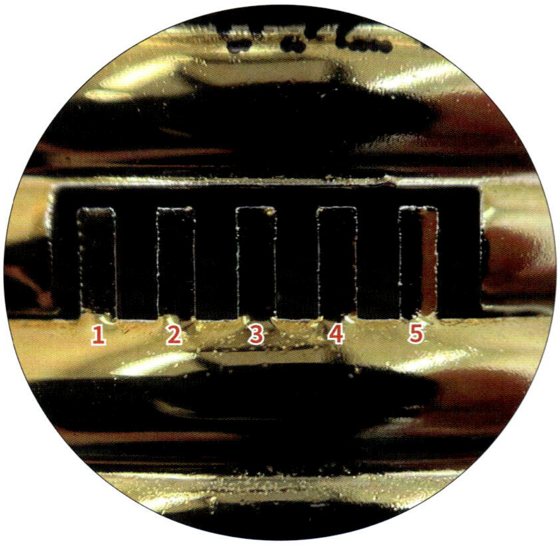

真 第 1 个齿和第 5 个齿呈长方形，而中间的 3 个齿是梯形，且偏窄些

假 如果 5 个齿都是长方形的，宽度一样，可直接确定是假的

05 防伪标位置

适用于鸡、狗、猪、鼠年生肖茅台 ★★★★★

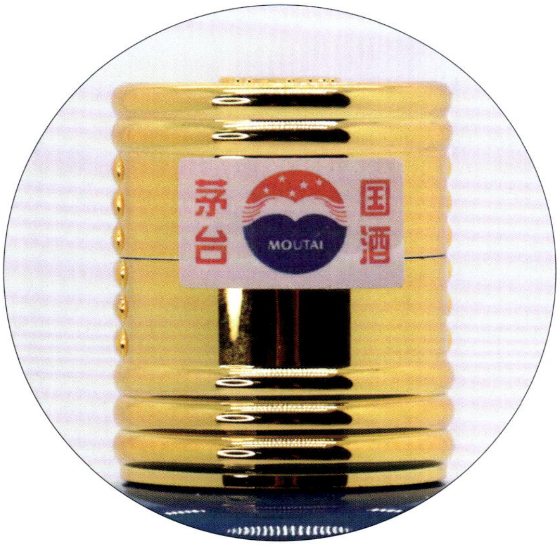

真 防伪标贴在空白处靠上的位置

假 如果位置不对，就要注意了

06 荧光暗记

适用于鸡、狗、猪、鼠年生肖茅台 ★★★★★

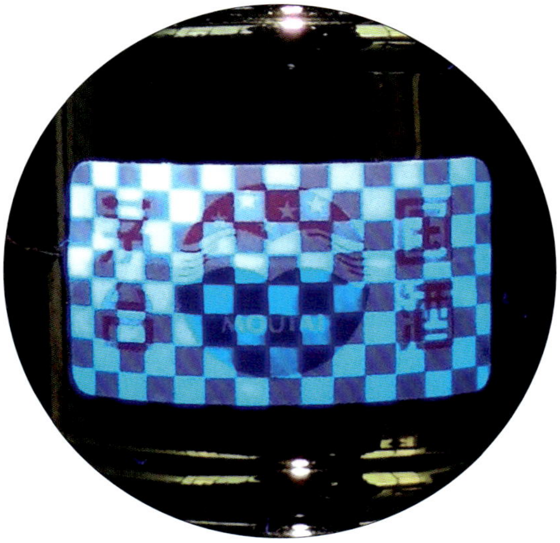

真 真的荧光网格是在文字和商标的下层

假 如果荧光网格在最上层，基本可以确定是假的

07 “MT”暗记

适用于鸡、狗、猪、鼠年生肖茅台 ★★★★★

真 通过茅台识别器看会有银色的圆圈，里面是镂空的“MT”暗记，字体偏粗

假 如果暗记工艺及轮廓不对，基本可以确定是假的

08 字母组合“UT”“AI”

适用于鸡、狗、猪、鼠年生肖茅台 ★★★★★

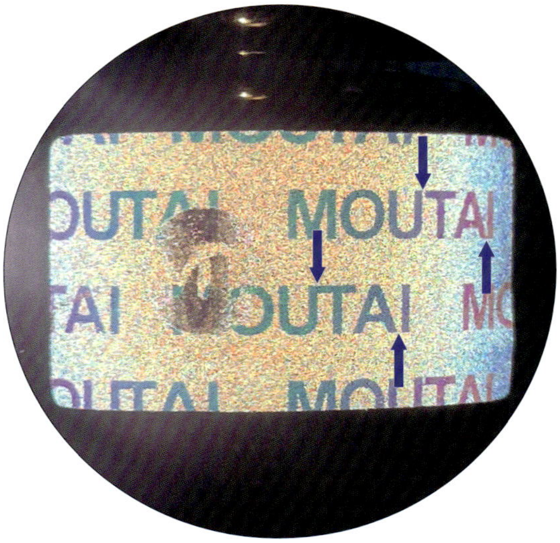

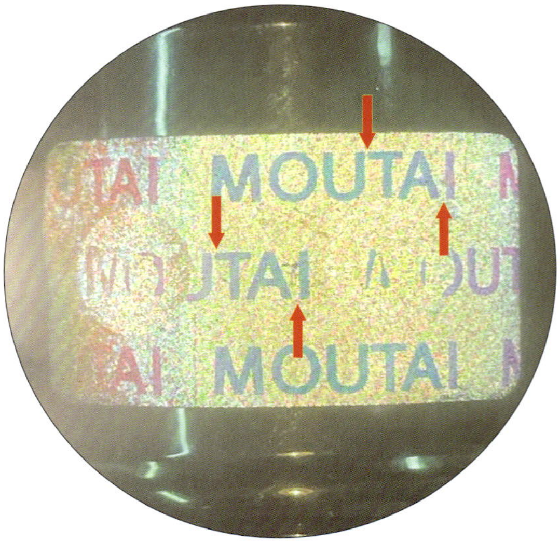

真 真的“UT”“AI”字母组合，一个是连着的，一个是分开的，交替使用有 4 种组合

假 如果暗记不对，就要注意了

第四节

牛、虎、兔、龙年生肖茅台及鉴定方法

（这 4 款生肖茅台鉴定方法比较接近，所以一起分析）

牛年生肖茅台简介

年份：2021 年
度数：53%vol
容量：375mL、500mL、1.5L、2.5L

2021 年，茅台酒厂推出第八款生肖茅台——牛年生肖茅台。瓶身颜色为橙色，背标为著名画家尼玛泽仁先生创作的《高原之舟牦牛》，还邀请著名书法家创作书法作品《辛丑牛年生肖酒铭》。酒标工艺依旧是烤漆，但是瓶帽的齿口改成上下齿，而且瓶帽空白处还喷上了金色的字母。

虎年生肖茅台简介

年份：2022 年
度数：53%vol
容量：375mL、500mL、1.5L、2.5L

2022 年，茅台酒厂推出第九款生肖茅台——虎年生肖茅台。瓶身为绿色，背标为中国著名艺术家孟祥顺先生精心绘制的《王者气》，瓶身与瓶帽的工艺与牛年生肖茅台的工艺一致。

兔年生肖茅台简介

年份：2023 年
度数：53%vol
容量：375mL、500mL、1.5L、2.5L

2023 年，茅台酒厂推出第十款生肖茅台——兔年生肖茅台。瓶身颜色为天缈绿，瓶身图案以著名画家于文江“玉兔呈祥”为主要元素及著名书法家王丹书写的“癸卯兔年生肖酒铭”，融合了东方神秘的书法、绘画艺术的精髓，成为美时代、美生活的最佳写意。

龙年生肖茅台简介

年份：2024 年
度数：53%vol
容量：375mL、500mL

2024 年，茅台推出第十一款生肖茅台——龙年生肖茅台。瓶身颜色是以 2024 年度主题色“缃叶色”为基调的柘黄色，瓶身图案以著名画家苗再新画作《腾龙图》为主要元素及著名书法家胡抗美书写的“甲辰龙年生肖酒铭”，画中将旭日冉冉升起置于画面左上角，巨龙飞天腾云驾雾注视着那旭日，目光坚定如炬。

一、正标工艺及鉴定方法

鉴定方法：

01 麦穗

02 高粱

03 打结处

04 字母“CH”组合

05 “精”和“度”两个字

06 “酒”字

01 麦穗

适用于牛、虎、兔、龙年生肖茅台 ★★★★★

真 真的麦芒有细小的毛边

假 如果麦芒边缘圆润光滑，就要注意了

02 高粱

适用于牛、虎、兔、龙年生肖茅台 ★★★★★

真 左下图①处的高粱黑线明显要粗一些，②处高粱芯不明显

假 如果右下图①处黑色部分太细，②处高粱芯太明显，可直接确定是假的

03 打结处

适用于牛、虎、兔、龙年生肖茅台 ★★★★★

真 真的五星标打结处有两个黑色的凸起

假 如果打结处只有一个黑色的凸起，或者没有，可直接确定是假的

04 字母“CH”组合

适用于牛、虎、兔、龙年生肖茅台 ★★★★★

真 真的正标中的字母“CH”组合是分开的

假 如果“CH”是连着的，可直接确定是假的

05 “精”和“度”两个字

适用于牛、虎、兔、龙年生肖茅台 ★★★★★

真 真的正标中的“精”和“度”字体里面左右是分开的

假 如果“精”和“度”字体里面是连着的，可直接确定是假的

06 “酒”字

适用于牛、虎、兔、龙年生肖茅台 ★★★★★

真 真的酒标做工精致，纹理清晰

假 如果做工粗糙，字体凹凸不平，可直接确定是假的

二、背标工艺及鉴定方法

鉴定方法：

01 背标工艺

02 “茅”字

03 “文”字

01 背标工艺

适用于牛年生肖茅台 ★★★★★

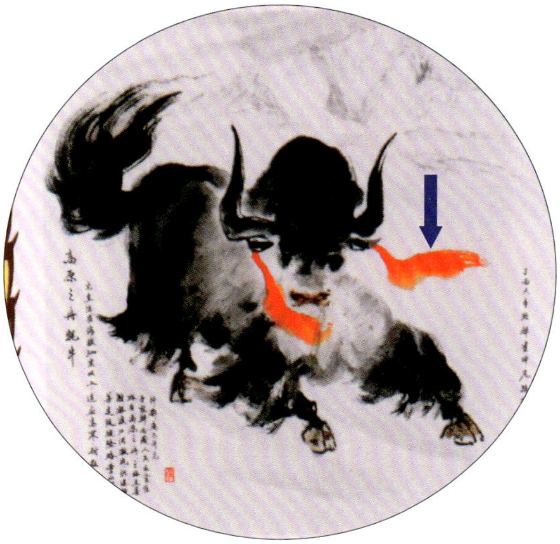

真 真的做工精致，纹理清晰，颜色鲜艳

假 如果做工粗糙，纹理模糊，颜色不对，基本可以确定是假的

01 背标工艺

适用于虎年生肖茅台 ★★★★★

真 真的背标图案整体偏蓝色，冷色调

假 如果是偏黄、暖色调，就要注意了

02 “茅”字

适用于牛、虎、兔、龙年生肖茅台 ★★★★★

真 真的背标第一排的“茅”字的一撇偏左

假 如果“茅”字的一撇在中间位置，基本可以确定是假的

03 “文”字

适用于牛、虎、兔、龙年生肖茅台 ★★★★★

真 真的背标第一排的“文”字的点与下面的一横是分开的

假 如果“文”字的点与下面的一横是连着的，基本可以确定是假的

备注：以上两个鉴定点不适用于 375mL 的牛年生肖茅台。

三、瓶帽工艺及鉴定方法

鉴定方法：

01 瓶帽顶部

02 瓶帽工艺

03 瓶帽喷码

04 瓶帽齿口

05 防伪标位置

06 “MT”暗记

07 字母组合“UT”“AI”

01 瓶帽顶部

适用于牛、虎、兔、龙年生肖茅台 ★★★★★

真 真的瓶帽镀金工艺做工精致，中间的“牛”字比例协调

假 如果发现做工粗糙，“牛”字比例偏大，那就要注意了

02 瓶帽工艺

适用于牛、虎、兔、龙年生肖茅台 ★★★★★

真 真的瓶帽字母做工清晰整齐

假 如果字母错乱粗糙，可直接确定是假的

03 瓶帽喷码

适用于牛、虎、兔、龙年生肖茅台 ★★★★★

真 瓶帽喷码的“台”字的一点是斜的，“2+2”组合

假 如果“台”字这一点是三角形，“1+3”组合，基本可以确定是假的

04 瓶帽齿口

适用于牛、虎、兔、龙年生肖茅台 ★★★★★

真 瓶帽齿口做工精致，齿相对比较宽

假 如果做工粗糙，齿口很细，就要注意了

05 防伪标位置

适用于牛、虎、兔、龙年生肖茅台 ★★★★★

真 真的防伪标贴在平面靠上的位置

假 如果位置不对，那就要注意了

06 “MT”暗记

适用于牛、虎、兔、龙年生肖茅台 ★★★★★

真 用茅台识别器看防伪标，会有银色的圆圈，里面是镂空的“MT”暗记

假 如果暗记工艺不对，轮廓不对，可直接确定是假的

07 字母组合“UT”“AI”

适用于牛、虎、兔、龙年生肖茅台 ★★★★★

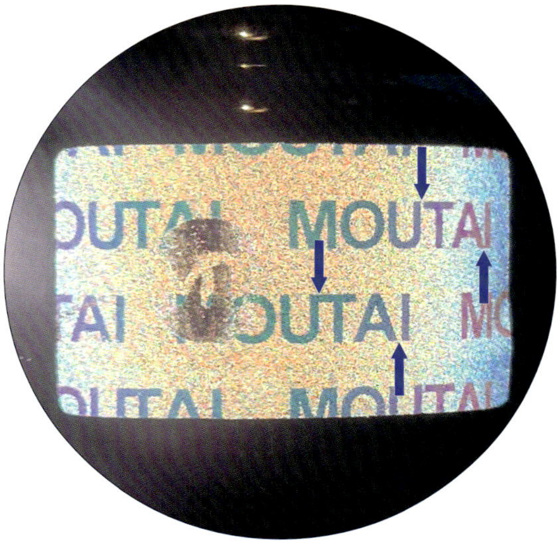

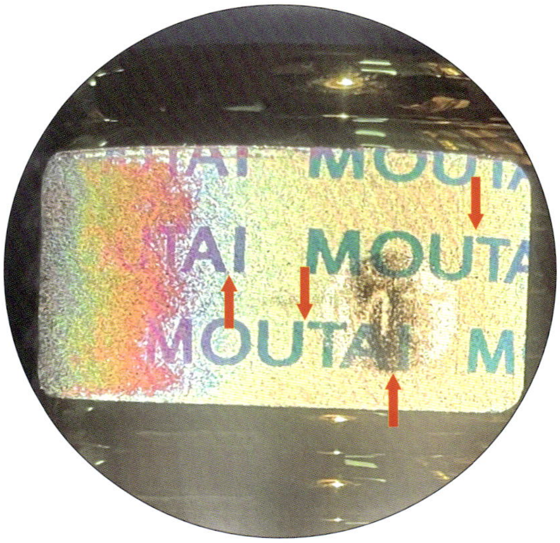

真 防伪标中“UT”“AI”一个是连着的，一个是分开的，交替使用有 4 种组合

假 如果暗记不对，就要注意了

第五节

回收造假介绍及鉴定方法

一、回收造假

回收造假指的是造假者通过回收酒瓶或瓶帽造假，如果只是回收酒瓶造假，那么瓶帽、喷码、防伪标都是假的，鉴定比较简单；如果酒瓶和瓶帽一起被回收造假，例如不带齿的马年和羊年生肖茅台，回收的酒瓶和瓶帽都是完好的，只能拔开或者通过 X 光检测里面结构是否被动过。

不带齿：在对这一款瓶帽鉴定的时候，需要把瓶帽拔出来，检查内盖是否有被破坏过的痕迹，或者通过 X 光检测。

带齿：带齿的瓶帽是上下盖的，如果拧开了，下盖就会被破坏，无法复原。鉴定方法详情可参考 P404~P408。

第一种情况：外层单独拔开

由于外盖与内盖卡得比较松，所以拔出来之后外盖与内盖是完全分开的，这个时候只要检查内盖的收口有没有被撬过或者被压过的痕迹。

第二种情况：内上盖被一起拔出

由于外盖与内盖卡得比较紧，所以拔出来之后把内盖的上半部分一起拔出来了，这两种情况都是正常的，关键看里面的收口是否有被动过的痕迹。

01 内盖收口

适用于不带齿生肖 ★★★★★

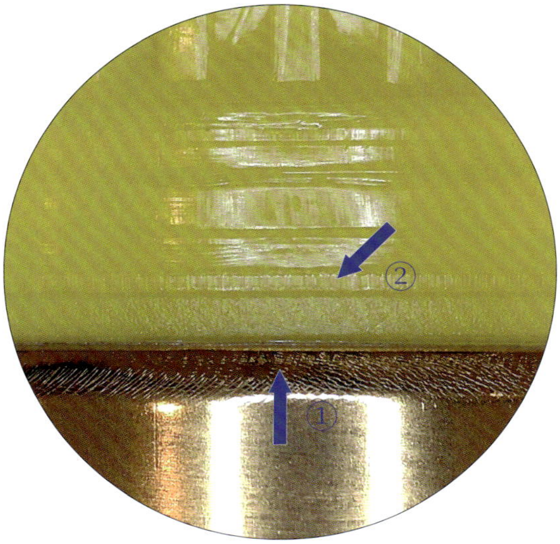

真 真的瓶帽内盖的收口（左上图①处）比较自然，（左上图②处）内盖不会有明显划痕

假 如果瓶帽内盖收口处不规则，内盖有明显划痕，可直接确定是假的

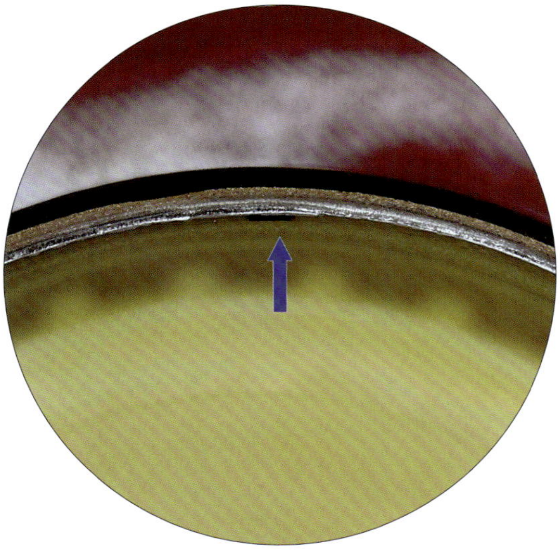

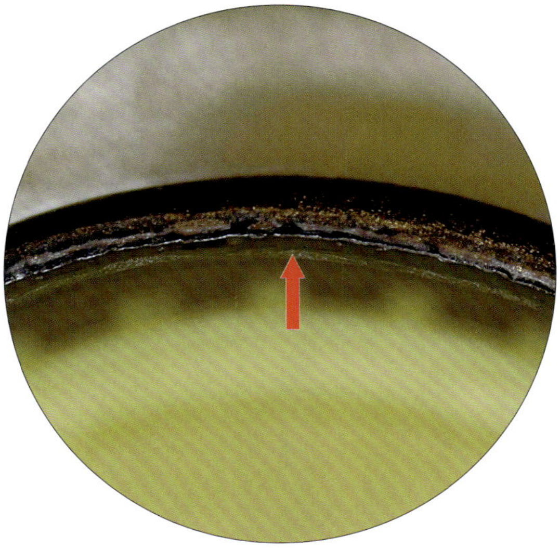

真 真的瓶帽内盖的收口干净利落，无明显变形

假 如果收口坑坑洼洼的，不规则，可直接确定是假的

02 瓶盖底部

适用于不带齿生肖 ★★★★★

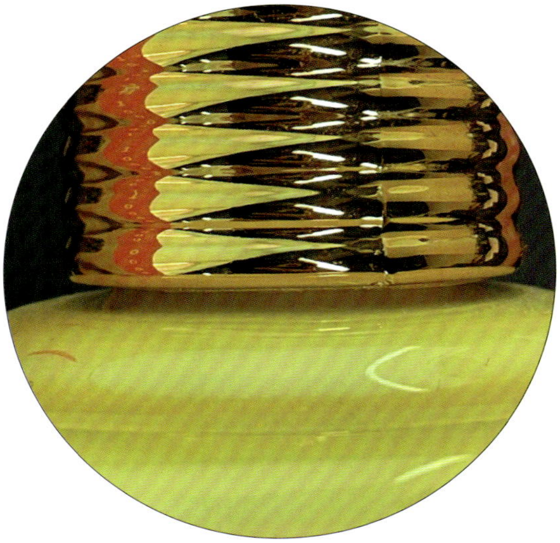

真 正常情况下，真的瓶帽底部内盖是没有漏出来的

假 如果瓶帽底部内盖明显漏出来了，而且瓶帽拔不出来，也按不下去，就要注意了

03 内盖

适用时间：不带齿生肖 ★★★★★

真 没有开过的内盖是包得比较严实的

假 如果瓶帽内盖没包住，说明已经被打开，可直接确定是假的

二、喜宴茅台揭标印迹鉴定方法

防伪标

适用于喜宴防伪标 ★★★★★

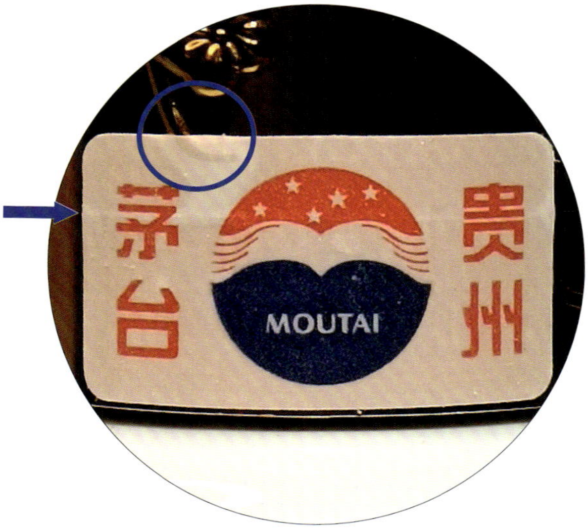

真 这是喜宴茅台的防伪标，揭下来容易留下特殊印迹

假 如果有明显的月牙、横线及气泡，可直接确定是假的

真 真的防伪标干净平整

假 如果有明显的月牙、气泡及褶皱，可直接确定是假的

备注：这些防伪标是从喜宴上揭下来的，会有一些特殊的痕迹。

三、瓶帽组合

01 马年生肖茅台瓶帽（无齿）

适用于马年生肖茅台 ★★★★★

真 不带齿的马年生肖茅台，瓶帽顶部没有注塑水口

02 马年生肖茅台瓶帽（有齿）

适用于马年生肖茅台 ★★★★★

真 带齿的马年生肖茅台，瓶帽顶部会有注塑水口，其中齿分为两种，图片上是无台阶的齿，还有一种有台阶的，比较少见

03 羊年生肖茅台瓶帽（无齿）

适用于羊年生肖茅台 ★★★★★

真 不带齿的羊年生肖茅台，瓶帽顶部没有注塑水口

04 羊年生肖茅台瓶帽（有齿）

适用于羊年生肖茅台 ★★★★★

真 带齿的羊年生肖茅台，瓶帽顶部会有注塑水口，其中齿分为两种，图片上是无台阶的齿，还有一种有台阶的，比较少见

05 猴年生肖茅台瓶帽

适用于猴年生肖茅台 ★★★★★

真 猴年生肖茅台的防伪标在瓶帽顶部，都带齿，齿没有台阶
备注：最早一批猴年生肖茅台也有防伪标贴在瓶帽侧面

06 鸡年生肖茅台瓶帽

适用于鸡年生肖茅台 ★★★★★

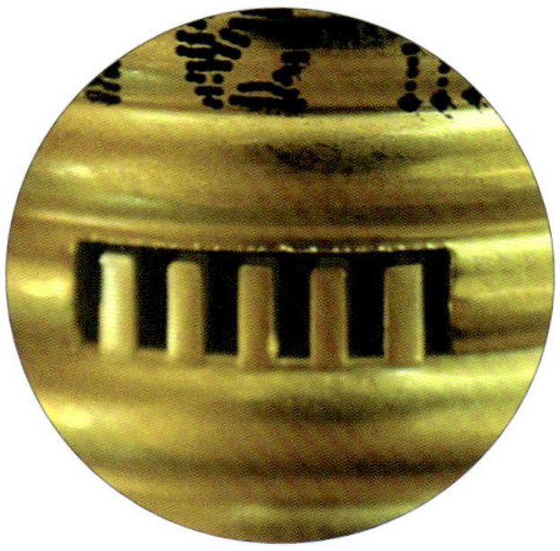

真 从鸡年生肖茅台开始，防伪就被贴到了瓶帽侧面，并一直延续至今。第①根和第⑤根齿稍宽一些（外直内圆），第②③④根呈梯形，且窄一些

07 狗年生肖茅台瓶帽

适用于狗年生肖茅台 ★★★★★

真 狗年生肖茅台的瓶帽上盖轮廓比鸡年生肖茅台瓶帽上盖轮廓多了一个 R 角，并有一个台阶，这样看上去圆润一些，齿和鸡年生肖茅台基本一致

08 猪年生肖茅台瓶帽

适用于猪年生肖茅台 ★★★★★

真 从猪年生肖茅台开始，喷码“台”字的撇从两行齐平改成斜的（有交替期）

09 鼠年生肖茅台瓶帽

适用于鼠年生肖茅台 ★★★★★

真 鼠年生肖茅台瓶帽还是有 R 角，但取消了台阶

10 上下齿瓶帽（第 1 款）

适用于牛、虎、兔、龙年生肖茅台 ★★★★★

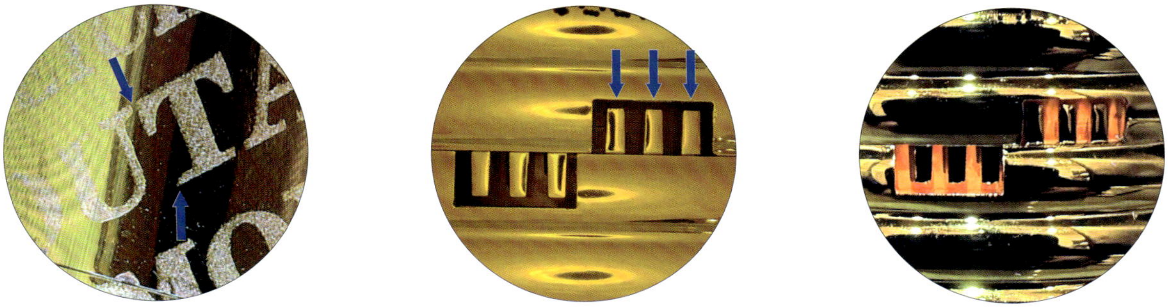

真 “UT”不相连，字母“T”左下角是尖的，上下齿棱角分明，下齿有台阶，用紫光灯照内盖里面颜色是橙色

11 上下齿瓶帽（第 2 款）

适用于兔年生肖茅台 ★★★★★

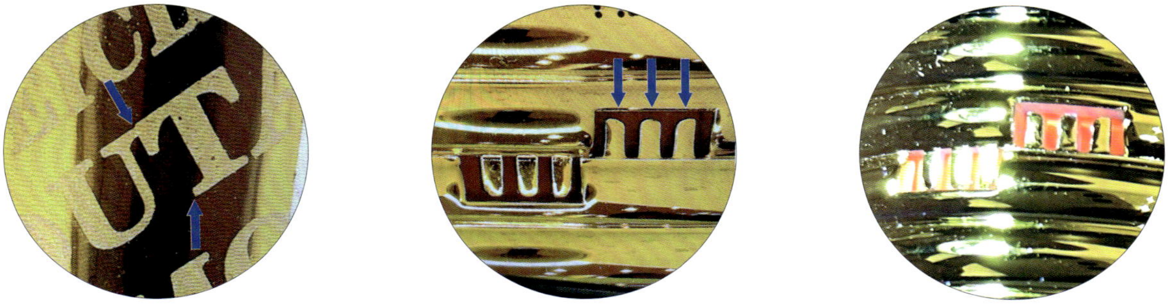

真 “UT”相连，字母“T”左下角是平的，上下齿是扇形的，用紫光灯照内盖里面颜色偏红

12 上下齿瓶帽（第 3 款）

适用于虎、兔、龙年生肖茅台 ★★★★★

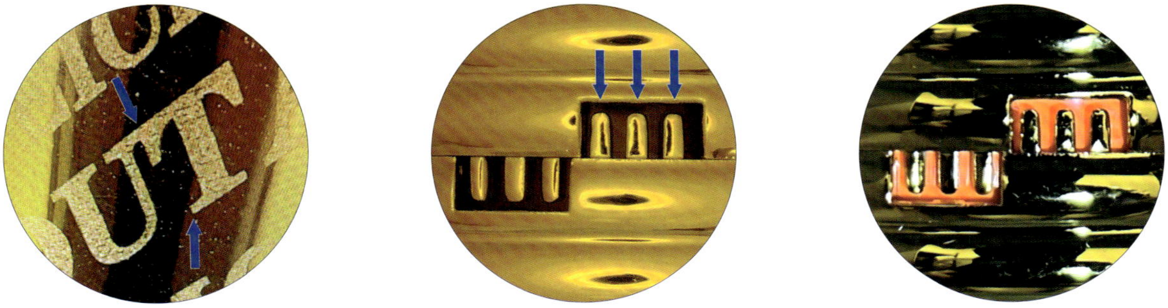

真 “UT”相连，字母“T”左下角是平的，上下齿是带弧度的，用紫光灯照内盖里面颜色是橙色

13 上下齿瓶帽（第 4 款）

适用于兔年生肖茅台 ★★★★★

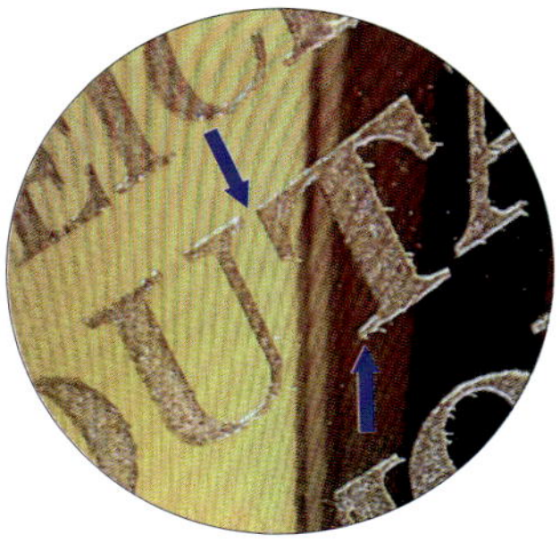

真 “UT”不相连，字母“T”左下角是钝的，上下齿是带弧度的，用紫光灯照内盖无荧光反应

14 上下齿瓶帽（第 5 款）

适用于龙年生肖茅台 ★★★★★

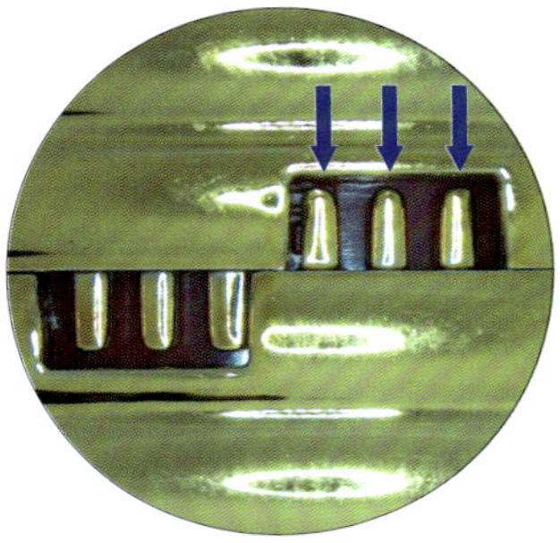

真 “UT”不相连，字母“T”左下角是尖的，上下齿呈微微的扇形，用紫光灯看内盖里面泛红色

第六节

拔头造假介绍及鉴定方法

一、拔头造假介绍及鉴定方法

拔头造假主要分为两种：一是造假者通过工具强力拔头，二是通过开水拔头。造假者把瓶帽完整地拔出来，调包里面的酒，从外观上看都是真的。

1. 强力拔头该如何鉴定?

强力拔头一般会出现两个特征:

1. 瓶帽底部可能会留下受力点，如果发现瓶帽底部有分布均匀的受力点就要注意了。

2. 内卡口会损坏，一旦卡扣损坏，瓶帽就无法固定，只能通过胶水粘起来，导致瓶帽没有松动空间，只要发现瓶帽纹丝不动就要注意了。

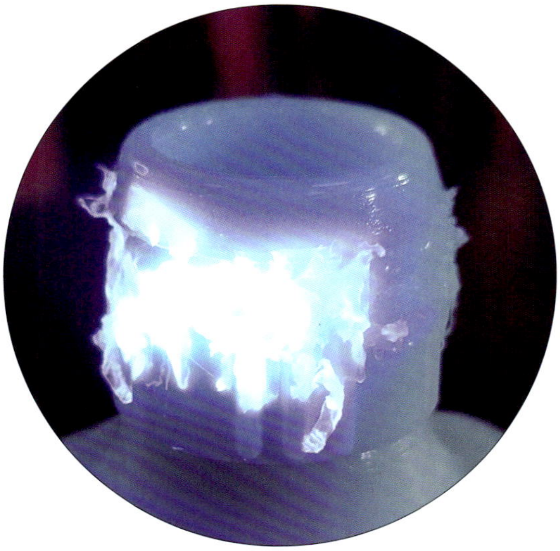

备注：生产过程中瓶帽可能会出现误差，导致瓶帽扣得比较紧，如果遇到拔不动的情况，还需要综合判断。

2. 开水拔头该如何鉴定？

开水拔头一般会出现以下几个特征：

1. 内卡口会变形，通过紫光灯看内卡口是否完好。

2. 瓶帽松动空间变大，需要多上手，通过手感来判断松动空间是否正常。

3. 如果条件允许，可以通过专业 X 光设备检测内卡扣是否变形。

正常间隙

间隙过大

卡扣完好

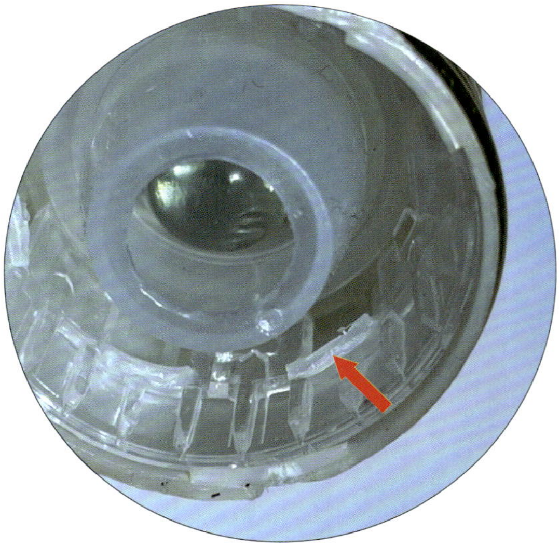

卡扣变形

3.X 光检测瓶帽拔头

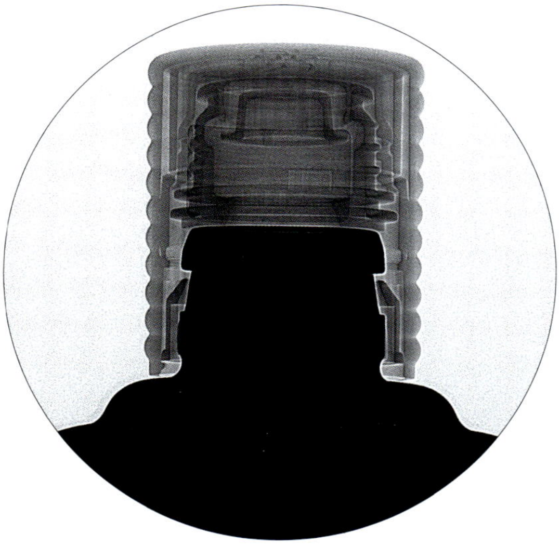

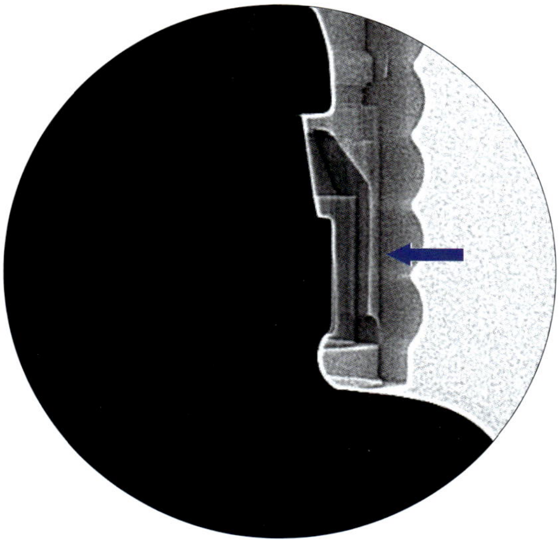

真 通过 x 光看瓶帽内部结构，内卡扣完好，无弯曲折损

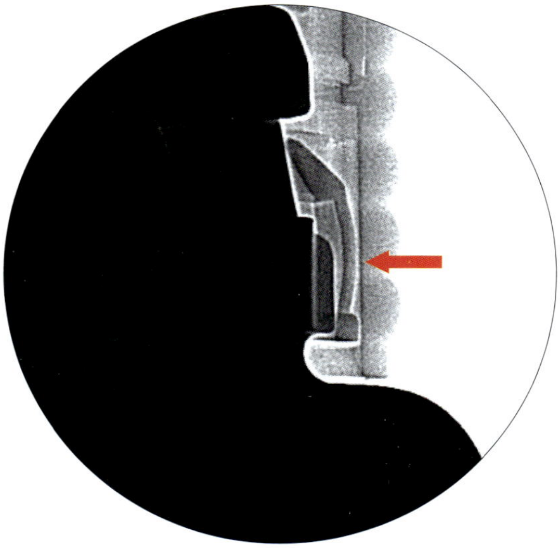

假 如果内卡扣有明显变形，可直接确定是拔头的

第十四章

陈年茅台鉴定方法

第一节

介绍

一、年份茅台

陈年茅台（15 年）

陈年茅台（新款 15 年）

陈年茅台（30 年）

陈年茅台（50 年）

二、主要的造假方式

一、全套造假

二、回收瓶造假

三、拔头造假

四、换头升级造假

五、打孔造假

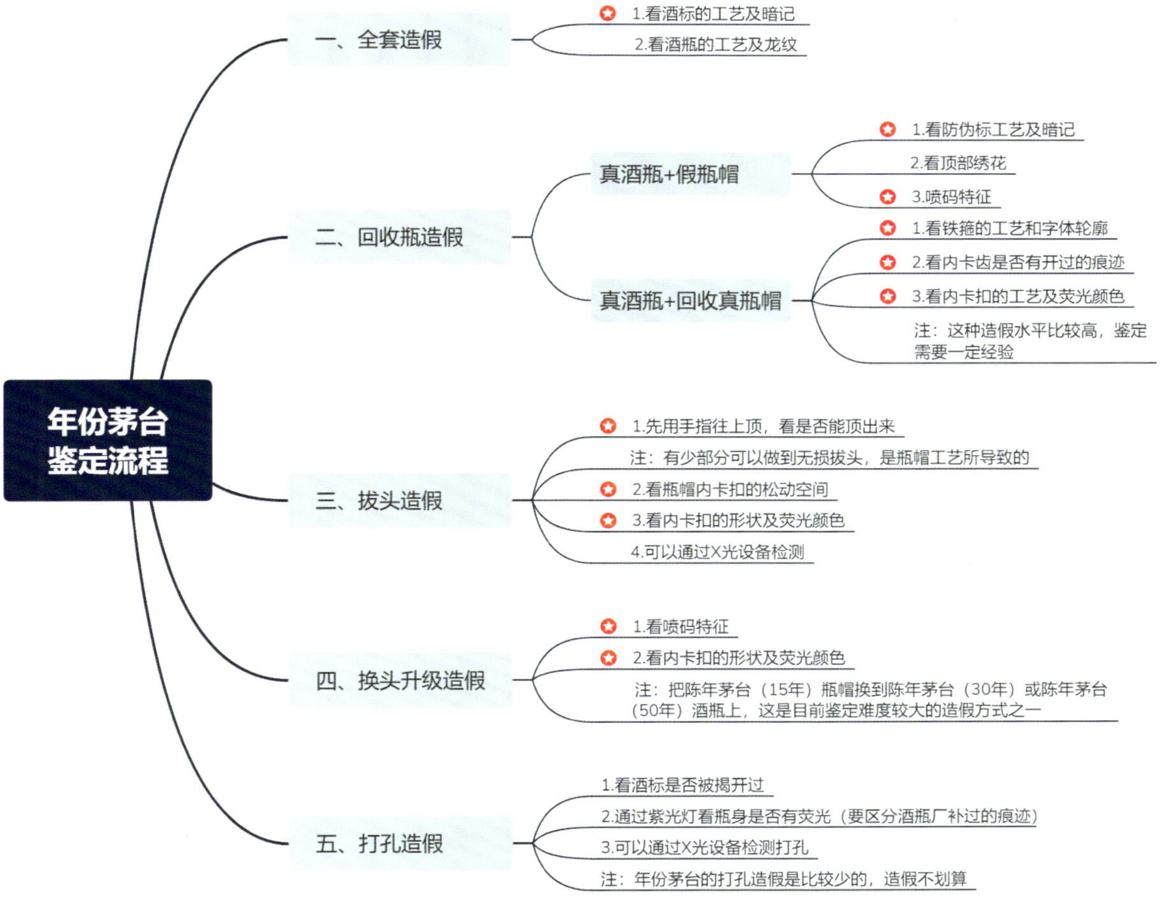

第二节

15 年陈年茅台及鉴定方法

陈年茅台（15 年）

年份：1999 年至 2022 年
度数：53%vol
容量：500mL

1999 年 1 月，茅台酒厂将首批 15 年陈年茅台酒正式推向市场，整体瓶身为土黄色的陶瓷瓶。

新款陈年茅台（15 年）

年份：2022 年底以后
度数：53%vol
容量：500mL

2022 年底，茅台酒厂更新了 15 年茅台的外包装。酒盒正面“飞天仙女”图案由黑色线条变为金色线条。正标“贵州茅台酒”五个大字的底纹更加具有空间感。正标顶部的“海洋标”变更为“飞天标”。

一、正标工艺及鉴定方法（老款）

鉴定方法：

01 “MOUTAI”字母组合

02 酒标纹理

03 “MT”暗记

01 “MOUTAI”字母组合

适用于老款 15 年陈年茅台 ★★★★☆

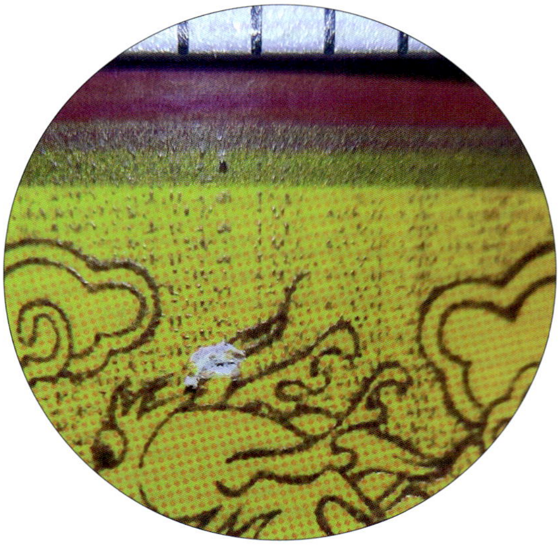

真 真的酒标上有清晰的“MOUTAI”字母组合，而且有明显的凹凸感

假 如果做工粗糙，字母模糊，就要注意了

02 酒标纹理

适用于老款 15 年陈年茅台 ★★★★★

真 真的酒标纹理清晰，有明显的凹凸感

假 如果做工粗糙，凹凸感不明显，就要注意了

03 “MT”暗记

适用于 2019 年 8 月之后的老款 15 年陈年茅台 ★★★★★

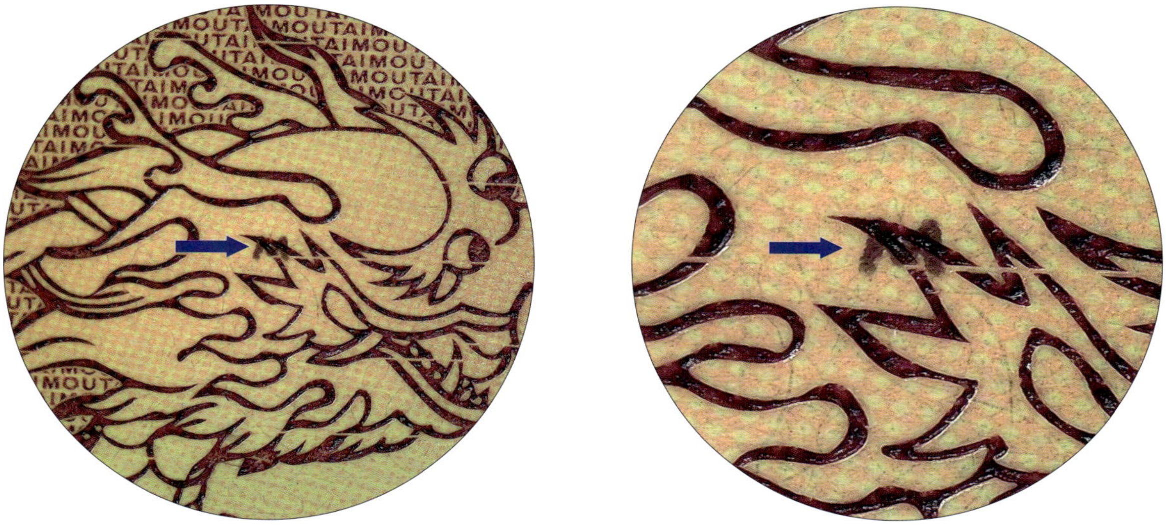

真 真的酒标左边龙头上有“M”暗记

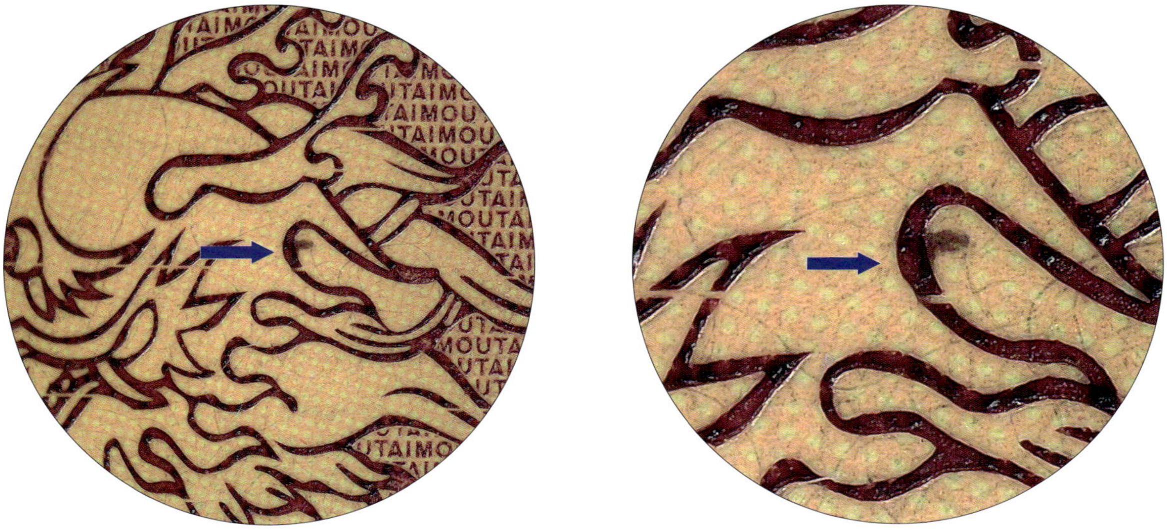

真 真的酒标右边龙头上有“T”暗记

二、背标工艺及鉴定方法

鉴定方法：

01 背标

02 荧光暗记

01 背标

适用时间：近几年都适用 ★★★★★

真 真的背标有明显的凹凸感

假 如果没有凹凸感，可直接确定是假的

02 荧光暗记

适用时间：近几年都适用 ★★★★★

真 真的背标用紫光灯看有荧光暗记

假 如果没有荧光暗记，可直接确定是假的

三、正标工艺及鉴定方法（新款）

鉴定方法：

01 正标凹凸感

02 “S”暗记

01 正标凹凸感

适用于新款 15 年陈年茅台 ★★★★★

真 正标凹凸感相较于以前更加明显

02 “S”暗记

适用于新款 15 年陈年茅台 ★★★★★

真 酒标左边龙头上有“S”暗记

真 酒标右边龙头上有反的“S”暗记

第三节

30 年陈年茅台及鉴定方法

陈年茅台（30 年）

年份：1997 年至 2022 年
度数：53%vol
容量：500mL

1997 年 7 月，首批 30 年陈年茅台酒正式被推向市场，整体瓶身为紫砂陶，正标为纸质标，背标则是烧制的一条龙。

一、正标工艺及鉴定方法

鉴定方法：

01 酒标

02 酒标纹理

03 正标左上角

04 正标右上角

01 酒标

真 30年陈年茅台酒标初期的纹理相对简单，没有明显的凹凸感，到了后期，酒标改版之后的凹凸感就更强烈

02 酒标纹理

适用时间：近几年都适用 ★★★★★

真 真的酒标纹理清晰，做工精致，有明显凹凸感

假 如果做工粗糙，纹理不清晰，凹凸感不明显，基本可以确定是假的

03 正标左上角

适用时间：近几年都适用 ★★★★★

真 真的酒标左上角纹理清晰，有明显凹凸感，做工精致

假 如果做工粗糙，纹理凹凸感不明显，基本可以确定是假的

04 正标右上角

适用时间：近几年都适用 ★★★★★

真 真的酒标右上角纹理清晰，有明显凹凸感，做工精致

假 如果做工粗糙，纹理凹凸感不明显，基本可以确定是假的

二、酒瓶工艺及鉴定方法

鉴定方法：

01 龙爪和龙珠

02 龙鳞

01 龙爪和龙珠

适用时间：近几年都适用 ★★★★★

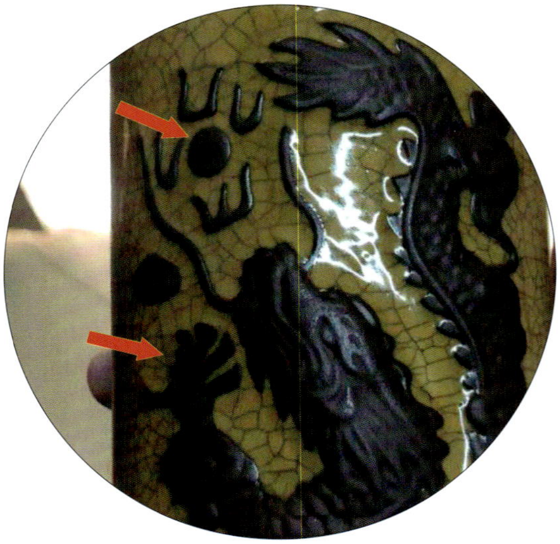

真 真的龙爪和龙珠做工精致，轮廓清晰

假 如果做工粗糙，龙爪和龙珠都是糊在一起的，基本可以确定是假的

02 龙鳞

适用时间：近几年都适用 ★★★★★

真 酒瓶的龙鳞做工精致，龙鳞的轮廓分明

假 如果做工粗糙，纹理轮廓不清晰，龙鳞糊在一起，基本可以确定是假的

第四节

50 年陈年茅台及鉴定方法

陈年茅台（50 年）

年份：1997 年至 2022 年
度数：53%vol
容量：500mL

1997 年 7 月，茅台酒厂将首批 50 年陈年茅台酒正式推向市场，整体瓶身为紫砂陶，正标为纸质标，背标则是烧制的一条龙，龙纹和 30 年陈年茅台酒有所区别。

一、正标工艺及鉴定方法

鉴定方法：

正标细节及暗记

正标细节及暗记

适用时间：近几年都适用 ★★★★★

真 真的酒标做工精致，纹理有明显凹凸感，并且左上角有“茅”字暗记，右上角有“台”字暗记

真 真的酒标做工精致，纹理有明显凹凸感，并且左下角有字母“M”暗记，右下角有字母“T”暗记

二、酒瓶工艺及鉴定方法

鉴定方法：

01 龙头

02 龙鳞

01 龙头

适用时间：近几年都适用 ★★★★★

真 酒瓶上的龙头做工精致，轮廓清晰可见，栩栩如生

假 如果做工粗糙，轮廓都糊在一起，可直接确定是假的

02 龙鳞

适用时间：近几年都适用 ★★★★★

真 酒瓶上的龙纹做工精致，龙鳞轮廓清晰，立体感很强

假 如果做工粗糙，龙鳞都糊在一起了，可直接确定是假的

第五节

瓶帽暗记及鉴定方法

一、瓶帽介绍

因为 15 年、30 年、50 年陈年茅台瓶帽的鉴定方法是一样的，所以瓶帽暗记和鉴定方法一起分析。

二、黄头巾工艺及鉴定方法

鉴定方法：

01 字母“T”

02 “贵州茅台酒”几个字

03 中间图案

01 字母“T”

适用时间：近几年都适用 ★★★★★

真 瓶帽黄头巾上的字母“T”顶上是八字形

假 如果是一横，基本可以确定是假的

02 “贵州茅台酒”几个字

适用时间：近几年都适用 ★★★★★

真 “贵州茅台酒”几个字跟上面的图案是分开的，都是独立绣花的

假 如果是连着的，可直接确定是假的

03 中间图案

适用时间：近几年都适用 ★★★★★

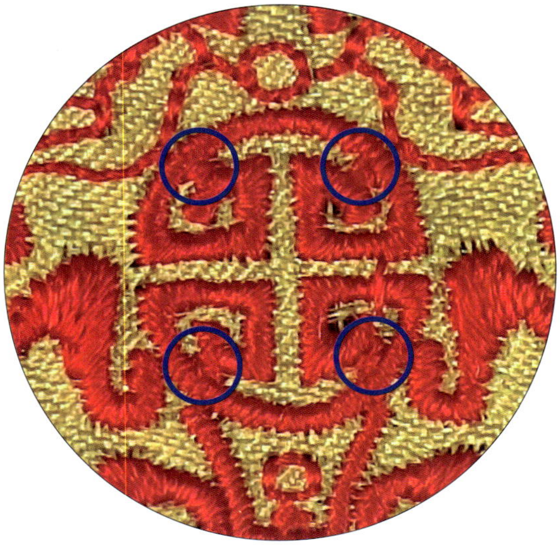

真 中间图案和 4 个点是连着的

假 如果不相连，就要注意了

三、封口膜工艺及鉴定方法

初期

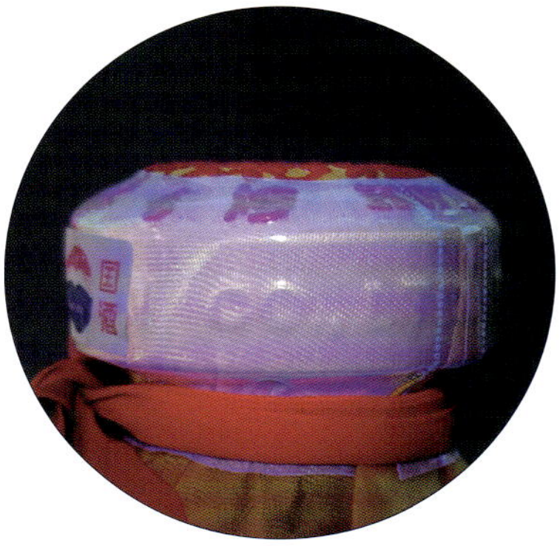

中期

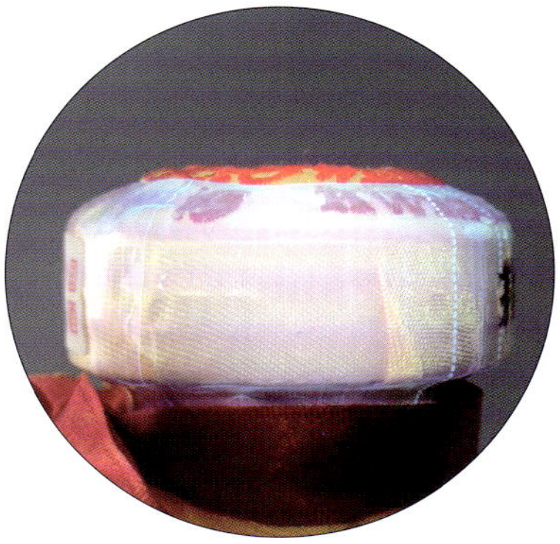

后期

真 从 1997 年开始，用紫光灯照年份茅台，有很明显的荧光，而且封口膜荧光都比较强。到 2016 年左右，封口膜荧光逐渐变弱，直到近几年，封口膜的荧光是最淡的

四、防伪标工艺及鉴定方法

小白标

小蓝标

白标

真 茅台的防伪标是通用的，老款的防伪标在白膜茅台的章节有详细讲解过，所以这里就不做赘述，详细可以参考（P242~P250）

五、喷码工艺及鉴定方法

鉴定方法：

01 喷码“茅”字

02 喷码“台”字

03 喷码“茅台”组合

04 喷码做工

05 数字“2”

2009 年之前的年份茅台，喷码的工艺特征和普茅基本一样，鉴定方法可以参考白膜时期的喷码。

01 喷码“茅”字

适用时间：2015 年至今 ★★★★★

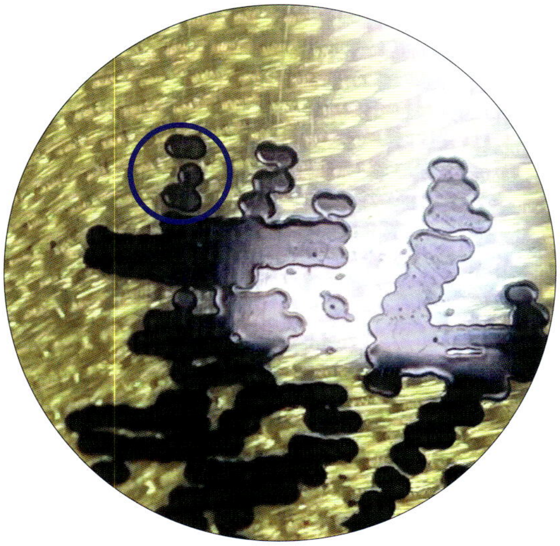

真 喷码“茅”字的草字头有缺口

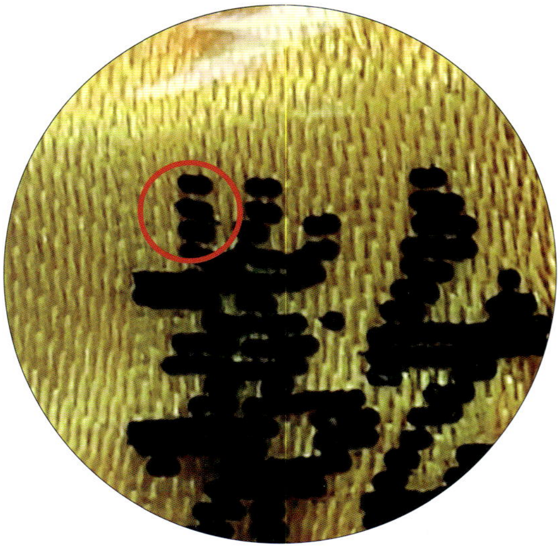

假 如果“茅”字的草字头没有缺口，就要注意了

备注: 2013 至 2015 年之间，“茅”字有缺口和没缺口的都存在，是一个交替使用的过程，需要读者综合判断。

02 喷码“台”字

适用时间：2016 年下半年至今 ★★★★★

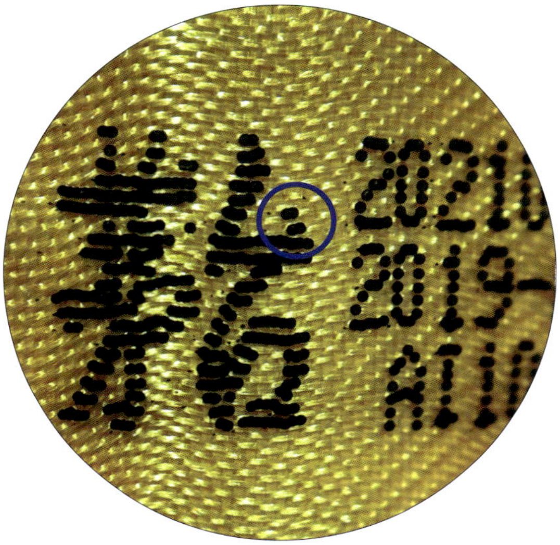

真 喷码是“2+2 组合”，“台”字的点是向内斜的

假 如果是垂直的“2+3 组合”，就要注意了，（还需要综合判断）

03 喷码“茅台”组合

适用时间：近几年都适用 ★★★★★

2018 年之前

2018 年之后

真 2018 年之前，“茅”字最下面两行右边有对齐和不对齐的，2018 年之后只有不对齐的

03 喷码“茅台”组合

适用时间：2016 年之后 ★★★★★

第一款

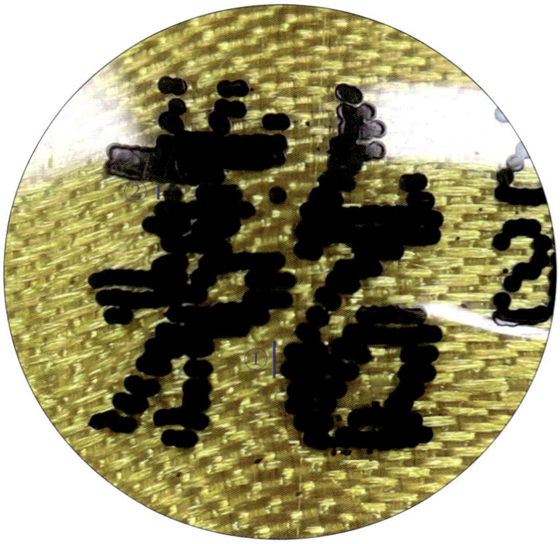

第二款

真 第一款：图①处是 3 排齐平的，图②处缩进去 2 格；
第二款：图①处是 2 排齐平的，图②处缩进去 1 格

第一款（2019 年 6 月之前）

第二款（2019 年 6 月之后）

真 第一款：图①处和②处都是齐平的；
第二款：图①处和②处都是斜的（有交替期）

04 喷码做工

适用时间：1997 年至今 ★★★★☆

真 瓶帽喷码做工精致，每个点都是很圆润的

假 如果做工粗糙，点都是毛糙的，不圆润，可直接确定是假的

05 数字“2”

适用时间：2005 年至今 ★★★★☆

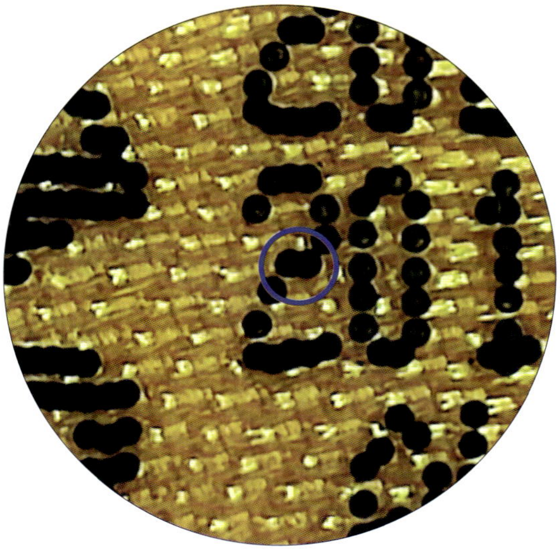

真 瓶帽喷码的数字“2”是有节点的

假 如果数字“2”是直接顺下来的，没有节点，可直接确定是假的

六、瓶帽内部变化

无铁箍

无铁箍

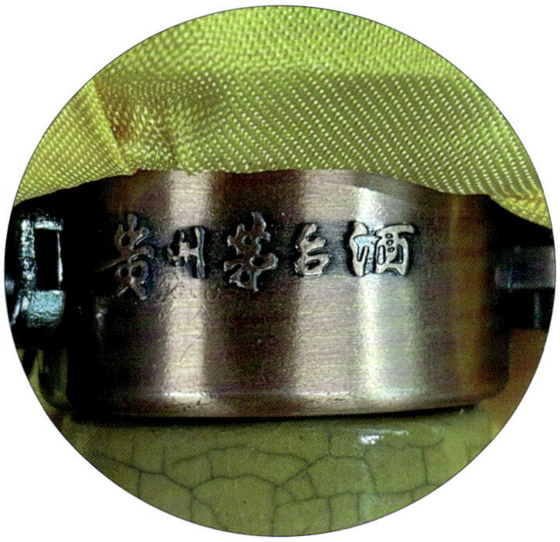

第一代铁箍

第二代铁箍

第三代铁箍

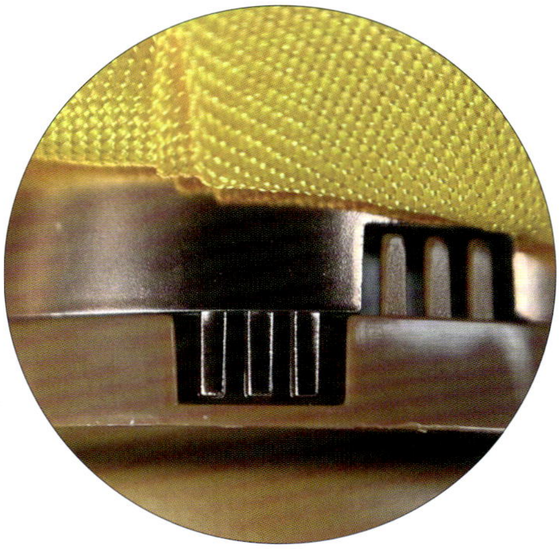

第三代铁箍

真 初期的 15 年陈年茅台是没有铁箍的，用一层透明膜封口。30 年和 50 年陈年茅台瓶帽是大头。直到 2005 年左右，茅台酒厂才开始给陈年茅台使用铁箍，铁箍分为 3 代，第 3 代是 2022 年 2 月左右开始用。茅台酒厂升级了陈年茅台瓶帽，由原来的不带齿更新为上下齿结构

七、第一代铁箍鉴定方法

鉴定方法：

01 铁箍卡扣

02 铁箍字体

03 铁箍打开步骤

04 连接点

01 铁箍卡扣

适用于第一代铁箍 ★★★★★

早期

后期

真 第一代铁箍卡扣主要有两种，早期做工粗糙些，后期做工精致一些

02 铁箍字体

适用于第一代铁箍 ★★★★★

真 “贵”字中间的横线，两头粗，中间细

假 如果轮廓不对，中间的横线特别细，就要注意了

03 铁箍打开步骤

适用于第一代铁箍 ★★★★★

第一步

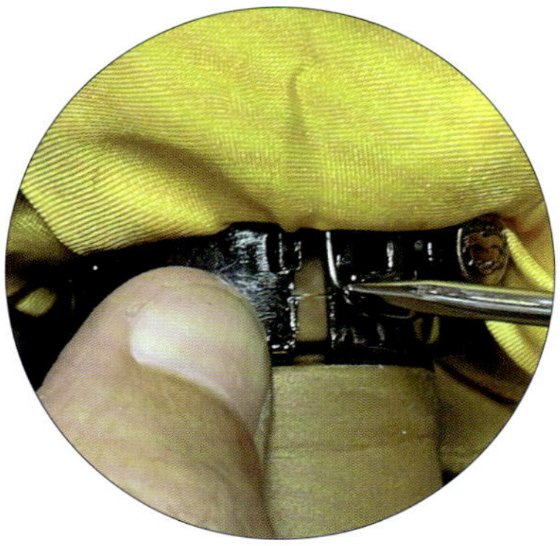

第二步

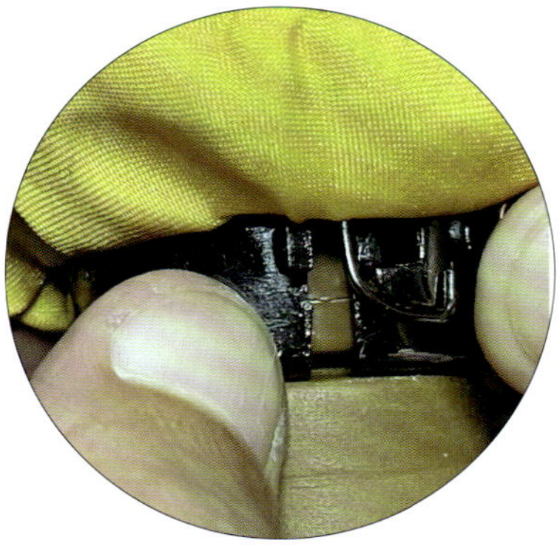

第三步

真 如果发现铁箍有被撬过的痕迹，就要注意了，可以打开铁箍观察衔接点是否被损坏。
第一步，先把黄头巾掀开；第二步用工具把铁箍的卡扣打开；第三步，转动铁箍，寻找衔接点

04 连接点

适用于第一代铁箍 ★★★★★

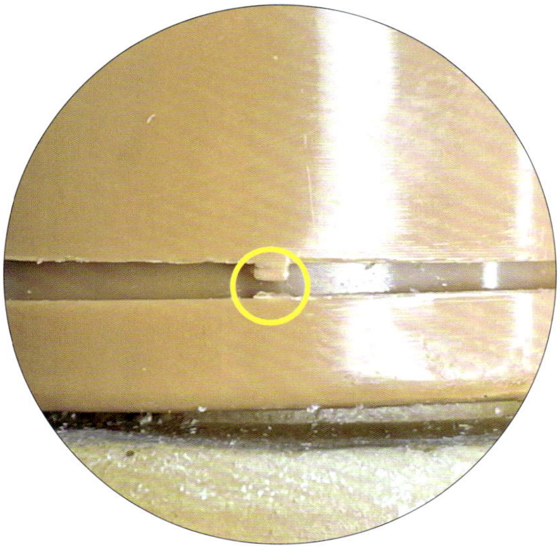

真 真的衔接点是完整的

假 如果衔接点断开，那就要注意了

八、第二代铁箍鉴定方法

鉴定方法：

- 01 连接点位置（低仿）
- 02 色泽纹理（低仿）
- 03 色泽和纹理
- 04 字体做工
- 05 字体做工（“贵”字）
- 06 字体做工（“州”字）
- 07 字体做工（“茅”字）
- 08 字体做工（“台”字）
- 09 字体做工（“酒”字）
- 10 内卡扣位置
- 11 内卡扣划痕
- 12 内部卷膜
- 13 内卡扣荧光
- 14 内卡扣变形
- 15 瓶帽结构

01 连接点位置（低仿）

适用于第二代铁箍 ★★★★★

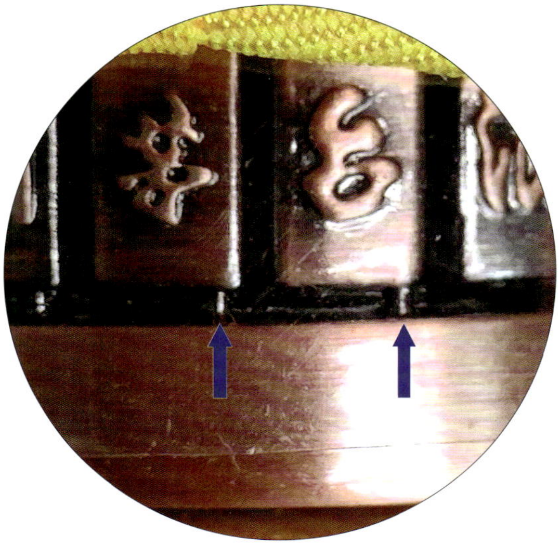

真 真的铁箍上“贵州茅台酒”几个字下方的连接点是在最右边的

假 如果位置不对，基本可以确定是假的

02 色泽纹理（低仿）

适用于第二代铁箍 ★★★★★

真 真的铁箍呈古铜色，有明显拉丝纹理

假 如果工艺不对，做工粗糙，或者颜色不对，基本可以确定是假的

03 色泽和纹理

适用于第二代铁箍 ★★★★★

真 真的铁箍呈古铜色，有明显拉丝纹理

假 如果颜色不对，拉丝工艺不对，就要注意了

假 如果颜色不对，拉丝工艺不对，就要注意了，这个造假水平比较高，需综合判断

04 字体做工

适用于第二代铁箍 ★★★★★

真 真的铁箍上“贵州茅台酒”几个字饱满圆润

假 如果字体轮廓不对，就要注意了

05 字体做工（“贵”字）

适用于第二代铁箍 ★★★★★

真 左下图①处右边粗左边细；
图②处左边比右边短

假 如果右下图①处粗细不分明，图②处左右一样长，基本可以确定是假的

06 字体做工（“州”字）

适用于第二代铁箍 ★★★★★

真 真的铁箍上的“州”字下方是一个圆润的“m”，且字体饱满

假 如果“m”不圆润且字体不饱满，就要注意了

07 字体做工（“茅”字）

适用于第二代铁箍 ★★★★★

真 左下图①处呈“3”字形，中间有点凸起，②处有个比较大的弧度

假 如果右下图①处不是“3”字形，中间没有凸点，②处是明显直角，就要注意了

08 字体做工（“台”字）

适用于第二代铁箍 ★★★★★

真 左上图①处宽度明显大于②处，整体比较圆润

假 如果右上图①处和②处宽度差不多，就要注意了

09 字体做工（“酒”字）

适用于第二代铁箍 ★★★★★

真 左下图①处距离较近，②处线条较细

假 如果右下图①处离得较远，②处线条较粗，就要注意了

10 内卡扣位置

适用于第二代铁箍 ★★★★★

真 铁箍上的内卡扣位置要低一些

假 如果位置很高，就要注意了（回收瓶帽组装时出现的问题）

11 内卡扣划痕

适用于第二代铁箍 ★★★★★

真 真的瓶帽内卡扣光滑平整

假 如果有明显的划痕，就要注意了（回收瓶帽，看这个很关键）

12 内部卷膜

适用于第二代铁箍 ★★★★★

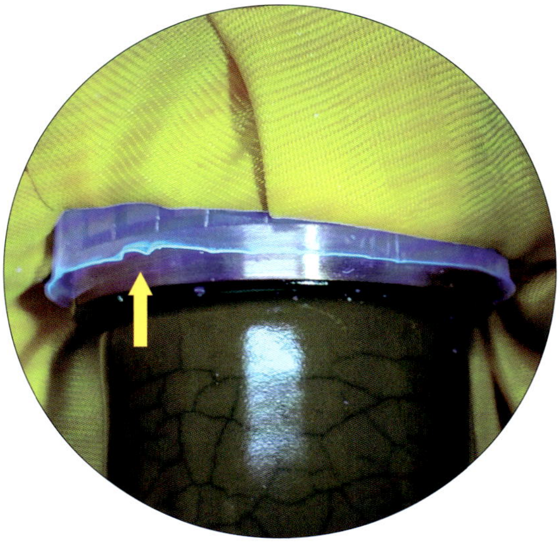

真 真的瓶帽内部的卷膜比较平整

假 如果卷膜出现明显变形或褶皱，就要注意了

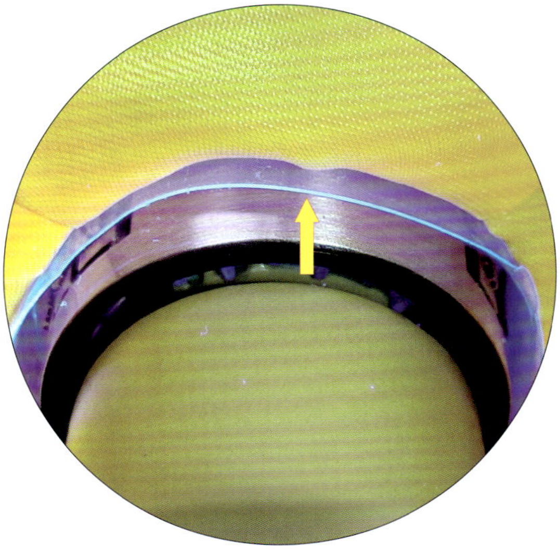

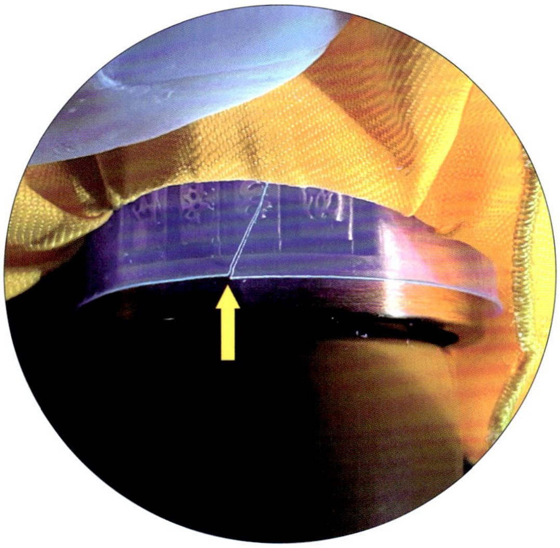

假 如果卷膜有明显变形或者破损的痕迹，就要注意了

13 内卡扣荧光

适用于第二代铁箍 ★★★★★

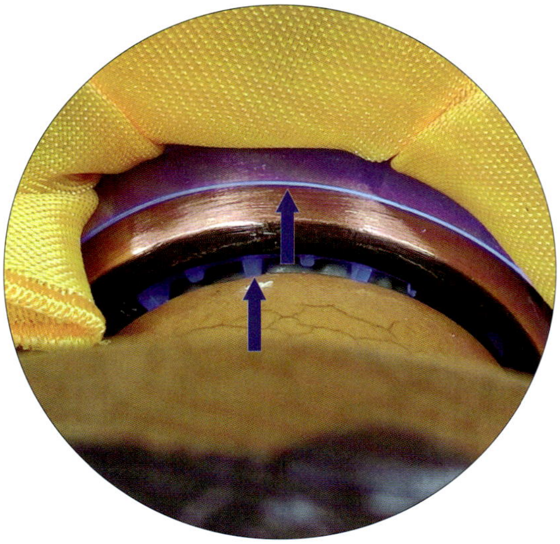

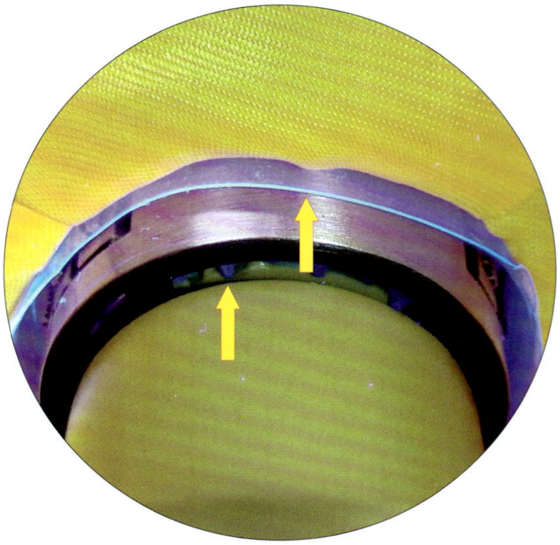

真 真的内卡扣与卷膜的荧光效果差不多

假 如果发现两个荧光效果有明显差异，就要注意了

14 内卡扣变形

适用于第二代铁箍 ★★★★★

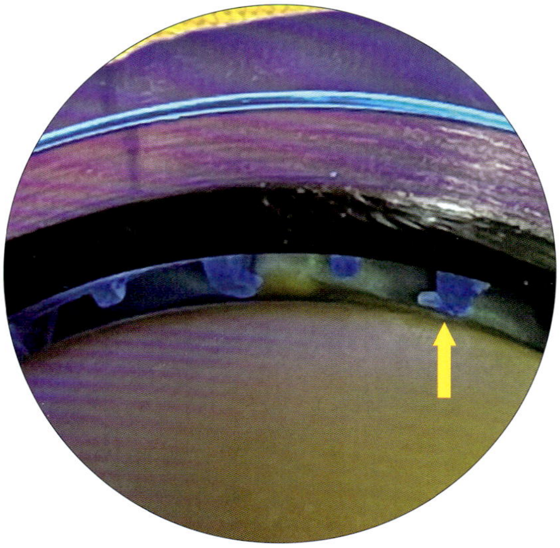

真 真的内卡扣轮廓清晰，无变形，无损坏

假 如果有明显的变形、损坏，就要注意了

15 瓶帽结构

适用于第二代铁箍 ★★★★★

九、拔头造假鉴定方法（第二代铁箍）

图 1

图 2

图 3

图 4

拔头造假鉴定方法:

1. 可以先用手顶一下（如图 1），如果瓶帽可以被顶出来，就要注意了。

2. 如果是用工具硬拔，内卡扣会损坏，再次套回去，只能用胶水粘起来，鉴定需要看内卡扣是否有松动空间（如图 2）。

3. 如果是开水拔头，内部卷膜受热会变形（如图 3），所以年份茅台一般不会被开水拔头。

4. 可以通过专业的 x 光设备来检测内卡扣是否变形（如图 4）。

十、打孔造假鉴定方法

陈年茅台也会出现打孔造假的情况，因为年份酒本身密封就不太好，所以容易跑酒，一旦跑酒严重，价值就会大打折扣，所以一些不法商贩就会通过打孔，把酒线注满。

酒瓶修补：

出厂修补痕迹①

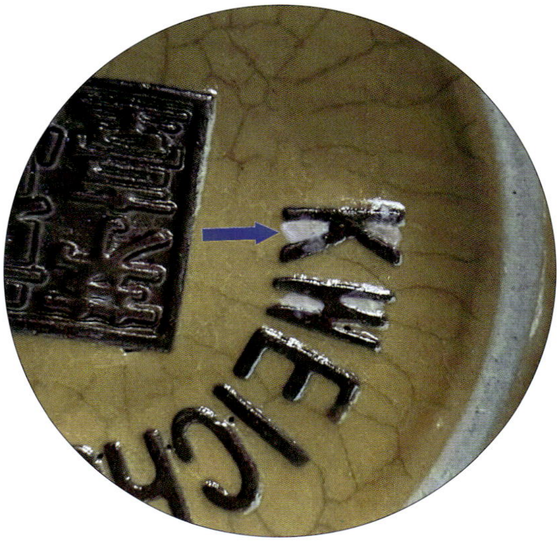

出厂修补痕迹②

陈年茅台的酒瓶是陶制的，而背面的龙纹和底部的文字图案是紫砂的，所以在烧制过程中很容易产生棕眼等瑕疵，这个时候工厂就会用一些材料做修补，这些材料用紫光灯观察会泛荧光。这种情况常见于背面的龙纹和瓶底的字体，并不能因为有这样的瑕疵就说是假的，需要综合判断。

1. 如果荧光效果不一样，可以挑开修补的地方检查。
2. 也可以通过专业的 X 光检测。

十一、第三代铁箍鉴定方法

鉴定方法：

01 瓶帽齿口

01 瓶帽齿口

适用于第三代铁箍 ★★★★★

真 上齿表面是磨砂工艺

真 下齿有三个台阶，由低到高

真 这里（左上图箭头处）会有小台阶

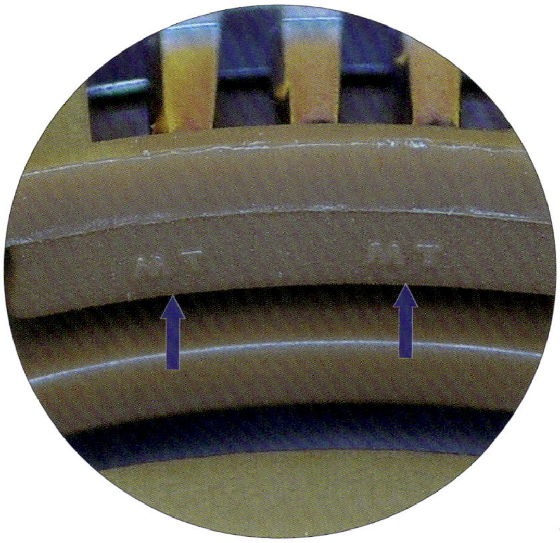

真 瓶盖底部有两个 MT 小暗记（早期没有）

真 这里（左下图箭头处）有拉丝纹理

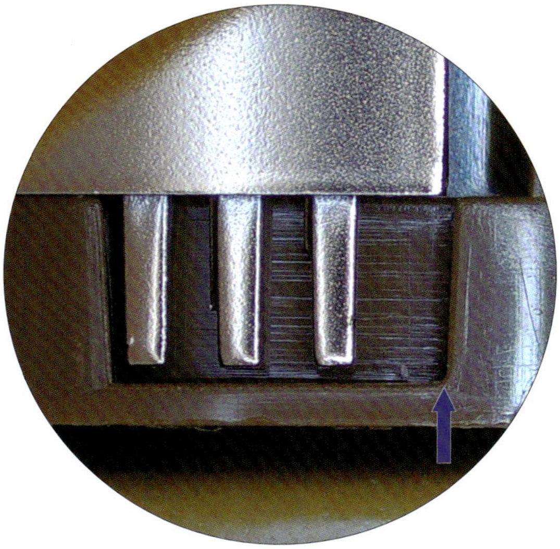

真 瓶帽下齿的右下角为圆角

第十五章

大容量茅台鉴定方法

第一节

介绍

一、大容量茅台

年份：2014 年至 2024 年
度数：53%vol
容量：1.5L、3L、6L

2014 年，茅台酒厂开始推出大容量茅台，瓶身采用白色陶瓷瓶，瓶帽为塑料盖，表面采用镀金工艺，容量分为 1.5L、3L、6L， 其瓶帽结构是一样的，鉴定方法也是一样的。

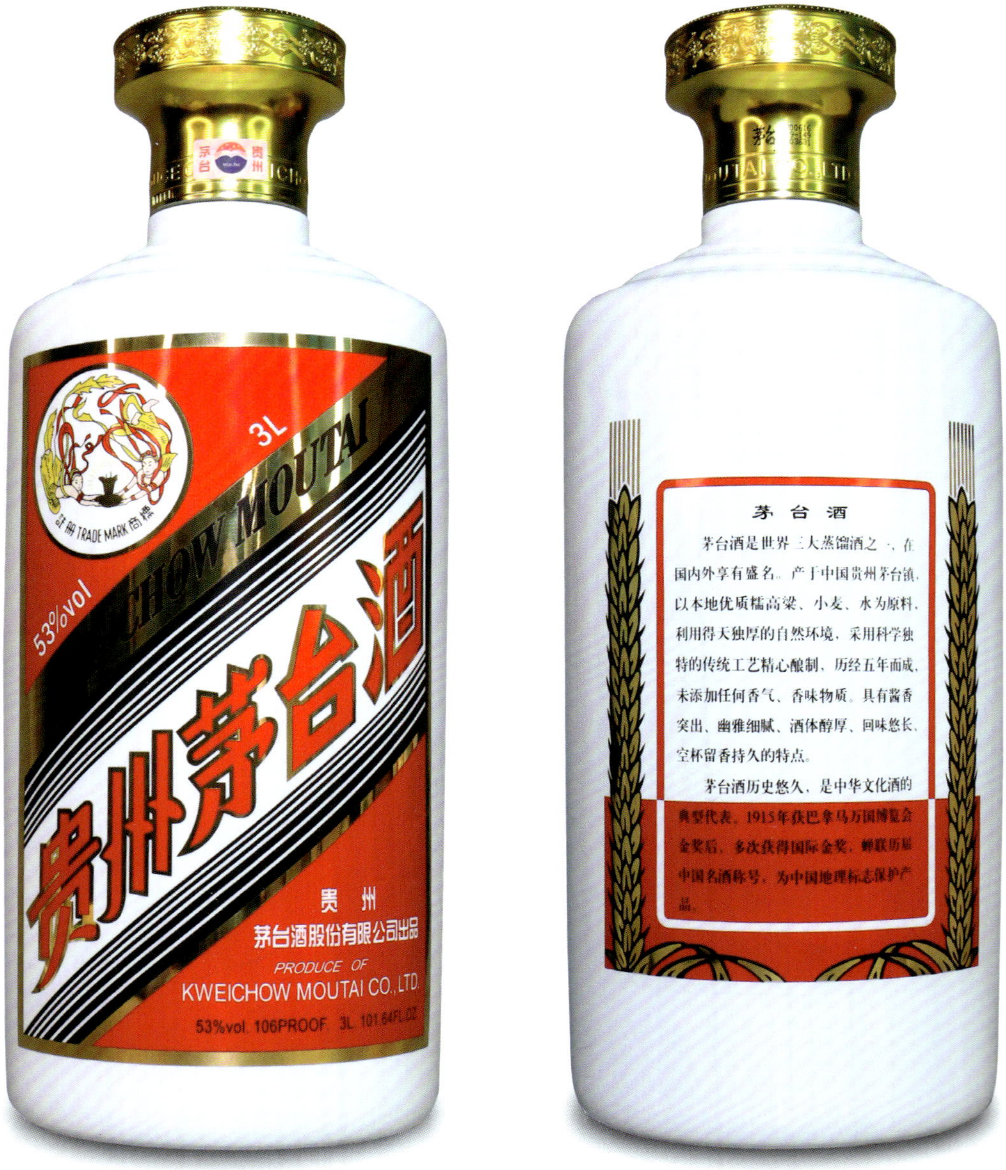

二、造假方式

一、全套造假

四、拔头造假

二、回收瓶造假

五、打孔造假

三、换底座造假

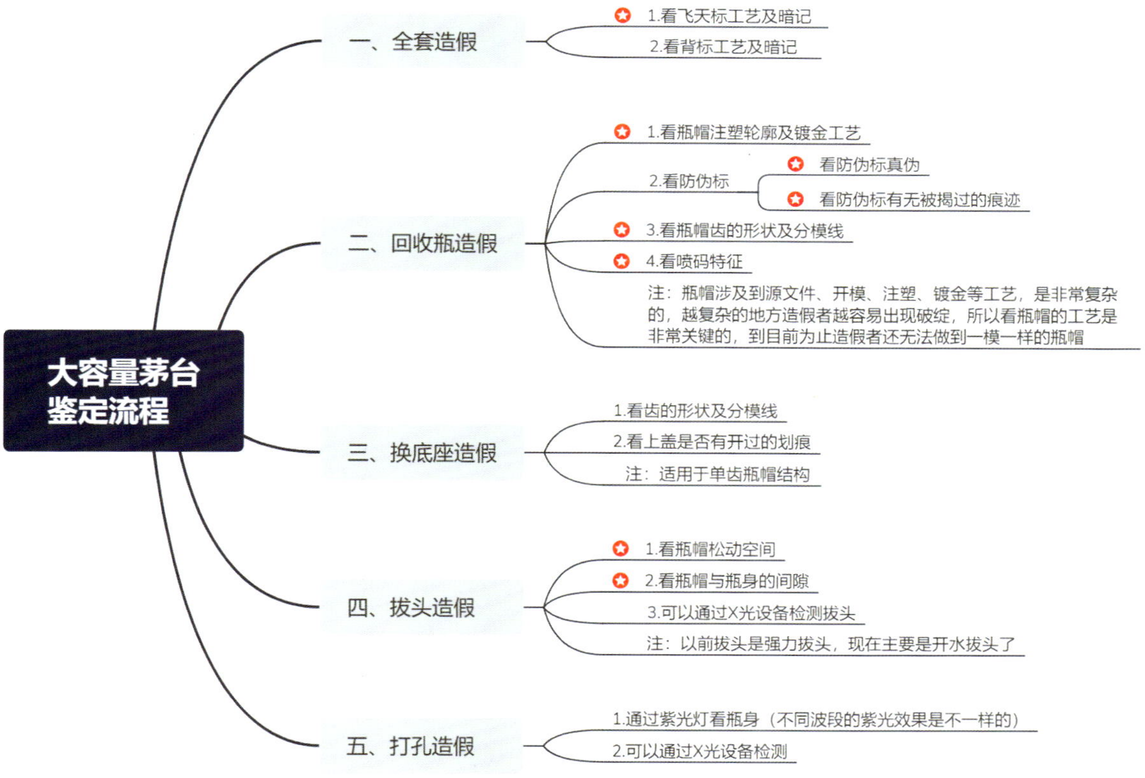

备注：大容量茅台的酒瓶和瓶帽的结构都是一样的，只是大小不同，鉴定方法是一样的。

第二节

鉴定方法详解

一、全套造假鉴定方法

01 飞天标细节

适用时间：近几年都适用 ★★★★★

真 左上图①处红色飘带有小折角，
②处黄色飘带是通透的，
③处“注”字左右是分开的

假 如果右上图①②③都不符合，可直接确定是假的

02 背标工艺

适用时间：近几年都适用 ★★★★★

真 真的烤漆工艺精致，字体清晰，没有明显水纹

假 如果烤漆工艺粗糙，有明显水纹，基本可以确定是假的

二、回收瓶造假及鉴定方法

瓶帽顶部

侧面纹理

造假者为什么做不出一模一样的大容量茅台瓶帽？

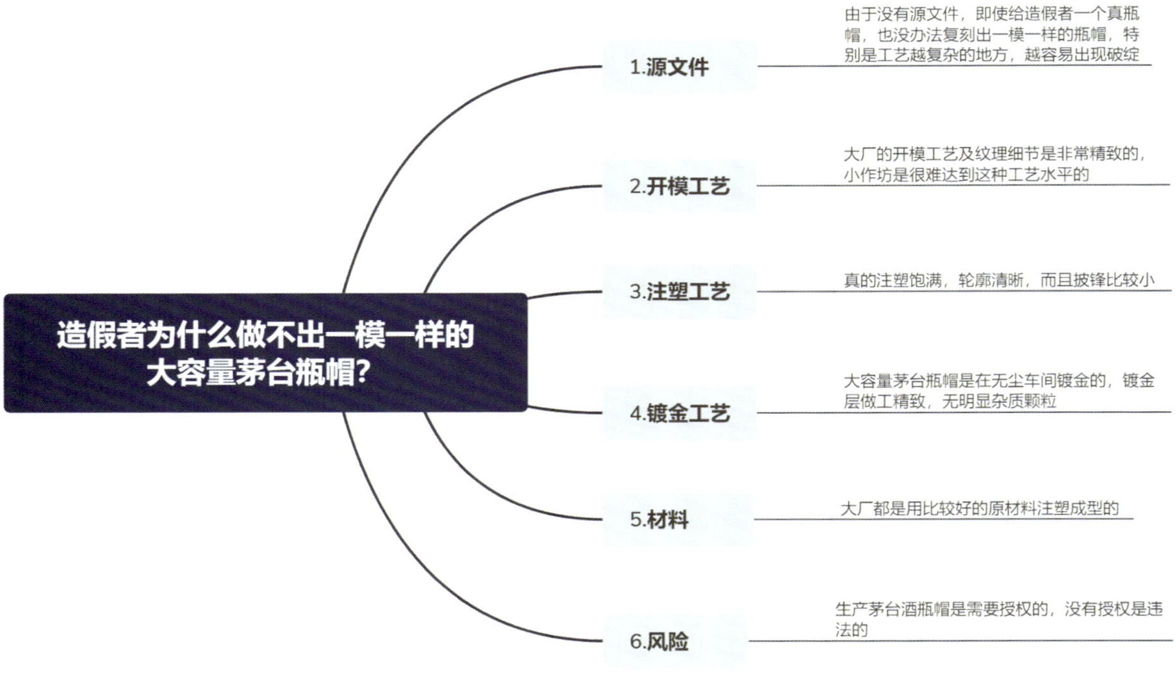

总结：目前造假者还没法做出与正品一模一样的瓶帽，所以看瓶帽细节就非常实用了，此鉴定方法适用于 3 斤、6 斤、12 斤等类似大容量茅台瓶帽。

01 瓶帽顶部（低仿）

适用时间：近几年都适用 ★★★★★

真 真的瓶帽顶部是茅台的商标

假 如果瓶帽顶部不是茅台的商标，可直接确定是假的

02 齿口做工（低仿）

适用时间：近几年都适用 ★★★★★

真 真的瓶帽侧面是茅台的英文字母，齿口齐整，做工精致

假 如果图案不对，齿口不平齐，可直接确定是假的

备注：真瓶帽上有商标，造假是违法的，所以会有部分造假者做这种低仿不侵权的瓶帽来销售。

03 防伪标（低仿）

适用时间：近几年都适用 ★★★☆☆

真 真的防伪标做工精致，字体和图案是相对居中的，R 角偏大

假 如果做工粗糙，颜色不对，商标左右偏差太大，可直接确定是假的

04 瓶帽顶部

适用时间：近几年都适用 ★★★☆☆

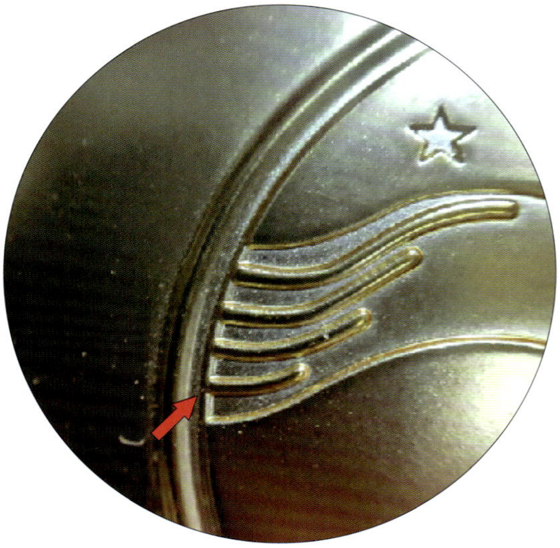

真 真的瓶帽顶部的几根线条是分开的

假 如果出现外圈连着，可直接确定是假的

05 侧面纹理

适用时间：近几年都适用 ★★★★★

真 真的侧面图案比较饱满、圆润

假 如果是镂空的，轮廓不对，基本可以确定是假的

真 真的侧面图案比较饱满、圆润

假 如果是形状不对，基本可以确定是假的

06 瓶帽镀金

适用时间：近几年都适用 ★★★★★

真 真的瓶帽做工精致，镀金平整，没有明显的杂质颗粒

假 如果出现明显的杂质颗粒，就要注意了

07 防伪标

适用时间：近几年都适用 ★★★★★

真 原瓶的防伪标比较平整、干净

假 如果防伪标不平整，有明显被动过的印记，就要注意了

08 瓶帽喷码

适用时间：近几年都适用 ★★★☆☆

2014 年

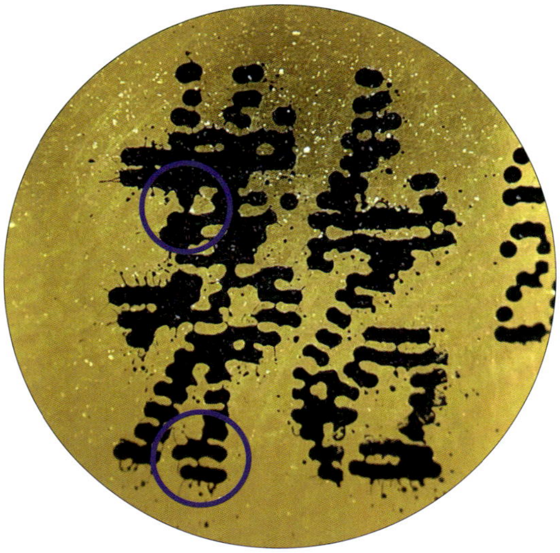

2017 年

2020 年

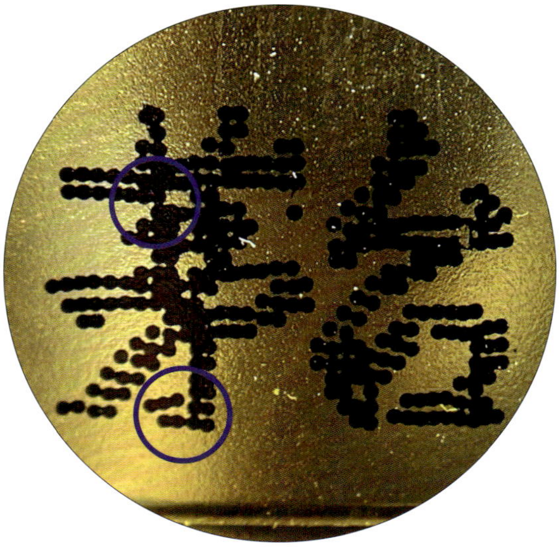

2021 年

真 这四款喷码格式不一样，有交替使用，在实操的过程中需要综合判断

三、换下盖造假鉴定方法

此类造假方式鉴定难度比较大，因为防伪标和喷码都在瓶帽上盖，容易被造假者整体回收再利用，只需换底座即可，所以鉴定关键点就是看底座和齿的工艺。

鉴定方法：

01 齿口形状

02 齿的长度

03 齿的分模线

04 上盖工艺

05 下盖工艺

06 下盖底部

01 齿口形状

适用于单齿大容量茅台 ★★★★☆

真 第 1 个齿的左边和第 5 个齿的右边是直的，其他边都是带点斜角

假 如果 5 个齿都是一样的，基本可以确定是假的

02 齿的长度

适用于单齿大容量茅台 ★★★★☆

真 齿的长度比较长，与上面的间隙比较窄

假 如果齿的长度太短，与上盖的间距太大，基本可以确定是假的

03 齿的分模线

适用于单齿大容量茅台 ★★★★☆

真 齿内侧是有分模线的

假 如果没有，基本可以确定是假的

04 上盖工艺

适用于单齿大容量茅台 ★★★★☆

真 上盖左边是没有被撞击过的痕迹

假 如果出现被撞击的缺口，基本可以确定是假的

05 下盖工艺

适用于单齿大容量茅台 ★★★★★

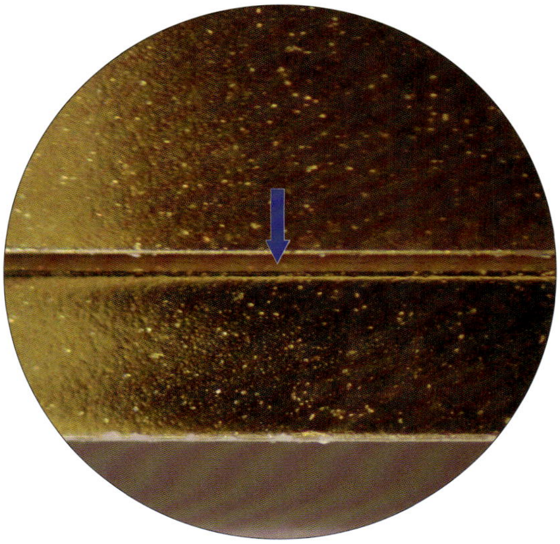

真 下盖做工精致，边缘的圆角很小，与上盖相差不大

假 如果圆角很大，与上盖相差很大，基本可以确定是假的

06 下盖底部

适用于单齿大容量茅台 ★★★★★

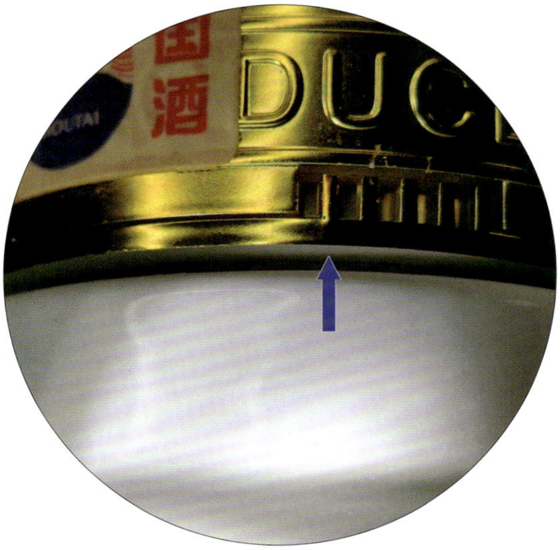

真 下盖底部是没有镀金的

假 如果出现有镀金的情况，基本可以确定是假的

四、拔头造假及鉴定方法

大容量的拔头造假，原理与生肖茅台的是一样的，所以鉴定方法也是一样的（详细可参考 P455—P459）。

如何鉴定：

1. 看瓶帽松动空间大小。
2. 看瓶帽内部是否有胶水。
3. 通过专业的 X 光设备来检测。

胶水痕迹

适用时间：近几年都适用 ★★★★★

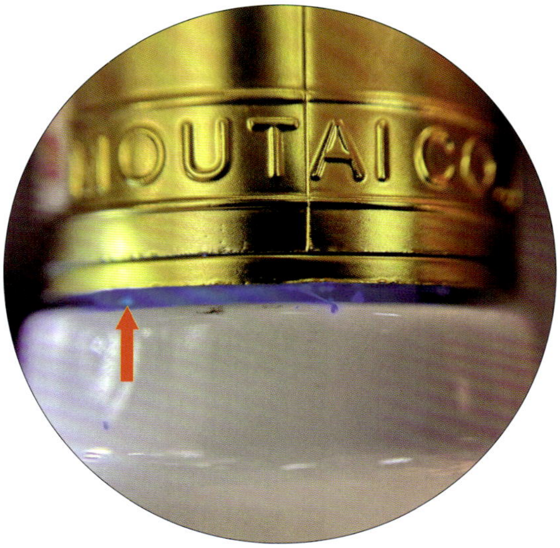

假 如果瓶帽底部有明显的胶水痕迹，基本可以确定是假的

第十六章

特殊茅台鉴定方法

第一节

介绍

一、主要的造假方式

一、全套造假

二、回收瓶造假

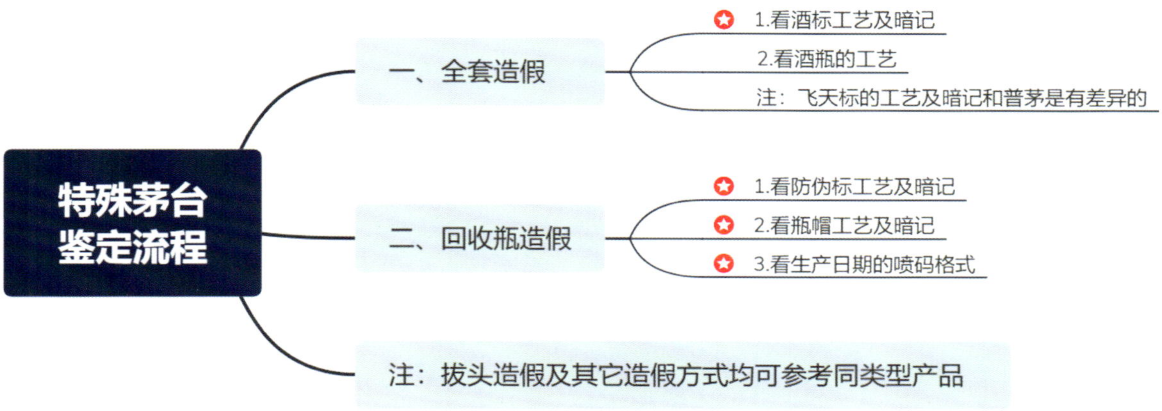

二、鉴定分析

瓶帽分析

首先我们先分析瓶帽类型，常见的可以分为以下四大类（见下四幅图），同样的瓶帽类型鉴定方法都是通用的，详细可以参考具体对应内容。

普茅类瓶帽

生肖茅台类瓶帽

陈年茅台类瓶帽

大容量茅台类瓶帽

商标分析

其次是商标类型，常见的可以分为以下几类，具体可以参考对应的内容。

印刷工艺

烤漆工艺

印刷工艺

印刷工艺

烤漆工艺

1. 五星标常见有两款，一款是普通五星标，另一款是烤漆工艺的五星标，两款的鉴定点会有所差别。

2. 飞天标常见的有三款，一款是普通飞天标，一款是定制茅台上经常出现的飞天标，另一款是烤漆工艺的飞天标，三款的鉴定点也会有所差别。

第二节

特殊飞天标及鉴定方法

一、特殊飞天标

这是定制茅台上经常出现的一款飞天标，和普通飞天标有所差异。如果遇到特殊飞天标，可以从以上6处来进行鉴定。

01 黄色飘带

适用于特殊飞天标 ★★★★★

真 这条线是断开的

假 如果是连着的，就要注意了

02 线条形状

适用于特殊飞天标 ★★★★★

真 这条线有微微的弧度

假 如果弧度很明显，就要注意了

03 脚趾下方线条

适用于特殊飞天标 ★★★★★

真 仙女右边脚趾下方的线条比较长

假 如果线条太短，就要注意了

04 线条

适用于特殊飞天标 ★★★★★

真 黄色区域第三条线比较长

假 如果比较短，就要注意了

05 肩膀上方

适用于特殊飞天标 ★★★★★

真 真的飞天标的仙女肩膀上面是三条线

假 如果多了个小点，就要注意了

06 “注”字

适用于特殊飞天标 ★★★★★

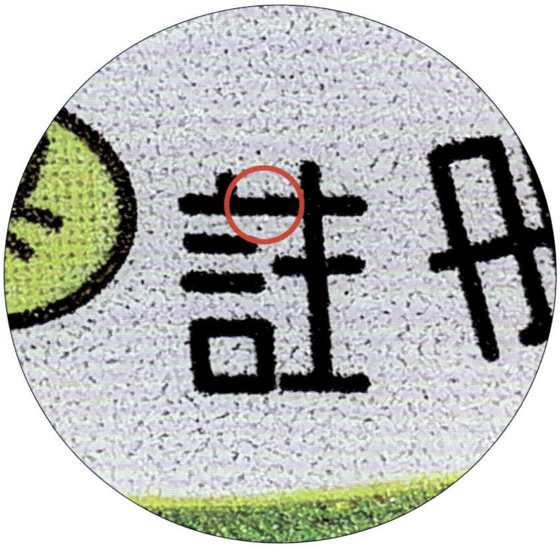

真 真的飞天标的“注”字上面是分开的

假 如果是连着的，就要注意了

二、彩釉珍品及鉴定方法

鉴定方法：

01 防伪标

02 瓶帽喷码

03 瓶帽（第一款）

04 瓶帽（第二款）

01 防伪标

适用于彩釉珍品 ★★★★★

真 真的防伪标比较平整

假 如果防伪标有明显气泡及月牙，可直接确定是假的

02 瓶帽喷码

适用于彩釉珍品 ★★★★★

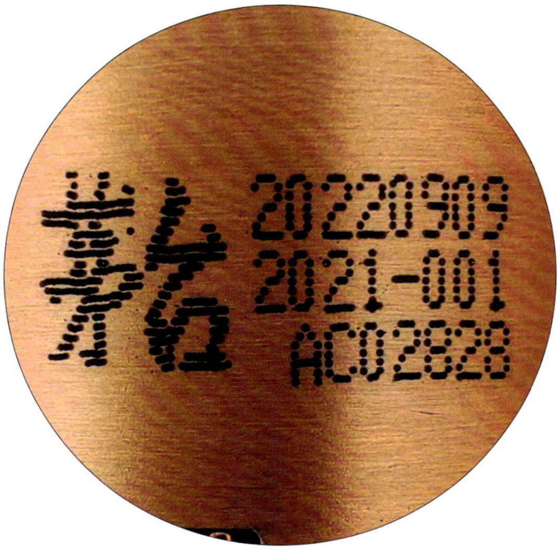

真 彩釉珍品和普茅喷码基本一样，详情可参考 P91~P95

03 瓶帽（第一款）

适用于彩釉珍品 ★★★★☆

真 瓶帽顶部浮雕比较扁平

真 “T”字两边是平的

真 瓶帽下齿左边是圆角

真 瓶帽底座有点翘边

04 瓶帽（第二款）

适用于彩釉珍品 ★★★★★

真 瓶帽顶部浮雕比较饱满圆润

真 "T"字两边是尖的

真 瓶帽下齿左边是直角

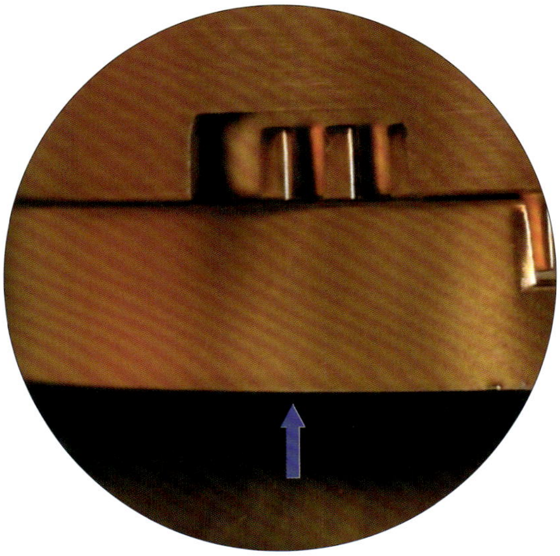

真 瓶帽底座收口是平的

备注：目前这两款瓶帽是比较常见的。

第十七章

酱瓶茅台鉴定方法

第一节

介绍

精品茅台

匠心茅台

国宴茅台

金字陈酿

人民大会堂陈酿（红胶帽）

人民大会堂特供陈酿（白膜）

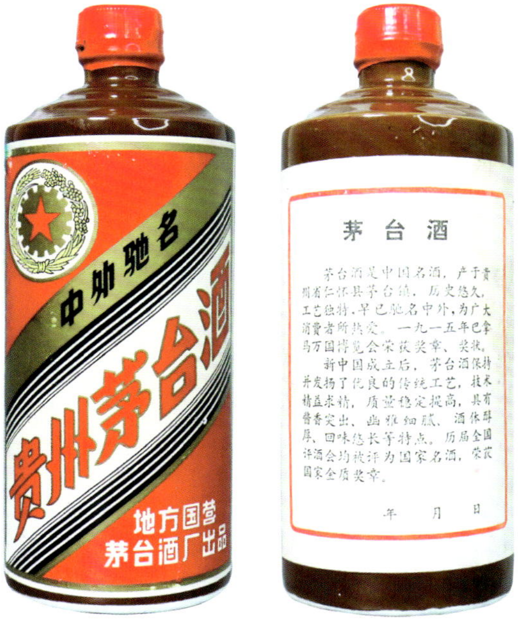

酱瓶茅台（黑酱）

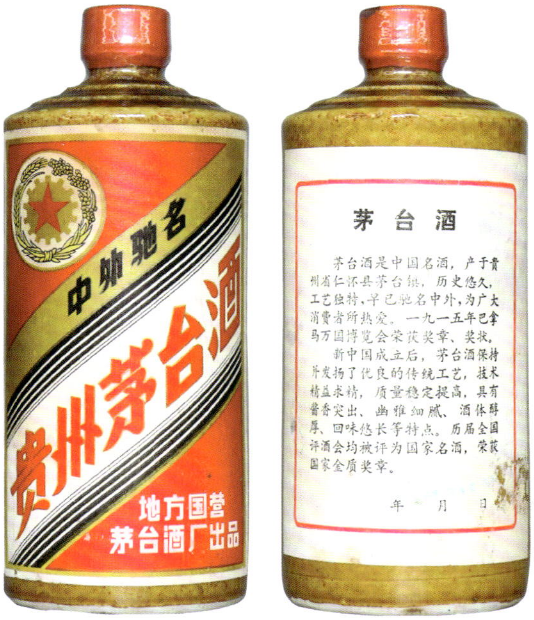

酱瓶茅台（黄酱）

备注：还有更多酱瓶茅台，这里就不一一列举了。

一、主要的造假方式

一、全套造假

二、回收瓶造假

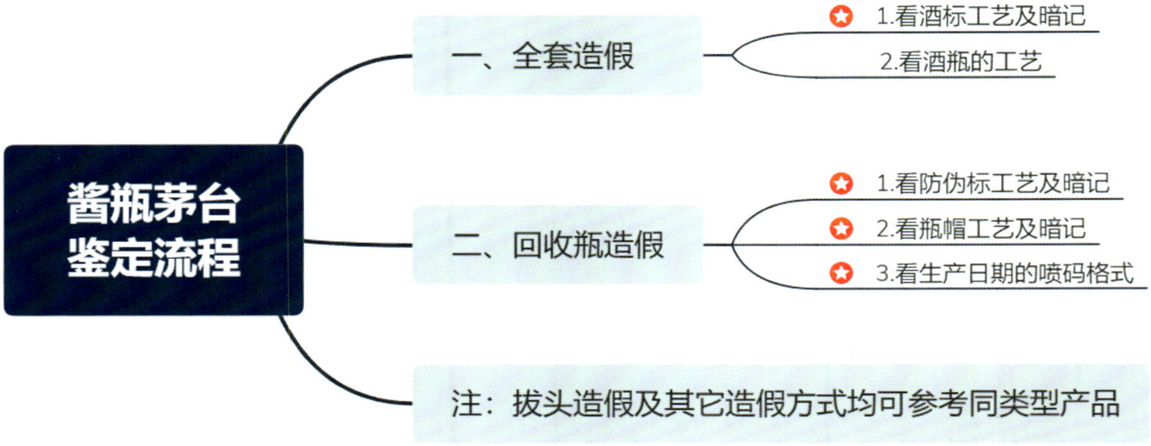

第二节

酱瓶茅台暗记及鉴定方法

一、鉴定分析

酱瓶茅台起源于特殊茅台，酒质相比于同时期的普通茅台要好一些，但是酒标、瓶帽与同时期的普茅是一样的，所以鉴定方法也一样。

共同点

1. 酒标

酱瓶茅台与同时期的普茅酒标工艺是一样的，而且使用的是同一款五星标或者飞天标。

2. 瓶帽

酱瓶茅台与同时期的普茅瓶帽特征是一样的。

不同点

1. 酒瓶：为陶瓷瓶，而同时期的普茅为乳玻瓶。
2. 酒质：为陈酿酒质，比普茅酒质好。
3. 价值：发行量相对较少，特别是 80 年代的酱瓶，价格甚至是同时期普茅的五六倍。

总结

虽然酱瓶茅台与普茅的瓶身材质不一样，但同时期的酒标都是一样的，所以具体的鉴定方法可以参照同时期的普茅。

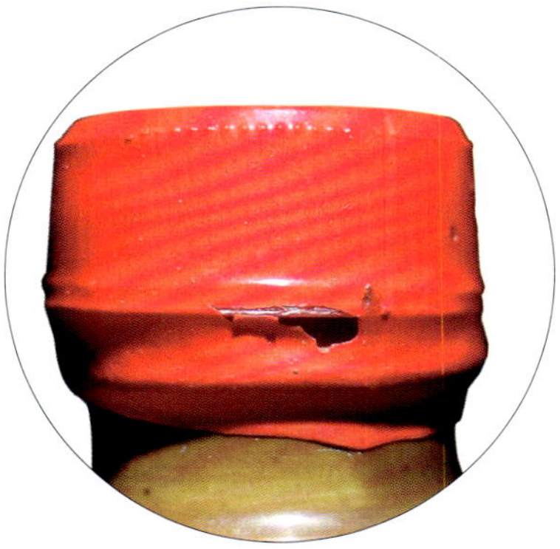

参考地方国营时期瓶帽鉴定方法

（P323~P327）

参考白皮时期瓶帽鉴定方法

（P237~P261）

参考红胶帽鉴定方法

（P58~P89）

五星标（20 世纪 80 年代）
参考地方国营时期正标鉴定方法
（P226~P228）

五星标（2004 年至今）
参考白膜时期正标鉴定方法
（P229~P231）

飞天标（20 世纪 80 年代）
参考白膜时期正标鉴定方法
（P207~P209）

飞天标（2004 年至今）
参考红胶帽时期正标鉴定方法
（P21~P32）

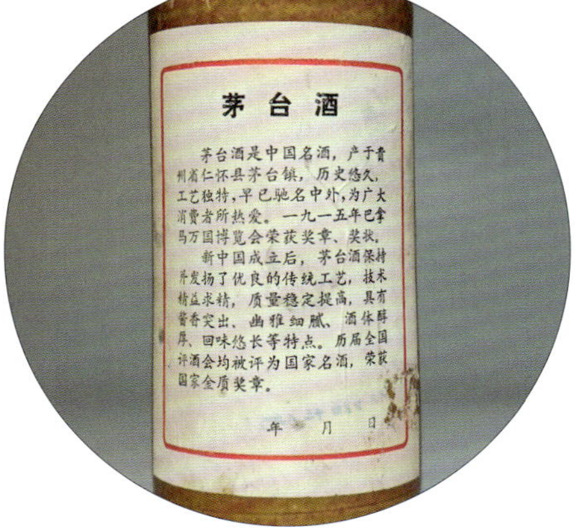

老背标——五星（20 世纪 80 年代）
参考地方国营时期背标鉴定方法
（P314~P315）

纸质背标——五星和飞天都有（2004 年至今）
参考红胶帽与白膜时期背标鉴定方法
（P49~P54）

二、正标特征及鉴定方法

精品茅台哑光标

精品茅台亮光标

2021 年左右，精品茅台出现两款工艺的酒标，一款是传统的，金色部分是哑光的，一款是亮光的，所以遇到精品的亮光标一定要综合判断。

三、酒瓶瑕疵——棕眼

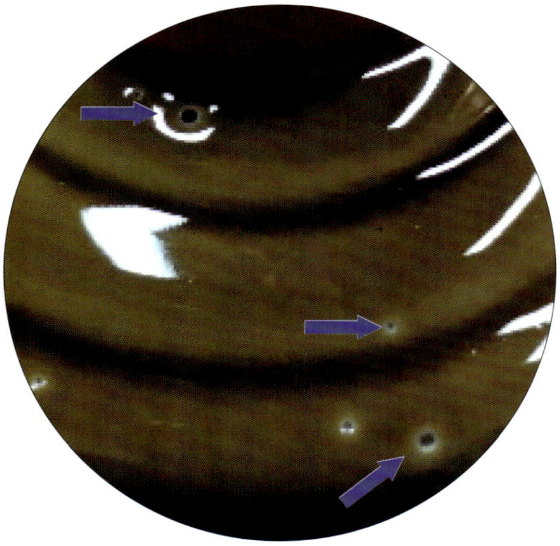

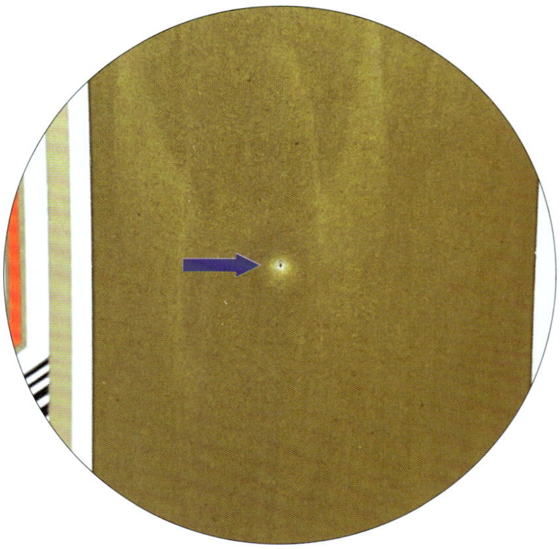

因为酱瓶茅台的材质是陶瓷，在烧制过程中材料内部有空气，空气受热膨胀，爆开之后就会产生气孔，俗称“棕眼”，这是比较常见的工艺特征，并非打孔造假留下的。

四、酒瓶背面字体特征及鉴定方法

鉴定方法：

01 “人民大会堂”

02 “特供”

03 “陈酿”

真 真的酒瓶背面字体做工精致，字体清晰，刚劲有力

假 如果做工粗糙，很多字体细节不对，基本可以确定是假的

假 如果做工粗糙，很多字体细节不对，基本可以确定是假的

02 “特供”

适用于特供陈酿茅台 ★★★★★

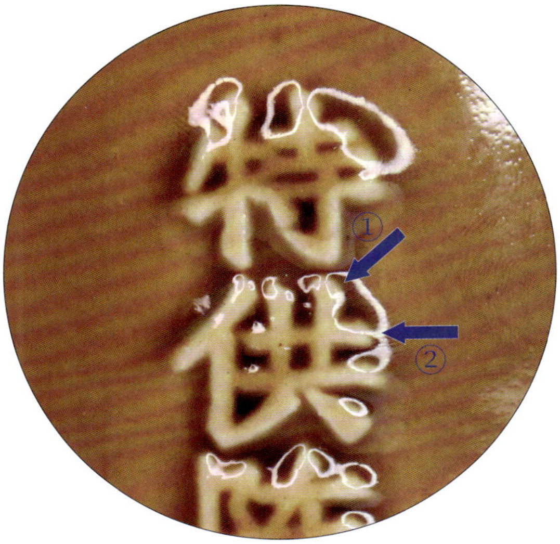

真 左上图①、②处都是带笔锋的

假 如果右上图①、②处都不带笔锋，基本可以确定是假的

03 “陈酿”

适用于特供陈酿茅台 ★★★★★

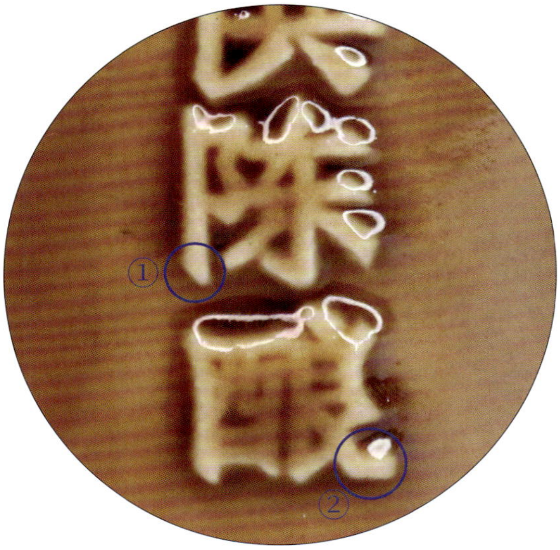

真 左下图①处是向右斜的，②处是平的

假 如果右下图①处是向左边斜，②处是向上翘的，基本可以确定是假的

第十八章

茅台系列酒鉴定方法

第一节

介绍

一、茅台系列酒

茅台系列酒有很多款，如下图所示：

备注：茅台系列酒还有更多款，这里就不一一列举了。

茅台系列酒有很多款，造假方式主要分为全套造假、回收瓶造假和拔头造假。全套造假和回收瓶造假关键看瓶帽工艺及防伪标，拔头造假关键看瓶帽的松动空间、胶水痕迹及内卡扣是否变形，读者一定要了解其中的鉴定原理，并学会举一反三。

备注：茅台系列酒中，拔头造假比较泛滥，很多假茅台都是系列酒灌装的。

二、主要的造假方式

一、全套造假

二、回收瓶造假

三、拔头造假

四、换箍造假

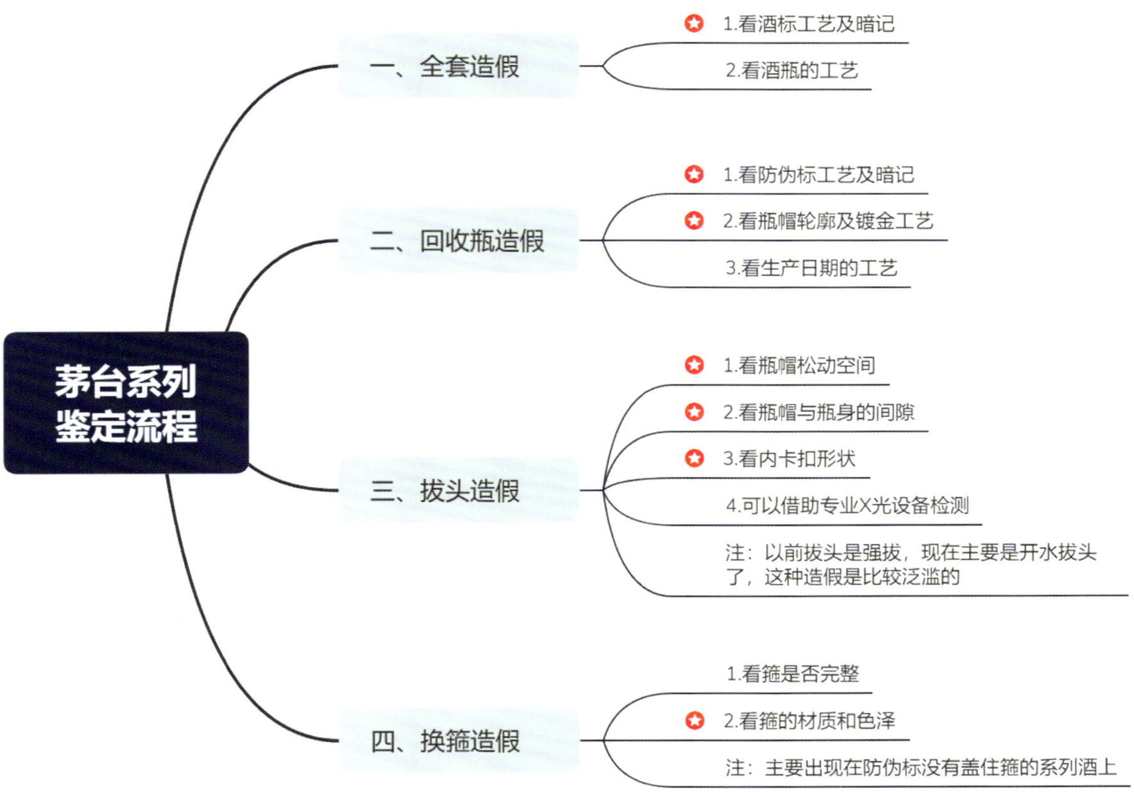

第二节
瓶帽工艺及防伪标的鉴定方法

瓶帽工艺

适用范围：遵义 1935 ★★★★★

真 真的瓶帽做工精致，镀金没有明显杂质颗粒，字母“O”端点是尖的

假 如果做工粗糙，镀金有明显杂质颗粒，掉漆严重，字母“O”端点是钝的，基本可以确定为假

一、瓶帽防伪标鉴定方法

茅台系列酒防伪标有两款，这两款只是字母暗记上有少许差异，鉴定方法基本一致。

鉴定方法：

01 防伪标特征

02 防伪金线

03 防移切口

04 海洋标位置

05 “MOUTAI”字母组合

06 “系”字

07 数字“7”

08 防伪暗记

01 防伪标特征

适用时间：近几年都适用 ★★★★★

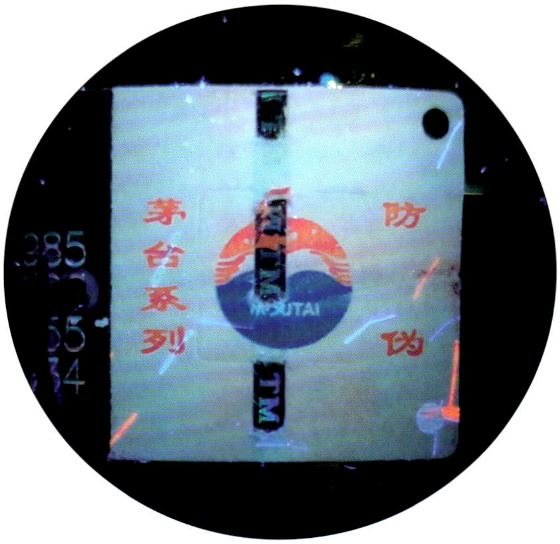

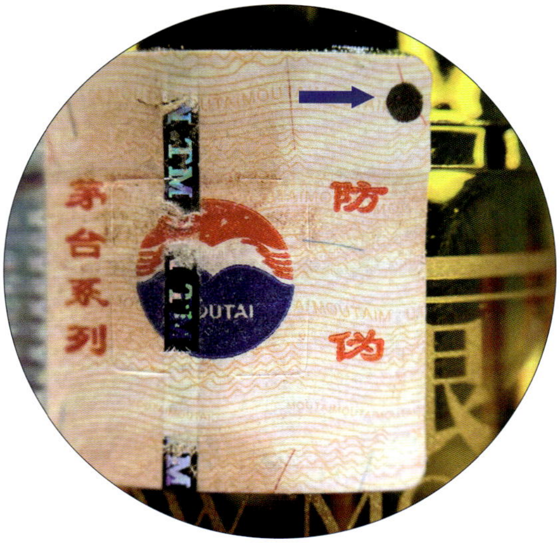

真 用紫光灯观察真的防伪标，有明显的荧光暗记，防伪标做工精致，里面的线条纹理清晰，用火烧四个角，会出现明显的黑点

02 防伪金线

适用时间：近几年都适用 ★★★★★

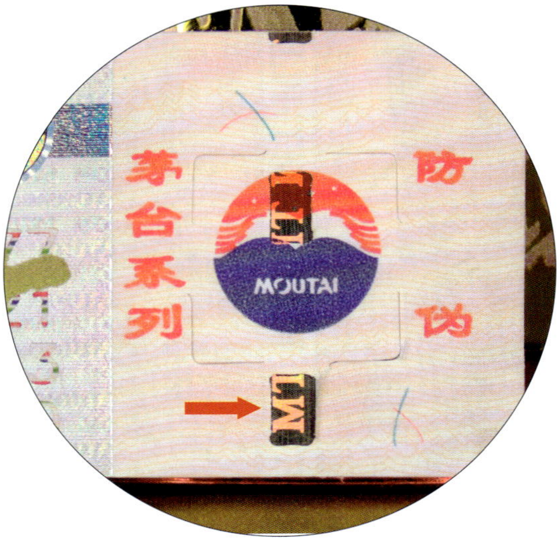

真 真的防伪金线是镶嵌进去的

假 如果是烫金烫上去的，可直接确定是假的

03 防移切口

适用时间：近几年都适用 ★★★★☆

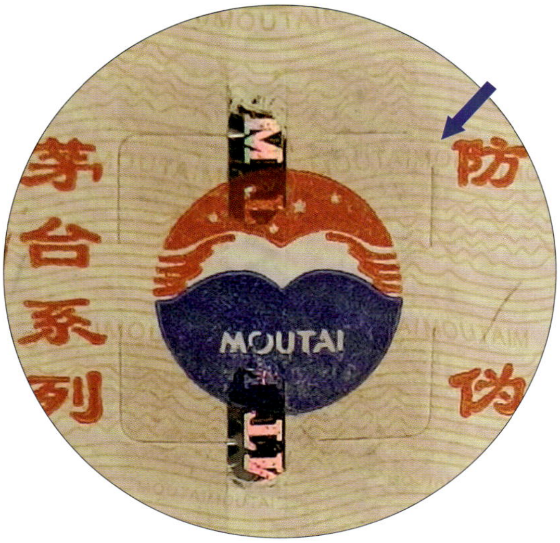

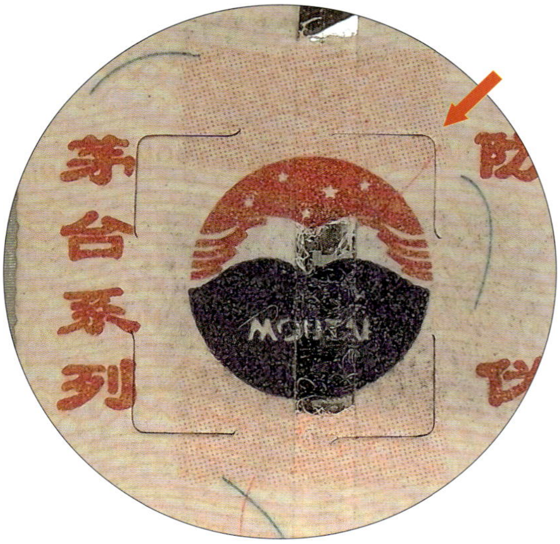

真 真的防伪标右上角切口是分开的

假 如果防伪标右上角切口是连着的，就要注意了（老年份有出现过这种情况，需综合判断）

04 海洋标位置

适用时间：近几年都适用 ★★★☆☆

真 真的海洋标上面有两行英文的间距

假 如果没有，或位置不对，就要注意了

05 “MOUTAI”字母组合

适用时间：近几年都适用 ★★★★★

真 真的字母“O”是断开的

假 如果不是断开的，基本可以确定是假的

06 “系”字

适用时间：近几年都适用 ★★★★★

真 真的“系”字最后一笔收尾比较粗

假 如果收尾很细，基本可以确定是假的

07 数字“7”

适用时间：近几年都适用 ★★★★★

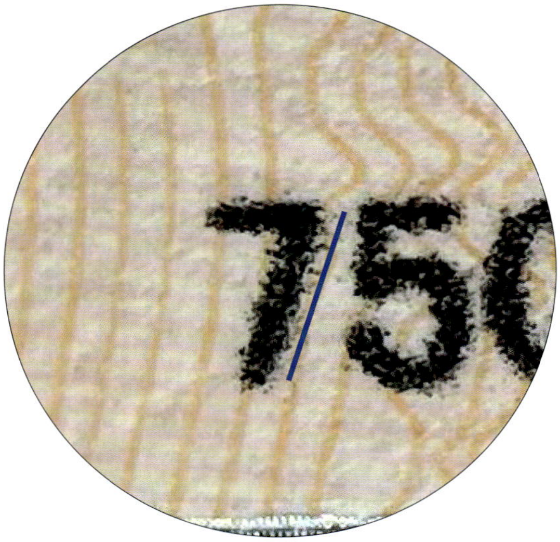

真 真的防伪标上的数字“7”是直的

假 如果是弧形的大肚“7”，基本可以确定是假的

08 防伪暗记

适用时间：近几年都适用 ★★★★★

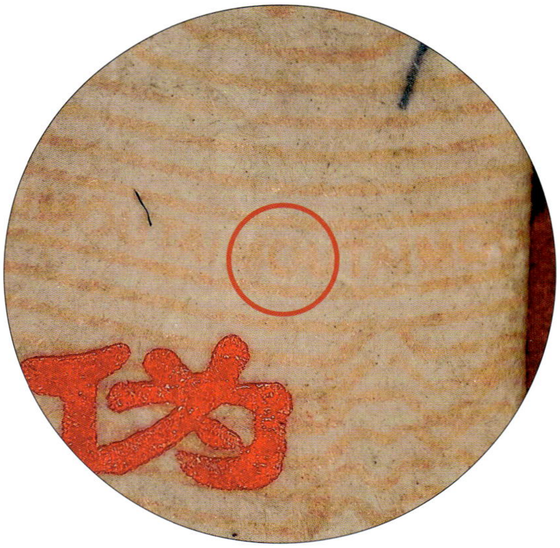

真 真的防伪标“MOUTAI”少了“O”

假 如果防伪标“MOUTAI” 没有少“O”，就要注意了

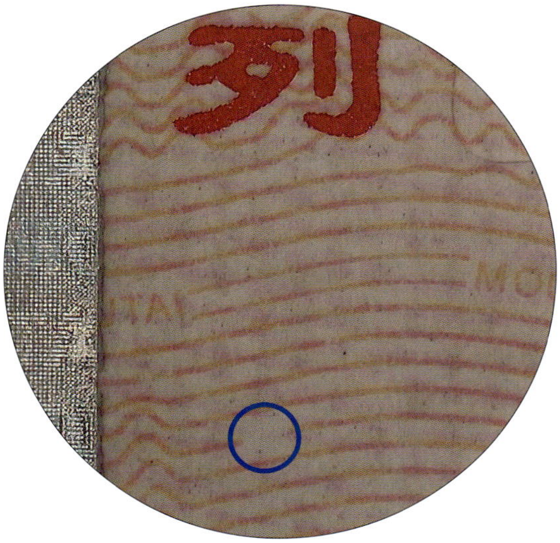

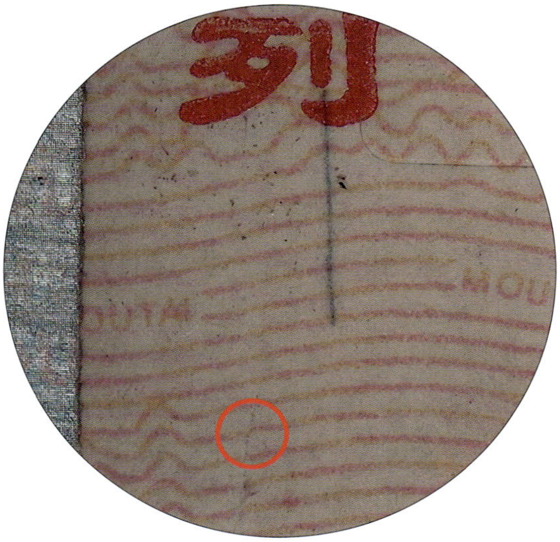

真 真的防伪标左下角这里（见左上图标注处）是断开的

假 如果连着，就要注意了

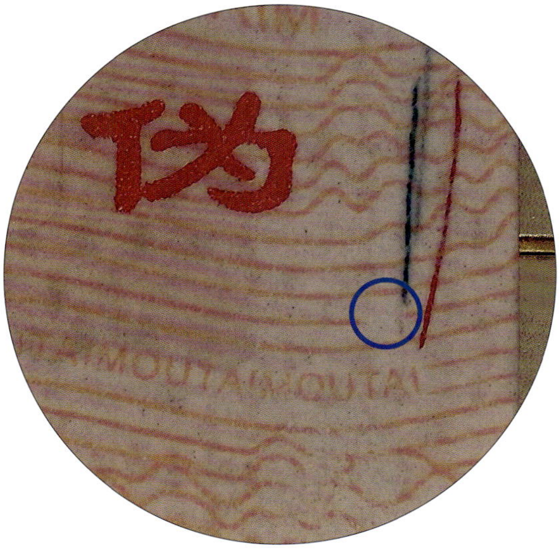

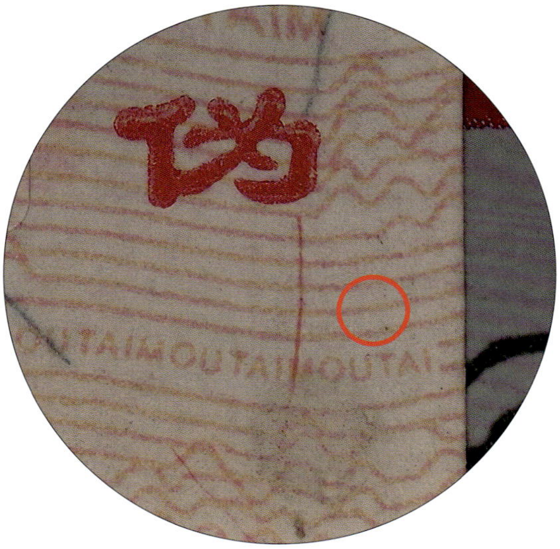

真 真的防伪标右下角这里（见左下图标注处）是断开的

假 如果连着，就要注意了

第三节

拔头造假鉴定方法

一、拔头造假

茅台系列酒和生肖茅台拔头造假原理是一样的，主要分为强力拔头和高温拔头，高温拔头是通过开水烫、蒸汽烫或热风枪加热来拔头的（详细讲解可以参考生肖茅台的拔头造假P455~P459）。

01 胶水痕迹

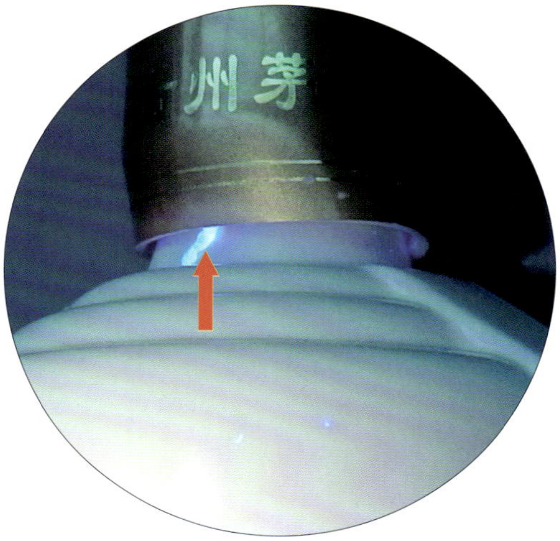

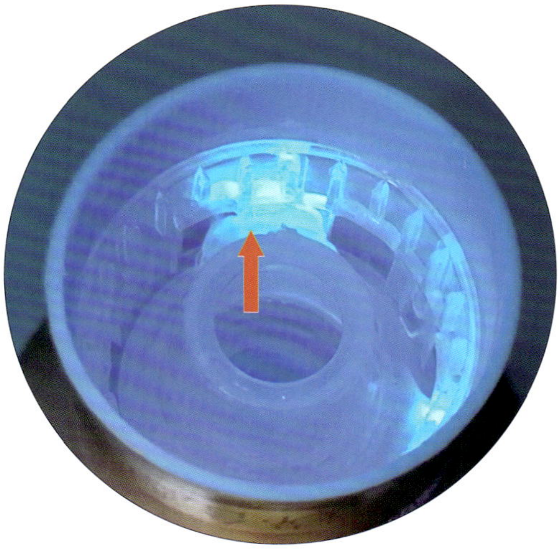

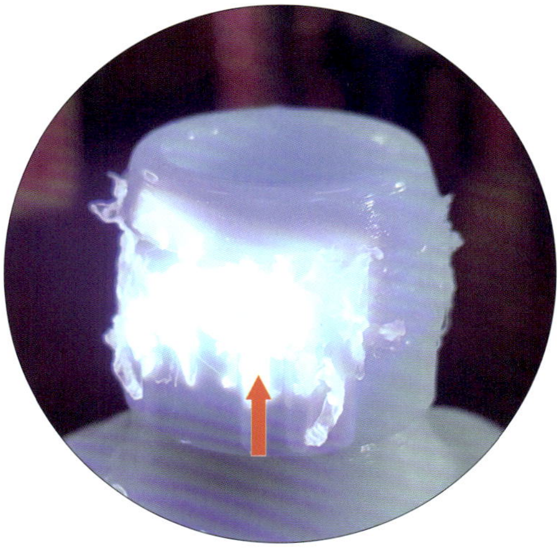

假 如果瓶帽纹丝不动，或者有胶水的痕迹，就要注意了

02 强力拔头的痕迹

假 如果是有规律的划痕和受力点，就要注意了

03 热风枪拔头的痕迹

假 造假者通过热风枪加热拔头，瓶帽底部会出现热缩变形，只要遇到这种情况，就要注意了

04 开水拔头的痕迹

正常间隙

间隙偏大

正常间隙

间隙偏大

真 真的瓶帽间隙和松动空间不会特别大（这个需要一定经验）

假 造假者通过开水拔头之后，内卡扣会变形，会导致瓶帽松动空间变大，如果发现松动空间明显变大，就要注意了

05 通过 X 光看瓶帽结构

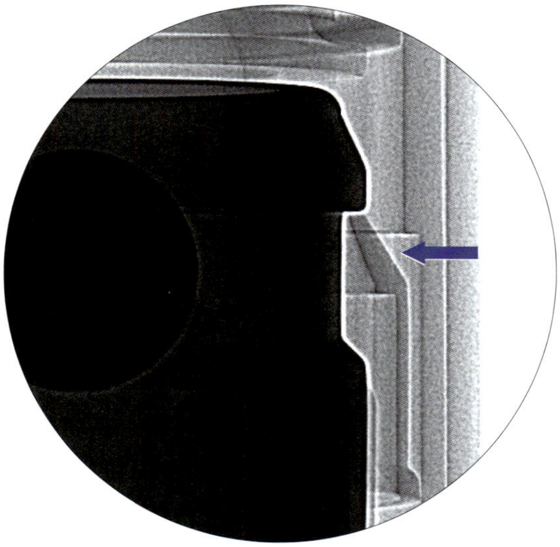

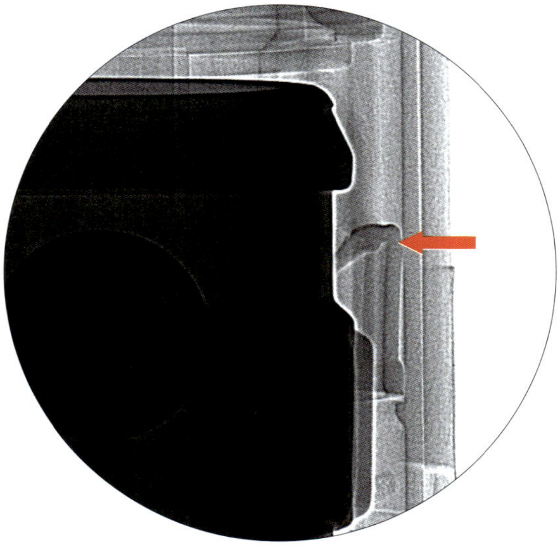

真 通过 X 光看瓶帽内部结构，内卡扣完好，无折损

假 如果内卡扣不完整，有折损变形，就要注意了

第十九章

商标的演变

一、商标的演变

第一代：1958 年至 1968 年

第二代：1968 年至 1975 年

第三代：1975 年至 2000 年 8 月

第四代：2000 年 8 月至 2004 年上半年

第五代：2004 年下半年 至 2021 年初

第六代：2021 年至今

第一代：1953 年至 1965 年

第二代：1966 年至 1982 年

第三代：1983 年至 2002 年

第四代：2001 年至 2003 年

第五代：2001 年至 2003 年

第六代：2002 年至今

第二十章

茅台酒的储存方式

一、如何判断是否跑酒

整瓶酒的克重取决于酒瓶和酒体的重量。茅台酒是由机器灌装的，酒体的重量是基本相同的。如果新酒的克重差异很大。主要取决于酒瓶的差异，即使同一个酒瓶厂生产的酒瓶重量都会有差异。下图为同年份茅台酒瓶，克重相差 20 克左右。

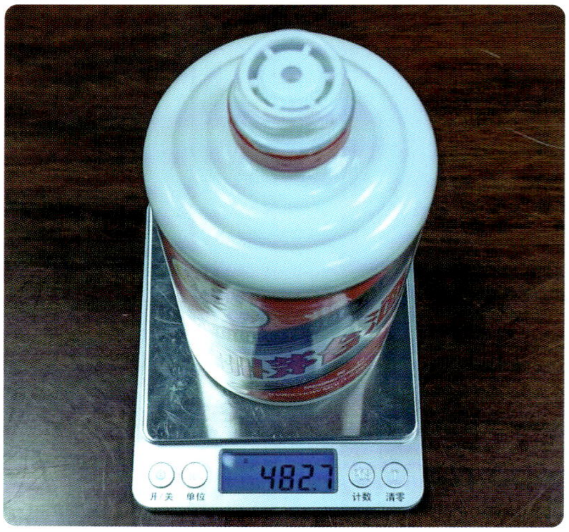

二、没有十全十美的保存方式

大部分茅台正常存放就可以了，不用做过多的密封保护，过多的密封保护一旦跑酒会对瓶帽造成很大的破坏，影响品相，更影响酒的收藏价值及流通性，得不偿失！

正常保存也会有一定的挥发（跑酒）的风险，所以这也是老酒收藏的风险之一。

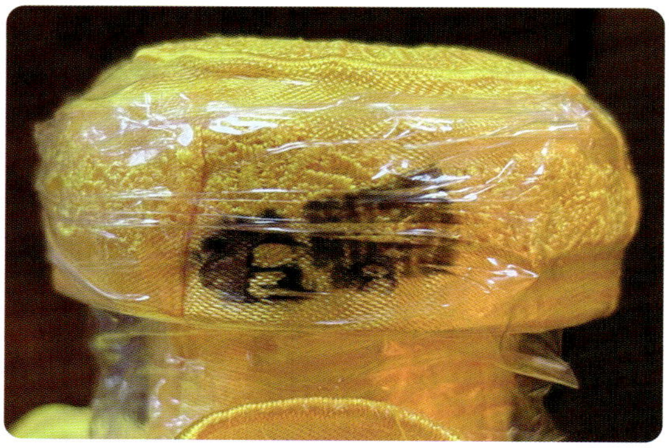

在存放的过程中，千万不能使用保鲜膜去封住瓶帽，这样很容易导致喷码被破坏，价值大打折扣。

备注：左图为一瓶 80 年陈年茅台，酒友因为用保鲜膜缠住瓶帽，导致喷码被破坏，非常可惜。

三、储存环境

此案例中的茅台酒存放在地下室，由于阴暗潮湿，被白蚁破坏，导致品相严重破损，所以储存的环境一定要通风干燥，而且不要靠墙贴地。

四、热缩膜

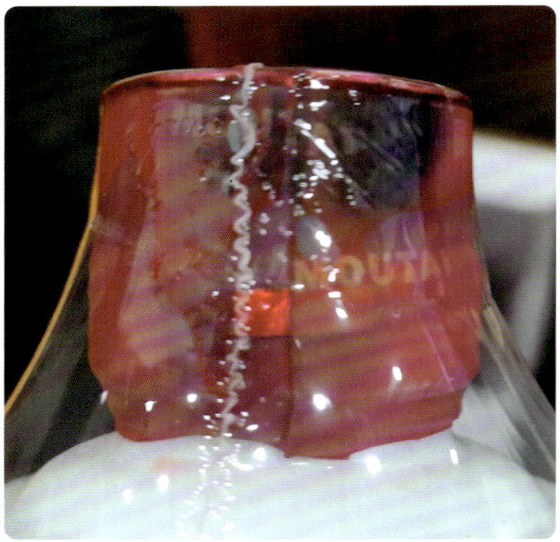

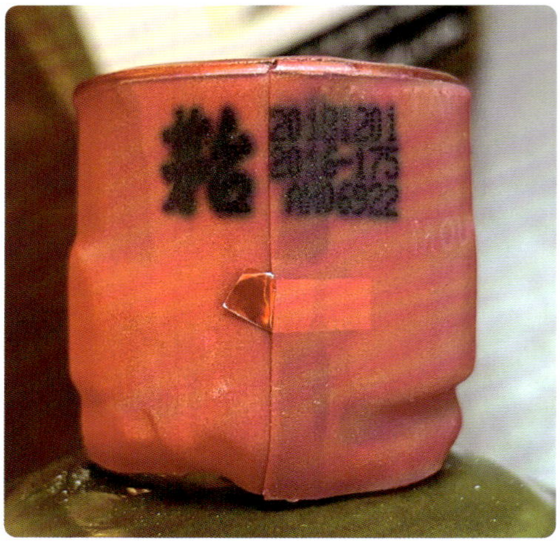

在茅台的收藏保存过程中，很多酒友担心会出现跑酒的情况，就会封一层热缩膜来做防护，这种保存方式不仅防止不了跑酒，反而适得其反，一旦渗漏，酒精不能及时挥发，就会导致喷码模糊，严重时会腐蚀整个瓶帽。

为了保护老酒品相，可以考虑封一层热缩膜，但一定要在顶部扎些小孔，方便酒精挥发，以免破坏品相。

五、使用蜡封

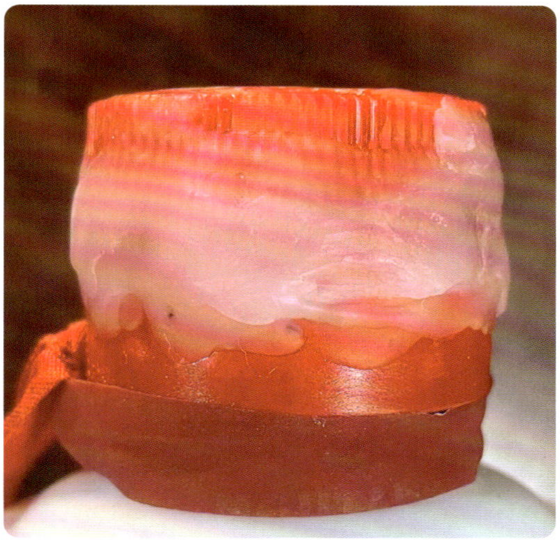

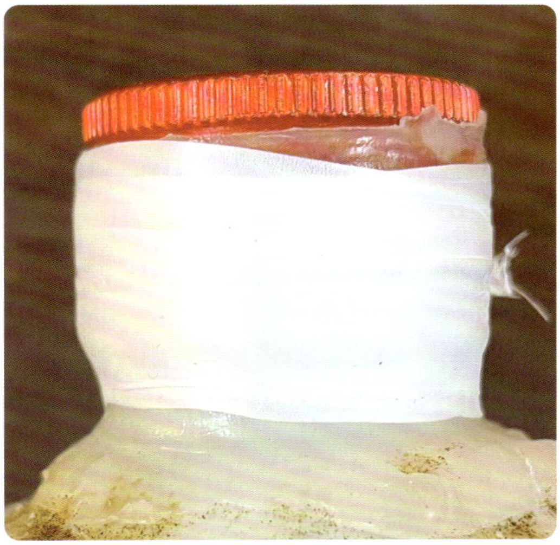

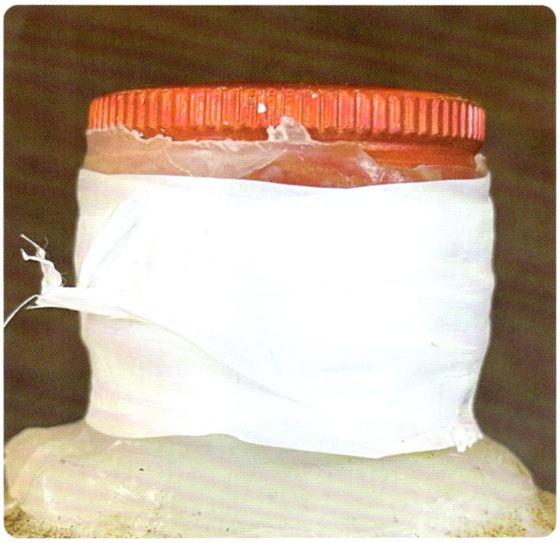

如果使用蜡封的方法，很可能会导致串味，污染酒体。即使没有串味，也会影响品相，所以不建议使用蜡封的形式封存。

正确储存方式：

1. 阴凉、通风、干燥，避光的环境。
2. 瓶口朝上放置，禁止倒放侧放，切勿频繁晃动，避免引起渗酒。
3. 禁忌茅台酒长时间贴地、靠墙（特别是南方有回南天）。
4. 避免储存环境有异味，以免串味，例如常见的樟脑丸、油漆等。

六、哪些容易渗酒

上面左图是一瓶猴年生肖茅台，右图是紫砂金龙珍品茅台，都是因为在快递过程中漏酒导致的品相破坏，损失严重。

在茅台的收藏和交易过程中，除了鉴定真假问题之外，还有一个让酒友头疼的问题，那就是品相，如果有漏酒的话，渗漏出来的酒会腐蚀瓶帽或者瓶身导致品相被破坏，沦为喝品。特别是通过快递邮寄茅台，很难避免渗漏的情况，主要有以下四类：

第一类：带齿的马、羊、猴年生肖茅台，这三款酒单价高，而且很容易出现漏酒的情况，所以这类酒不建议发快递。

第二类：紫砂金龙珍品类的瓶帽，这种瓶帽也是比较容易渗漏，而且酒瓶是喷油工艺，漏酒之后酒体会腐蚀瓶身，导致瓶身的漆面出现隆起、脱落等情况。

第三类：老年份的酱瓶茅台，例如 2010 年左右的“人民大会堂”“国宴”茅台等老年份的酱瓶茅台。

第四类：如 56 个民族等小批量特殊茅台，这种瓶帽与酒瓶都是小批量生产，密封性没有得到很好的验证，风险很大，快递运输途中很容易渗酒。

第二十一章

常见假酒合集

一、常见假酒合集

茅台内供酒
职工专用酒
中央警卫局
非卖品
国检特供酒
贵州茅台酒股份有限公司出品
内部专用　不得外销
世博会特供酒
酱香型白酒
KWEICHOW MOUTAICO.,LTD
中央警卫局
内招酒
贵州茅台酿酒总公司
国务院机关事务管理局监制
赖茅
贵州回归赖酒有限公司

备注：常见假酒还有很多，就不一一列举了。